张 磊 张君敏◎编著

数学教学技能与案例设计研究

SHUXUE JIAOXUE JINENG YU ANLI SHEJI YANJIU

暨南大学出版社
JINAN UNIVERSITY PRESS
中国·广州

图书在版编目（CIP）数据

数学教学技能与案例设计研究 / 张磊，张君敏编著．—广州：暨南大学出版社，2014.4（2019.8 重印）
ISBN 978－7－81135－781－3

Ⅰ.①数…　Ⅱ.①张…②张…　Ⅲ.①数学教学—教学研究　Ⅳ.①O1

中国版本图书馆 CIP 数据核字(2014)第 020367 号

数学教学技能与案例设计研究
SHUXUE JIAOXUE JINENG YU ANLI SHEJI YANJU
编著者:张　磊　张君敏

出 版 人:徐义雄
责任编辑:胡艳晴
责任校对:何　力
责任印制:汤慧君　周一丹

出版发行:暨南大学出版社(510630)
电　　话:总编室(8620)85221601
营销部(8620)85225284　85228291　85228292(邮购)
传　　真:(8620)85221583(办公室)　85223774(营销部)
网　　址:http://www.jnupress.com
排　　版:广州良弓广告有限公司
印　　刷:虎彩印艺股份有限公司
开　　本:787mm×1092mm　1/16
印　　张:20.5
字　　数:366 千
版　　次:2014 年 4 月第 1 版
印　　次:2019 年 8 月第 3 次
定　　价:49.80 元

前　言

当前，我国教育事业进入了全面提高教育质量的新时期，因此，大力推进教师教育院校课程和教学改革，加强师范生职业技能训练，强化教育实践环节，提高师范生的培养质量，成为造就高素质专业化教师队伍、全面提高基础教育质量的紧迫要求。目前，我国仍然存在数学教育专业师范生教学技能和教学资源匮乏、教学技能训练质量不高、师范生从教能力不强等问题。为此，我们结合多年来开设数学教学技能课程的实践和研究，依据教师教育课程标准，构建数学教学技能与案例设计教学资源体系，以加强师范生教学技能训练，提高师范生从教能力。

科学家爱因斯坦在谈到教师修养时，提出三条基本要求：一是“德”，即崇高的思想品德；二是“才”，即知识渊博；三是“术”，即高超的教学艺术技巧。苏霍姆林斯基认为，教学和教育过程有三个源泉：科学、技巧和艺术。我国学者李玉峰认为，教师教育主要课程一般可分为三部分：教育理论课、教育方法技能课和教育实践课。黄崴认为，作为教育研究者或学科教师应具备三个方面的知识：一是学科专业知识；二是教育专业知识；三是教育实践技能。李才俊认为，教师教育课程中的显性课程应包括五个层次：基础性课程、技能性课程、实践性课程、活动课程、创新能力课程。尽管不同的学者对教师教育课程体系的基本构成有不同的见解，但他们都把技能类课程作为其中的重要组成部分，强调要通过相应的课程培养学生具备教师所必备的技能和技术，提高师范生的教育教学能力。

数学学科的教学技能一般包括教学技能和教学能力两个方面。教学技能不只是教师组织或实施教学的行为能力，更是教师素质的综合反映。它体现了教师的文化愿景和文化信仰，彰显着教师超越自我和超越传统的学识风范、个性优势与人格魅力。素质教育和课程改革倡导的学习方式变革

（自主学习、探究学习、合作学习），对数学教学技能的发展提出了新的要求。依据教师专业化发展，我们认为课堂教学技能主要包括两个基本方面：教学技能与管理技能。其中，课堂管理技能是为教学的顺利进行创造条件，确保单位时间的效益，在教学中表现为教师的组织教学技能。而课堂教学技能又可以分为两种：一种是直接指向课堂教学目标和内容的，可事先做好准备的技能，这种技能被称为“主要教学技能”，在教学中表现为传统的课堂教学技能，包括教学语言技能、演示技能、导入技能、变化技能、板书技能、提问技能、讲解技能、强化技能、结束技能等；另一种技能是直接指向具体的学生和教学情境的，常常面对难以预料的课堂突发事件，事先很难或根本不可能做准备，这种技能被称为“辅助教学技能”，包括自主学习技能、合作学习技能、探究学习技能、媒体辅助教学技能等；而说课技能、说题技能等属于一种课堂教学外的评研型实践技能。本书对数学教学的各种技能的概念、特点、目的、原则、类型及实训作出了详细的阐述，并选用了中小学数学新课程中的一些典型案例予以诠释，注重原理与实例相结合，为成功的数学课堂教学奠定了基础。

随着基础教育改革的开展，中小学数学教学有了很多新的特点和变化，对教师的教学技能提出了新的要求。例如，新课程强调要转变学习方式，倡导探究学习、合作学习，强调综合性，加强了学科之间的相互渗透，因此面对学生多样的问题和活跃的思维，教师会感受到前所未有的压力。这些新的变化体现了教师职业技能发展的新特点，应该成为教师教育技能类教学设计的重要基点。为此，本书力图体现教师的专业特点和专业化发展的需要，符合基础教育改革发展的要求，适应国际教师教育发展的潮流，建立教师职前培养与职中培训相衔接的现代教师教育教学技能体系：

（1）彰显内容的系统性。教师教学技能水平的高低直接影响教学目标的实现，但课堂教学活动不是孤立的、即兴的教育行为，而是复杂的，能对课堂教学进行实质性影响的前期教学行为和后期信息反馈。因此，研究内容以教育心理学、教育学和课程与教学论的理论知识为基础，并且将视野从课堂教学延伸到教学工作的各个主要环节，侧重从应用性对策上阐明那些对教学质量有直接影响的基本教学行为。

（2）紧密结合数学课堂教学实践。本书收集了大量鲜活的课堂教学案例，并给出必要的点评，有利于准教师进一步地细细揣摩。教师职业是一项实践性很强的职业，本书在案例设计中注意教师文化内涵的丰富和提升，注重教师精神价值体系的改造和重建，更注重教师教学技能的强化训练，从而提升师范生教学的有效性和效率。

(3) 凸显技能训练的主线。每章节设计的主线都围绕技能训练，有关技能必要的理论阐述尽量简化，以突出技能的操作方法和实施要点，进行有效的技能训练，提高实践教学效益，为基础教育培养“上手快、后劲足”的数学教师。

本书编写的具体分工为：第一、二、三、四、五、六、七、八章由张磊编写，第九章由欧慧谋编写。全书由张磊、张君敏负责统稿、审稿和定稿。

本书的出版得到韩山师范学院教务处、韩山师范学院数学与统计学系的大力支持，韩山师范学院数学与统计学系2010级的刘敏、李燕红、钟嘉怡、林佩旋、曹美慧、余雪琴、蔡灵敏、林雯箐、彭伟贤等为书稿的校对付出了辛勤的劳动，特此致谢。编写中，我们参考引用了部分专家、学者的文献资料，在此对文献作者表示诚挚的谢意。

本书可作为高等师范院校数学教育专业本、专科数学教学技能实训课程的教材，也可作为中学数学教师继续教育以及其他各级、各类数学教育工作者的教学科研参考书。

由于编者水平有限，本书难免存在不妥之处，敬请使用本书的专家、教师、学生批评指正。

张 磊

2014 年元旦于韩山师范学院

CONTENTS 目录

第一章

数学教学技能导论

无论是义务教育数学课程，还是普通高中数学课程，从整个教学活动目标或理念上看，学生都拥有了更多的学习自主权。自主的学习、理解、感悟让学生获得独特的感受，自身的学习需求也得到极大的满足。课堂教学是课程改革的主要阵地，是学生焕发生命活力、不断体现生命价值的过程。作为课堂的组织者与引导者，教师不仅要完成从书本到教案的再创造，还要完成从教案到课堂教学的再创造，要善于营造良好的教学情境，准确而又巧妙地将所要学习的内容贯穿于学生喜爱的氛围中，引导学生自主学习。新课程的实施为教师的发展提供了一个难得的机遇，也向教师们提出了新的要求：教师要掌握各种课堂教学技能，将课程改革的新思想、新理念融入课堂教学的每一个环节，才能获得师生之间积极的、富有创造性的互动，使课堂永远充满活力。

在众多的学科中，语文因兼具人文性与工具性的学科特点，在新课程改革中倍受人们关注，各路专家学者提出了各种不同的语文教学思想。而长期以来，对数学并没有作出很好的学科定位。事实上，数学学科同样承担着促进学生的心智与技能发展的重任，因而，数学学科在新一轮的课程改革中更需引起人们的关注。尤其是在数学教学方面，数学教师能否掌握教学技能，能否正确运用专业知识和教育理论，促使学生学习数学，直接影响到教学质量的好坏。

第一节 数学教学技能理论概述

从整个教学活动系统上看，教学技能是教师面临教学情境时直接表现出来的一系列具体的、具有一定的操作程序和规则要求的教学行为。可以说，它是教师将所掌握的教学理论转向教学实践的中介环节，对教师提高教学质量、完成教学任务、增强教学能力、实现教学创新等都具有十分重要的意义。

课堂教学技能种类繁多，其分类的科学程度，既反映了对教学过程认识的深度，又决定着技能训练的效果。为了便于对教学的深入研究，明确培训目的，提供示范，我们本着普遍性、决定性、可观察性、可操作性和可测量性原则，从教学环节、教学方法、教学手段、教学控制的角度将教学技能分成九类，即语言技能、导入技能、演示技能、变化技能、板书技能、提问技能、讲解技能、强化技能和结束技能。

一、教学语言技能

基本教学行为是教学语言技能的构成要素，包括：言语行为，即教学口语，如语音和吐字、音量和语速、语气和节奏、语调、语汇等；非言语行为，即态势语，如身姿语、手势语、表情语、目光语、空间距离、服饰等。

在大部分学生眼中，数学一直与定理、法则、记忆、运算、冷峻、机械等词语联系在一起，尤其是当遇到一些艰涩难懂的地方，即便是老师讲解过，学生仍会觉得像无字天书般难学难懂、枯燥乏味。事实上，造成这一现象的原因是多方面的，其中，与部分教师照本宣科，一味注重数学知识的传递，而未能利用科学简洁的语言表达方式，为学生打好坚实的知识理解基础有很大关系。

数学是研究数量关系和空间形式的科学，数量关系和空间形式的表达都离不开“语言”这一重要载体，而数学语言往往相对简洁、抽象、概括、直观，这时便需要通过数学教师的课堂教学语言来加以体现。如概念、定理的教学，由于数学中的每个概念都有确切的含义，每个定理都有确定的条件制约其结论，因此，在教学中，教师要力求做到用词准确、叙述精练、前后连贯、逻辑性强，既要避免以日常用语代替数学专业术语，也不要贪图说话方便而以简略的形式代替完整的语句，导致遗漏概念和定理的重要条件，而造成学生印象模糊，不能很好地领会教师所讲内容，甚至理解错误。

诚然，语言是教学信息的重要传播手段，而对于数学教师而言，掌握必要的教学语言技能，运用简洁、科学的表达方式教学，正是这门学科对教师课堂教学的首要要求。

二、导入技能

导入技能是教师在进入新课题时，通过建立问题情境，引起学生注意，激发其学习兴趣，使其明确学习目标，形成学习动机和建立知识间联系的一类教学行为。

导入的目的在于激发学生学习的积极性和求知欲。教师若想在短时间内使所有学生都集中思想和精力，投入到对新知识的学习中，就需要在全面了解学生已有认知结构的基础上，选择恰当的方式激活这种结构，使学生在有趣、有疑、有乐、有劲的状态下学习，使其大脑处于“待命”状态。

在数学课堂教学中，教师的导入应紧扣教学目标和知识间的联系。鉴于数学具有完整的学科体系，在教学中应注意学科的系统性，把握好导入的契机。导入方式可因讲解的内容而异，其主要的原则有三个：第一，整体性原则。数学不仅要重视新旧知识点的前后衔接，更要强调知识模式的结构和内化，要以数学认知结构为主体，通过数学知识模式的构建，形成关于教师、学生、知识的整体系统，而在该系统中，导入是一个关键点。第二，趣味性原则。正如巴班斯基所说，一堂课必须上得有趣味，趣味性并非为了引起笑声或消耗精力，而应该使课堂上的学生能掌握所学材料的认识活动及计划。对此，教师要根据学生的年龄特征和学习心理状态，结合数学的学科特点，有趣味性地导入新课，引起学生的注意。数学源于生活，故教师可多选用日常生活中的事物导入，如在讲授“圆台的侧面积计算公式”时，可通过工匠下料的问题引入：某工匠欲制造一个铁皮水桶，其上口径为30厘米，下口径为20厘米，高为25厘米，问需要多少材料。水桶虽为学生经常接触的生活用具，但他们往往不会去想如何计算它的表面积，这样的引入设计使他们产生认知冲突，激发其探讨的兴趣。此外，各种历史典故、名人逸事、问题悬念也都能在数学老师的精心组织和设计下，成为教师与学生之间情感交流的媒介，成为引出抽象数学问题的导线。第三，启发性原则。教师可以采用启发、诱导的方式导入新课，激发学生积极的思维活动，这也正是课堂教学成功的关键。教师要仔细研究课题，有针对性地选择素材来导入新内容，有效地启发学生对新知识的热切探求。鉴于数学的学科特点要求，数学课的导入一定要注意选材的直观性、通俗性、新旧知识的衔接性等问题，这样才能吸引学生的注意，启动学生的数学认知结构。

俗话说："好的开始是成功的一半。"若把课堂比作舞台，那么教学过程开始的导入环节就像整台戏的序幕，安排得体的导入设计能牵引整个教学过程并产生先声夺人的效果。

三、演示技能

演示技能是教师运用实物、样品、标本、模型、图表、幻灯片、影片和录像等进行实际表演与示范操作，指导学生进行观察、分析、归纳和实际操作等，让学生获取感性材料，从中获得知识，培养出观察、思维和操作能力的一类教学行为。

演示技能在数学教学过程中同样起着不容小觑的作用。

首先，演示技能可为理性认识提供直观感知。在数学教学中，为了使学生准确地掌握基本概念和原理，夯实所学内容，教师可按照感知活动的规律和特点，通过教具、音像等演示，为学生提供丰富的感性材料，引导学生运用不同的感官，从不同的角度认真观察和动手操作，帮助他们建立起感性认识与理性认识的联系，使抽象难懂的知识变得直观形象、易于理解。

其次，演示技能还培养了学生的观察和思维能力。观察是人们通过视觉获取信息，运用思维辨认其形式、结构和数量关系，从而发现某些规律或性质的方法。观察法是最原始、最基本的方法之一，却是进行数学思维所必需的、首要的方法。就数学的基础而言，公理就是通过观察事物的运动变化而抽象概括出来的。因此，在数学课堂教学中，教师通过教具来启发、指导学生，对培养学生的观察、分析能力，使他们学会全面、辩证地认识问题，发展思维能力，都非常重要。

最后，演示技能还能深化学生对知识的理解。教师生动形象的直观演示，能引起学生强烈的求知欲，集中学生的注意力，使其较快地领悟并掌握新知识和新概念。例如学生容易把握对顶角的一大特征——具有公共顶点，却往往容易忽略另一重要特征——其中一个角的两边是另一个角的两边的反向延长线。对此，教师在教学中，可制作一个活动的对顶角模型，先将两个角放在顶点的两侧，然后分别转动一个角的两边，使它们分别成为另一个角的两边的反向延长线，从而构成对顶角的模型。通过观看教师演示，学生会在脑海中形成清晰、深刻的印象，就不会再忽略对顶角的这一重要特征了。

四、变化技能

学生的注意力是可以在学习过程中形成的，教师讲课时抑扬顿挫的声调、演示所呈现的鲜明现象、灵活多样的教学方式等，都可引起学生的无意注意，使他们的注意力集中于教师的教学。而当讲到重点、难点及关键处时，教师可加以强调和提醒，以唤起学生的有意注意，使其注意到明确的指向。然而，在课堂上，学生单靠无意注意学习是无法顺利完成学习任务的，但若过分要求他们依靠有意注意来学习，又易引起学习疲劳。因此，在略显“冷峻”的数学教学过程中，教师应当运用变化技能，使学生的上述两种注意有节奏地转换，以激发并保持其对教学活动的注意。

再者，根据启发式教学的特点，教师应该调动学生参与教学活动的积极性。鉴于学生的认识水平和学习能力存在差异，教师呈现给学生的教学内容是否能够引起学生的思考和反应直接影响到学生参与教学的主动程度。教师在向学生传递教学信息时，应运用变化技能，有针对性地采取不同的表达方式，让学生较顺利地接受信息、进行思考并作出反应。例如，引导学生分析“一元二次不等式 $ax^2+bx+c>0$（$a\neq0$）的解集为全部实数”的条件时，对掌握程度较好的学生可以只用语言提问，而对掌握程度较差的学生则可以用二次函数 $y=ax^2+bx+c$ 的图像来启发思考。

另外，变化技能的运用还是形成教师教学个性与风格的主要因素之一。教师运用变化技能可以把课上得充满生气，既能显示出教师的学识和能力，又能体现其循循善诱、诲人不倦的师德，还有利于师生间的情感交流，形成愉快、和谐的课堂氛围。

五、板书技能

板书是教师在理解教材的基础上，对教材内容的高度提炼，是教师教学和学生获取知识的思路图，是课堂教学的一个重要环节。它不仅可以概括教师上课时讲授的内容，补充教师口头语言的不足，还有具体性与形象性的特点，可以帮助学生进一步理解和掌握教材的重点，突破教学难点，这一点在数学教学过程中显得尤为必要。

众所周知，数学是一门经常与方法打交道的学科，教师适当的板书演算往往要比单纯的语言讲授来得事半功倍。例如讲授“小数点位置移动引起小数大小的变化”时，教师可以提出问题——把0.004米的小数点向右移动一位、两位、三位……小数的大小有什么变化？这时倘若教师单靠语言表达进行讲解，是很难让学生掌握清晰的操作步骤的，行之有效的方法便是结合板书教学。教师可以借助板书，逐渐移动小数点位置引起小数大小的变化，引导学生对例证作整体观察：小数点向右移动一位，从0.004米到0.04米，原来的4毫米变成40毫米，扩大了10倍；小数点向右移动两位，从0.004米到0.4米，原来的4毫米变成400毫米，扩大了100倍。仿此进行，让学生得出：小数点向右移动一位、两位、三位……原来的数就扩大10倍、100倍、1 000倍……然后教师提出新问题：“怎样才能得出小数点向左移动时小数大小变化的规律？”学生运用逆向思维和类比思想找到变化规律，教师在学生回答时逐一将其板书并补充完整。这一教学过程，引导学生对例证的板书进行观察、比较、抽象、概括等，从特殊到一般归纳出知识的结论，促进学生思维能力的发展。

始终展现于黑板之上的教学板书不仅能够使学生边听、边看、边想、边记，引发多种感官参与活动，在观察中比较、分析、综合、抽象和概括，形成一定的思维模式，还能让学生学会如何抓要点、重点、难点，学习归纳、总结、论证、说明等方法，掌握必要的学习技巧，为以后进一步提高学习能力奠定基础。另外，严谨美观的板书还能让冷峻严肃的数学课变得赏心悦目，给学生以艺术美和科学美的享受，进而激发学生学习的兴趣，帮助其完成知识的构建。因此，一堂完整的数学课，少不了板书这支“点睛”之笔，教师掌握板书技能的重要性不言而喻。

六、提问技能

当前，教师不够重视课堂提问是数学教学中普遍存在的问题，具体表现为提问目的不够明确，提问的方式随心所欲，最终导致提问效果不尽如人意。事实上，数学课堂教学是教师与学生双方共同设疑、释疑、解疑的过程，是以解决问题为核心开展的，提问是其中一个基本环节，是实现师生相互交流、提高教学质量的重要步骤，应该得到教师们的充分关注。

教师通过提问，可以强化知识的传播，客观评价学生的学习情况，调节课堂教学的进程，沟通教师与学生之间的情感交流。换言之，提问技能具有反馈、评价、激励、强化、调控等多项功能。

然而，教师运用提问技能时应遵循有效性、科学性、层次性和整体性原则，要尽量避免“是不是”、“对不对”等无效的提问，含糊不清、模棱两可、答案不确定或超出学生的认知水平的提问，以及层次混乱或置多数学生的反应于不顾而形成“一对一”问答场面的提问。

课堂提问还有许多具体要点需要我们注意。首先，教师的提问要有“序”。教师在设计问题时，要按照课程的逻辑顺序，考虑学生的认识顺序，循序而问，步步深入，若前后颠倒、信口提问，只会扰乱学生的思维顺序。其次，提问的内容要有“度”。浅显随意的提问提不起学生思考的兴趣，随声附和的回答并不能反映他们思维的深度，但超前的深奥提问又使学生不知所云，难以形成思维的力度。只有适度的提问、恰当的坡度，才能引发学生的认知冲突。例如让学生“叙述正多边形的定义”，这样设问似乎过于简单直接，但倘若将其改为要学生指出下面四个命题中真命题的个数（①各角相等的圆内接多边形是正多边形；②各边相等的圆内接多边形是正多边形；③各角相等的圆外切多边形是正多边形；④各边相等的圆外切多边形是正多边形），学生就可以通过对各命题认真思考，来加深对正多边形的理解。再次，提问语言要有启发性。数学语言有严谨、简洁、形式符号化的特点，教师的提问语言既要体现数学这一特点，又要结合学生的认知特点，用自然语言准确、精练地表达，若用符号语言提问，则要辅以适当的解释。最后，提问还要注意把握好时机，要给学生一定的思考时间，并对学生的回答作出及时的反应。新课之前的复习性提问有助于学生回忆旧知识；引入新课时的启发性提问可以创设情境；重要结论导出过程中的归纳性提问有助于学生发现规律；知识应用过程中的分析性提问有助于学生巩固知识、打开思路。提出问题后，教师应作适当的停顿，便于学生思考。待学生答完问题后再稍停数秒，这几秒钟的等待可体现出学生的主体地位，不可忽视。而对于学生的回答，教师及时作出或肯定或否定或追问的回应，则可强化提问的效果。

七、讲解技能

数学是以数或式的运算、定理和公式的推理论证为主的学科，其教学手段和方式多以教师的讲解为主。然而数学的讲解多以符号语言为载体，其实质在于揭示知识结构及要素，阐述数学概念的内涵和外延，以便学生理解、接受、保持、记忆、掌握和运用数学知识。因此，数学的讲解技能更要求教师运用严谨的逻辑结构和准确精练的教学语言教学，必要时辅以计算、推演和图形绘制等。

由于讲解具有信息单向性传递的特点，因此，根据教师的讲授方式进行分类更易于说明讲解的基本类型。根据教师的授课方式可将讲解分为五类：适合于传授事实性知识（如概念定义、题目分析、公理说明等）的解释型讲解；用于事实陈述、概念描述和结论阐述的描述型讲解；运用分析、综合、归纳、演绎、类比等逻辑方法对数学问题进行推理论述的推论型讲解；对已有的结论提供证据进行推理的证明型讲解和对知识提炼概括、归纳小结式的总结型讲解。当然，无论是哪一种讲解都离不开语言这一重要媒介。讲解的语言与日常说话不同，教师要运用准确、精练的数学语言、符号语言完整地表达所要讲授的内容。倘若讲解时遇到难点和关键处，教师要给予学生必要的警示和适当的停顿与重复，引起学生注意并帮助其记忆。与此同时，教师还应注意讲解的阶段性，若讲解的内容过多，要将其适当分段，防止冗长单调的刺激造成学生的学习疲劳。

教师的讲解既能够使学生理解和初步掌握数学知识，形成初步印象并保持和记忆，又能通过分析数学知识的来源、形成和结构，启发学生思维(尽管启发学生思维的方法有很多，但数学教师最常用的还是讲解)，增强其数学思维能力和解决问题的本领。另外，生动有趣、深入浅出的讲解还可以吸引学生的注意力，激起其学习数学的兴趣。因此，讲解是教师上好一节数学课必不可少的技能。

八、强化技能

由桑代克的“猫开笼”实验和斯金纳的“食物刺激小白鼠”实验得出的学习理论看，有效的学习是强化的过程。教师在课堂教学中，应该注意运用强化技能，不断强化学生的学习动机，激发其学习数学的兴趣。教师的肯定或奖励能对学生产生外强化，使学生在物质上或心理上得到满足，而教师帮助学生克服学习上的困难，也可以对学生产生内强化，使学生体验到成功的喜悦。

强化技能的类型主要有语言强化、练习强化、动作强化和活动强化。

众所周知，语言是传递信息的最主要、最直接的渠道。语句的重复和停顿、语音的强弱、语调的轻重都具有一定的强化功能，尤其是教师通过语言对学生提出明确的学习要求时，会使学生产生强烈的学习动机，进行自主学习。如教师在讲授“指数函数的图像和性质”时，可先向学生提出记忆要求，促使他们自主强化记忆。待学生提出某些难记易混的性质并进行讨论后，教师再用精简易懂的语言加以概括，帮助学生抓住记忆的关键，找出记忆的规律，减轻学生短时间记忆的压力。

从提高学生的学习效果看，练习是教师在课堂教学中最有效的强化手段之一，尤其是在帮助学生获得数学技能方面。如果说学习数学知识是在解决懂与不懂的问题，那么学习数学技能就是在解决会与不会、熟与不熟的问题。对于教师而言，光让学生听懂课堂上的知识是不够的，还应通过有意识的练习活动加以巩固，才能使学生将所学经验变成自己的财富，实现“会”与“熟”的目标。然而，练习不同于机械重复，过多的、简单重复的练习只会加重学生的作业负担，使其产生厌烦心理。要想达到较好的练习效果，教师应做到：有针对性地布置练习，练习的量和次数要适度，以多样化的练习来提高学生的学习兴趣，并对练习结果作出及时的反馈。

在教学过程中，教师的动作是引起学生注意的刺激物之一。教师能恰当地运用动作来对学生施以刺激，如恰当、巧妙地运用眼神与学生进行心灵上的交流，表达自己内在的丰富的思想感情，或眉头紧锁作思索状，或眉开眼笑作赞许状，或目光严肃以示警惕，或目光柔和以表鼓励；再如借助恰当的手势辅助口头语言，增强语言的形象感和说服力，如在讲授函数的增减性时，可以右手适时上摆和下摆，函数的增减性概念就一目了然了。

教学过程不仅包含了教师“教”的过程，还包含了学生通过自己的活动“学”的过程，而教师在这一过程中起着引导的作用。学生在教学活动中的主体意识不断增强，教师应在引起学生的认识需要之后，引导学生自己研究、探索、寻求达到目的的新方式和新手段，使学生的思维活动处于一种积极的状态。

事实证明，教师在教学过程中，以正确的教学理论为指导，按教育科学规律办事，重视情感因素，重视创造问题情境，重视内部动机对学生学习的作用，努力使学生产生对学习的渴望，并及时对学生的学习效果作出评价，不仅可以调整学生的认知行为，还可使其在情感上产生积极的兴趣，因此，教师在数学课堂教学中，要十分注意强化技能的运用。

九、结束技能

结束技能是教师对教学活动进行归纳、总结、转化，及时系统化地巩固和运用所传授的知识和技能，使新知识有效地纳入到学生原有的知识结构中去的教学行为。将这项技能运用于课堂教学，既能及时反馈教与学的效果，使学生获得掌握新知识的喜悦，又可通过设置悬念，促使学生展开深刻的思维活动。

纵观许多数学新教师的教学现状，重视导入的设计，而相对忽视结尾安排的大有人在，“虎头蛇尾”影响了整个教学效果。事实上，数学是一门逻辑性强、前后连贯有序的学科，教师更应该在新知识讲授结束时，及时运用结束技能做好总结、复习、巩固的工作。

对于结束技能的实施，一方面，教师要考虑总结的及时性和结束语言的精练性。记忆是一个由瞬间记忆到短期记忆再到长期记忆的不断巩固的转化过程，而实现这个转化过程的最基本手段就是及时进行小结、周期性地复习。教师要紧密结合教学内容和教学目的，突出重点和知识结构，针对学生的知识掌握情况及课堂教学情况等，运用精练的，便于学生记忆、检索和运用的结束语言，帮助学生对所学知识作及时归纳，转化为自己的知识储备。另一方面，教师的总结还应具有概括性、联系性和启发性。

在某一阶段内容的教学结束时，教师应概括本章或本学科知识的结构，强调重要概念、定理、公式的内容和规律，精心加工得出系统、简约、有效的知识网络，帮助学生了解概念、定理的来龙去脉，为学生揭示知识间的内在联系，使数学知识在其头脑中形成相应的知识网络，对所学知识融会贯通。鉴于数学中的定理、法则、公式等内容之间存在着各种各样的联系，教师在进行小结时，应该根据知识之间的相互联系将其进行对比归类。例如，揭示特殊和一般关系的材料、内容相似或相近的材料的特征时，可采用对比归类法，如余弦定理与勾股定理、分式的运算性质与分数的运算性质等，一经对比，其异同点便清晰可见，易于学生记忆；对于一些具有因果关系、相反关系的材料，可采用联想归类法，如绝对值的一些性质与算术根的一些性质、排列与组合的知识等都可以联系起来放在一起进行小结，既方便学生记忆新知识，又有利于学生巩固旧知识；而对于一些从属关系、并列关系的教学内容，则可采用分类小结法，如平行四边形的性质、特殊的平行四边形的性质以及梯形的性质等，既有明确区别，又有确凿联系，环环相扣，层层推进，帮助学生建立牢固的知识网络。

如果说巧妙的新课导入能引起学生的学习兴趣，开启其思维的闸门，那么，恰到好处的课堂小结则能起到画龙点睛、承上启下的作用，在给学生留下深刻印象的同时，也能激起他们对下次课的期待。

综上可见，课堂教学是一个极其复杂的过程，教师必须认真学好相关的理论知识。然而，仅仅掌握理论知识还远远不够，更重要的是要用理论来指导实践。教师对各种技能的掌握直接影响到教学质量和学生学习效果的好坏。只有较好地掌握课堂教学技能，才能增加经验积累和提高自身的教学水平，才能根据不同的环境和情况，灵活地运用各种教学技能以激发学生的学习兴趣和动机，引导学生掌握学科知识，形成能力和发展智力，为他们顺利完成学习任务、达到教学目标创造有利条件。而让教师真正掌握课堂教学技能的方法就是反复实践，只有这样才能收获课堂教学技能的施展效果。因此，在我国现阶段的基础教育改革与发展之下，要求师范生要有目的、有计划地训练课堂教学技能，努力把教育理论知识和学科专业知识有效地转化为具体的课堂教学能力，以便毕业后更快、更好地胜任教学工作。

第二节　微格教学的理论与实践

随着科学技术的发展，视听设备的逐渐普及，一种新的培训教师教学技能的方法——微格教学于 1963 年诞生了，它是由美国斯坦福大学德瓦埃特·爱伦（W·Allen）等人创立的，其主要任务是对师范生进行实习前教学技能训练。它的出现为教师教学技能的训练提供了一种全新的模式。

现代教学观认为，教学是科学，是技术，也是艺术。教学作为科学是有规可循的，作为技术是能够通过专业训练掌握的，而教学艺术则使科学达到“神乎其技”的理想境界。师范生要成为未来合格的教师，除了需要掌握一套科学的专业知识和教育理论知识之外，还必须经过严格的、特殊的专业技能训练。微格教学为训练和提高教学技能提供了一种行之有效的方法。微格教学正是一种利用现代教育技术手段来集中解决某一特定教学问题行为的实践性较强的师范技能训练形式。

正如微格教学创始人之一爱伦所说，微格教学是“一个有控制的实习系统，它使师范生有可能集中解决某一特定的教学行为，或在有控制的条件下进行学习”。作为一个有控制的实践系统，微格教学的重要组成部分是微格训练，以教学示范为指引，以自身实践为中心，并反复训练，从中摸索各项教学技能的要领，将课堂教学所需要的各种技能进行微型化处理，使师范生和教师有可能集中解决某一特定的教学行为，或在有控制的条件下进行学习，从而简化、优化复杂的教学过程，实现高效低耗的个别化教学。因此，也可以说，微格教学是在现代化教学条件下，分步骤、系统地培训师范生和在职教师教学技能的实践系统。

一、微格教学的理论依据

1. *以系统的思想为指导研究培训教学技能*

教学过程是复杂的，是由许多环节和师生的许多具体活动而构成的一个整体。因此，教学是一个系统，教学过程是一个系统的运行过程。教学技能是教学系统的基本构成要素，要使课堂教学达到优化、实现教学的总体目标，首先要使每一个教学技能达到优化，然后再把它们有机地组合起来，相互作用而形成教学的整体。

2. 示范为被培训者提供信息及模仿的样板

示范是对事实、观念、过程形象化的解释，通过实际动作、电视等进行演示，来说明某件事是如何进行的，以便让被培训者学会如何去做。在微格教学培训中，教学者为被培训者提供多种风格的教学示范，辅以对各种技能的说明，使他们获得直接的感受，有了可供模仿的模板。

3. 技能训练是掌握复杂活动的途径

在微格教学训练中，技能训练包括心智技能和动作技能两个方面。它的外部物质活动是以讲解、角色扮演、录像示范等为支柱而进行的，通过观察使被培训者形成对活动过程和效果的感知，形成表象。在准备教学和实际训练中，再以此为基础进行各种语言阶段的心智活动。由于动作技能和心智技能形成过程具有不同阶段性，微格教学训练过程可分技能、分阶段逐步进行，当每一个技能都掌握以后再把它们综合起来，形成较为完善的课堂教学能力。

4. 直接的反馈对改变人的行为有重要作用

反馈是控制的基本方法和过程，其目的是使控制者知道以往的活动或过程的结果，并以此调节下一步活动的过程，实现所要达到的目的。其同时具有两个条件：一是准确性，二是及时性。反馈对于达到一定目的具有重要的作用。微格教学就是要为师范生或在职教师在教学技能训练时提供及时、准确、自我反馈的刺激，帮助他们较好地形成教学技能。

5. 定性分析与定量评价相结合，有利于被培训者改进和提高

微格教学的评价，有自我分析、小组分析、指导老师分析三结合的定性分析评价，也有按照一定评价标准制定的评价量表的定量分析，以量化的结果说明在哪些指标上还存在问题以及技能整体所达到的程度。两种评价相结合有利于被培训者改正和提高，完善自己的教学技能。

二、微格教学的基本特点

微格教学，从某种意义上说是指受训者处于缩小和集中的训练状态。在微格教学中，“缩小”就是对班级人数、教学时间和教学内容的减缩；“集中”指教学任务每次将注意集中于一项特定的教学技能（目标行为）。

它不仅被有效地应用于师范院校对职前师范生进行实习前的教学技能训练，而且对于在职教师的岗位培训也具有重要的意义。微格教学之所以被广泛应用，主要是因为它具有如下特点：

1. 训练内容单一

在微格教学模式中，训练内容被分解为一项项具体的技能，每次课只训练一种技能或其中一种类型，如导入技能中的设疑导入或故事导入等。训练中，还能把某一技能的细节加以放大，便于观察、讨论、反复练习。这样，集中对某一项教学技能或某一侧面而不是整堂课教学方法进行训练，就容易达到预期的目的。必要时，可以随时观摩有关录像资料，供实习生或在职教师模仿学习，以取得最佳效果。这种训练具体而明确，是一种训练内容单一、时间短、参加人数少的小型教学形式。

2. 参加的人数少

在训练过程中学生角色不以大班为对象，一般只有 7 ~ 10 名学生，而且学生可以频繁地调换。实践表明，这样使实施微格教学时更加机动灵活，讨论与评价时会更加深入。例如，澳大利亚在实施微格教学中一般只有 8 名学生参加。

3. 上课时间短

微格教学每次实践的时间很短，通常只有 5 ~ 10 分钟。在这期间集中训练某一单项教学技能，如讲解技能或板书技能，以便在较短的时间内掌握这项技能。由于微格教学不受教学进度和教学内容的限制，也不受一堂课 50 分钟或 45 分钟的限制，因而不会影响学生学习。

4. 运用视听设备

借助现代视听设备记录课堂互动细节，使受训者获得自己教学行为的直接反馈，并运用慢速、定格等手段在课后进行反复讨论、自我分析和再次实践，以行为结果确定个别进度，强调合格标准。

现代视听设备的使用，使师资培训方法从师徒学艺的经验型转变成有目的地进行某一技能的科学型，所以，微格教学模式又称为录像反馈教学培训方法。

5. 评价技术科学合理

传统训练中的评价主要是凭经验和印象，带有很大的主观性。微格教学中的评价因参评者的范围广、评价内容比较具体、评价方法比较合理、可操作性强等，使评价结果包含的个人主观因素成分减少，因此，比较科学合理。

6. 微小的心理负担

由于微格教学的课堂持续时间短、教学内容少，而且班级人数不多，因此可以使受训者的紧张感与焦虑感减少到比较弱的程度，从而减轻受训者的实质性心理紧张。又由于评价既指出不足，又要肯定其优点，会增加受训者的自信心与成功感。即使在技能实践过程中产生某种失误或不足，也不会给真实学生的学习造成不良影响。另外，微格教学的环境是特定安排的，是在一定控制条件下进行实践活动，避免了学生的干扰，因而也减轻了被培训者的心理负担，特别适合师范生上讲台之前的试教培训，更符合他们的实际。

三、微格教学的开展模式

微格教学至今已有50多年的发展历史，在引进和借鉴过程中，各国根据自己国家的情况和理解又形成了多种微格教学模式。如以斯坦福大学为代表的完善行为型微格教学模式，将教学技能分为十四项，向师范生提供相应的技能录像示范和技能评价表，并加以反复的实践训练，以促使师范生明確所要求的教学行为，不断提高教学能力；又如美国芝加哥的动态技能型微格教学模式，注重训练学生驾驭教学内容的逻辑结构能力，以便顺利地与学生进行交流；再如新伍斯特大学的社会心理学型的微格教学模式，认为教学依赖于人际关系和师生间的交流，有社会能力的教师在教学中表现得更为突出。这一模式将社会心理学的观点引入微格教学中，首先对教学中的社会技能进行定义，并且提出先单独训练技能，再综合在一起，整体地运用到整节课的教学中的程式……

而当微格教学于20世纪80年代传入我国后，全国各地也都纷纷将其引进推广，并形成多种微格教学模式，如北京模式，它将宏观层次上的教学活动进行层层分解，对各项教学技能、各类教学行为和各种教学行为的教学功能特点及行为方式特点进行概括描述。它借鉴外国微格教学并结合中国的特点，对教学技能中的行为要素进行描述，介绍并描述了各项技能的应用类型，并有实例加以说明；对教学技能的目的性加以说明，并提供各项技能的应用要点。在现代化教学条件下提供训练单项技能的实践机会，并提供及时的音像反馈和技能评价单，指导教师的定性评价与电脑的定量评价相结合，并开发了技能评价软件；技能的分类和描述清晰具体，音像示范对技能行为的重点有字幕说明和应用要点的说明，教案编写强调对所设计的教学过程说明其所应用的技能要素，角色扮演强调突出所训练的教学技能行为，反馈只强调对所训练的技能行为和在教学中的功能进行评价。

尽管各国的微格教学模式的侧重点有些不同，但其目标却大同小异，那就是训练学生的教学技能。综观微格讲课的过程，不难发现，其操作原则包括小步子渐进的原则、共同参与的原则、不断调整不断改进的原则和注意反馈的原则。作为教师的教学技能训练平台，微格教学以教育教学理论、视听理论和技术为基础，广泛吸收心理学和教育学的最新成果，将现代科学技术手段有效地应用于教学技能的研究和训练中，系统训练教师的教学技能，它反映出一种新的教学观念，为宏观的完整的教学活动展开了一个新的微观教学研究层面，使教学活动的复杂性、多变量性变得可预测、可控制、可描述、可示范、可操作，为将要成为教师和已经是教师的人全面提高教学水平提供了一条有效的训练途径。

四、微格教学设计与教案编写

（一）微格教学的教学设计

微格教学设计是指在准备微型课时，对教学过程中相互联系的各个要素作出计划和安排，建立一个分析研究的方法和解决问题的步骤，并对预期的结果进行分析的过程。我们在进行教学设计时，必须了解设计的方法，掌握设计的程序。

1. 微格教学设计的方法

在微格教学设计中，我们把学生学习一个事实、现象、概念等当作一个过程，在这个过程中既有开头和结尾，中间还存在许多不同的阶段，每一阶段还进行着不同的信息加工。教学中不仅需要处理一般能够应用于所有学习结果的外部条件，还要了解学生为达到每一种学习结果所必需的内部条件。

因此，在进行微格教学设计时，首先应该根据学生认知的特征，划分学生学习某一知识所要经历的学习阶段，然后根据每一阶段的特点和所要达到的目标，来设计教学活动。

（1）学生经历的学习阶段。

①动机阶段。这是学生在进行学习前所必须具备的一种“心向”，而持续不断的“心向”，则表示为一种期待，它代表学生所要达到学习目标的特别动机，使学生能够选择每次对信息加工的输出。或者说，学生根据自己的学习目标作出反应。如果学生没有这种期待，那就不可能很好地进行学习。

②领会阶段。首先，学生从环境中接受刺激，引起注意；其次，学生将有关的刺激特点贮藏在短期记忆中；进而，经过信息的再加工转换，才能进入长期记忆之中。

③获得阶段。为了使信息进入并贮藏在长期记忆中，必须使学生获得的信息发生关键性的转变（这个转变称为“编码”），实现了这种转变，就

把在短期记忆中作为一定知觉特性而得到的信息变成了一个概念或者有意义的模式。编码的基本形式是将信息纳入已有的认知结构。只有经过编码，才能使输入的信息转变为习得和可记忆的知识或能力。

④保持阶段。把信息贮藏在长期记忆里，这表示已经学会了新的才能，其保持时间，视刺激的性质和内部加工的形式而不同，短的也许只有几分钟，长的可能一生一世。当然，并不排斥新旧记忆之间的干扰妨碍已经贮藏的信息，造成遗忘，也不排斥由于研究与探索过程没有成效所造成的遗忘。

⑤回忆阶段。为了使所学的东西得到证实，必须从长期记忆中将其检索出来。所检索出的东西经常又回到短期记忆，还可以和新的输入结合成新的实体（即新的编码）。

⑥概括阶段。当回想所学习的知识并将其应用于一个新的情境或一个新的问题时，就会发生学习迁移现象。当要一个学生用他所学的知识和技能解决一个新的问题时，他必须进行比原来更复杂和更广泛的检索过程。如果检索的线索是以范畴（概念）的形式提供的，而他又学过这些知识，那么这些项目的检索对于他来说就比较容易。比如，对于“能被5整除的数的特征”的回忆，就可以以“数的整除性质”这个范畴的概念为线索，当用这种方法提示学生时，学习的迁移现象就发生了。因此，学习的迁移是对范畴的概括。

⑦动作阶段。这个阶段在于反应器的激活。在某种形式的活动中，这个结果是可以从外部观察得到的。如果学习的只是讲述一种命题意义的能力，那么能够复述或说明，就是表示学习已经发生了（如果是学习使用某种实验仪器的动作技能，那么在实验中能够正确操作这个仪器，这种动作技能的学习结果也就表现出来了）。而这些动作的发生，也就证实了这种才能已经学到了。

⑧反馈技能。反馈是一个学习过程的结束，是由学生对其动作的观察所提供的，动作的效果向学生证明他的学习已经达到了目标要求的程度。虽然反馈常常要求对学生外部行为进行核对，但反馈的主要后果对学生来说显然是内在的，它是用来检查学习、巩固学习，使学生能够持久应用才能的。这种现象又称强化。

学习阶段的理论从本质上来讲，是一个信息的“输入—加工—输出”的过程。如何为这一过程，特别是内部加工过程提供良好的外部条件，是教学设计中必须认真进行的重要工作。

（2）设计教学活动。

①明确目标，激活动机。动机是学习的动力，是学生学习活动中的一

种自觉能动性、积极性的心理状态。有动机地学习，效果就会比较好；而无动机地学习，往往就会敷衍了事。因此，教学过程或某一学习事件的开始，第一步就是引起动机，激发学生的学习积极性，明确学习目标。有经验的教师，往往都比较注意根据学生的年龄特征和个性特征，激活其学习动机。

②变化刺激，指引注意。为了引起学生的注意，在教学中教师可以改变语调和语速，利用图表说明以及使用幻灯片、投影仪等，或者恰当地出示新的教具，实物录像时用活动箭头指示、闪动等引起学生注意。另外，语言的指导作用也是十分重要的。比如，教师指出教学重点，或者提出大家关心的问题进行思考等，都可以使学生的意识选择进行转移，把注意力集中到学习内容上来。总之，教师要有意识地利用多种方法，吸引学生的注意。

③新旧联系，刺激回忆。在教学过程中，要使学生把新旧知识有机地联系起来，用旧知识来支持新的学习。这就要求教师有意识地提示、启发学生进行回忆，并在学习过的知识的基础上来教授新的内容。为使新旧知识形成系统，必须抓住它们之间的内在联系，教师除了启发回忆、思考外，还要不断地探询，才能把学习中的问题一步步地深入下去。

④分析综合，提供指导。为了使信息进入长期记忆中，编码过程开始以后，就可以通过不同形式进行学习指导。指导通常通过语言或板书等方式发出，有时使用图表、图画或这些方法的结合作为指导的外部刺激。其目的在于提供或建立编码大纲，即把信息划分成不同的范畴或列成表格等，为将来的回忆检索提供线索。当然语言的指导作用也是不可忽视的，特别是在对象的外部标志不太明显、知觉对象比较隐蔽而难于感知的情况下，语言在感知中的作用才会更为显著。

⑤减少遗忘，增强保持。保持和遗忘是一对矛盾的两个方面，要想增强保持，就必须减少遗忘。影响保持或导致遗忘的因素很多，为了帮助学生巩固所学知识，就要从各个方面创造有利于保持的条件，使遗忘降低到最低程度。一般来说，增强保持的条件主要有：充分提供学习材料的数量；使材料有意义；使材料的组织结构更优化；为信息的检索提供线索等。

⑥培养能力，促进迁移。迁移是指已获得的知识、技能，甚至方法、态度对学习新知识、新技能的影响。这种影响可能是积极的，也可能是消极的，前者叫正迁移或简称迁移，后者叫负迁移或称干扰。在教学中如果充分注意正迁移及其产生的条件，就能在一定程度上减少或者防止负迁移的影响。促进迁移的条件一般有：掌握基础知识，并能运用自如；培养分

析问题和解决问题的能力；提高概括水平，了解客观事物之间的关系；加强联系指导，不断改善学习等。

⑦创设情境，引出动作。引出动作就是使学生对所学知识作出反应，通过各种方式来表示对知识记忆、理解的程度，或把知识应用于新的情境。引出动作既是检验学生对知识的理解或保持的一种手段，也是使学生加深理解、巩固知识，从而掌握技能、发展智力的重要手段。在教学中教师应为学生创造多种情境，促使学生作出多种反应。例如，设计多种问题，以口头或书面的形式进行反应；进行实验、实习等实践活动；以动作方式进行反应；综合应用多种知识，解决社会实践中的问题等。

⑧准备评价，提供反馈。反馈是由学生对其动作效果的观察或教师对其反应的分析评价所提供的。对学生的反应要准确地进行评价，只有这样才能帮助学生把某一行动的变化朝更好的方向发展，或通过对学生回答问题的肯定来巩固学习成果。显然，为学生提供准确的反馈，对他们的学习将起到一种强化作用。反馈强化的效果之所以能影响学习与记忆，是因为它给学生提供了信息，告诉学生是否达到了目标，或者离目标还有多远。这种信息有一种强化的作用。

微格教学设计是针对学生的学习，为之创造良好的外部条件，以促进学生学习的过程。因此，学习阶段和教学活动之间的关系十分密切，二者的关系如下：

学习阶段		教学活动
动机阶段（期待）	←	明确目标 激活动机
领会阶段（注意）	←	变化刺激 指引注意
获得阶段（编码）	←	新旧联系 刺激回忆
保持阶段（贮藏）	←	分析综合 提供指导
回忆阶段（迁移）	←	减少遗忘 增强保持
概括阶段（反应）	←	培养能力 促进迁移
动作阶段（反应）	←	创设情境 引出动作
反馈阶段（强化）	←	准确评价 提供反馈

2. 微格教学设计的程序

微型课程应该是这样一套程序，它的每一阶段都是为学习者安排外部教学情境，以支持他们每一阶段的学习。这个程序开始于激发动机和提出具体的期待，结束于动作的形成和反馈。这当中的具体步骤并不是刻板地固定不变的，但每一项的功能都是必不可少的，具体程序如下：

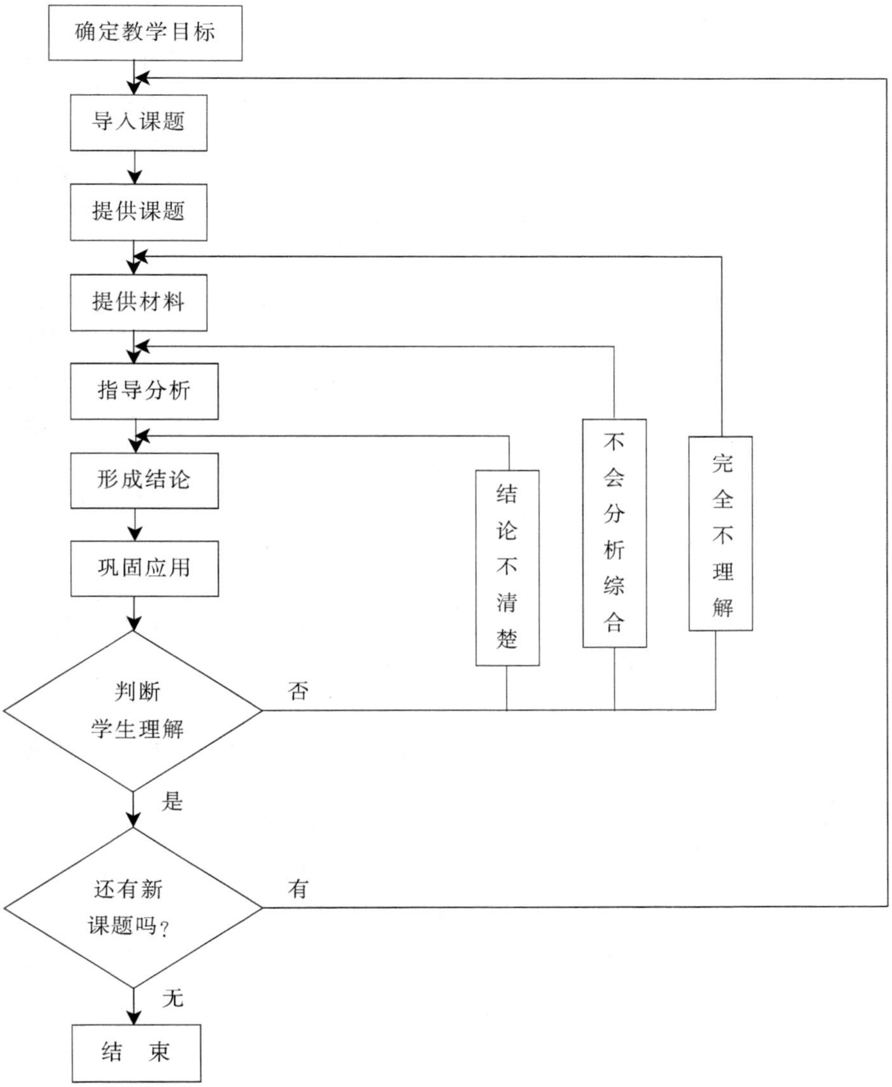

图 1－1　微格教学设计的程序

（二）微格教学的教案编写

在微格教学中，教案的编写是教师的一项重要工作，它是根据教学理论、教学技能、教学手段，并结合学生实际，把知识正确传授给学生的准备过程。微格教学教案的产生是建立在微格教学设计基础之上的，以“设计”作指导，具体编写微格教学的计划。

1. 微格教学教案编写的内容和要求

（1）确定教学目标。指技能训练应该达到什么要求，培养学生哪些能力，既是教师的教学目标，又是学生的学习目标。因此在制定教与学的目标时，要准确、客观、具体、明确，既便于实现，又便于检查。

（2）教师教学行为。要求教师把教学过程中的主要教学行为及要讲授的内容、准备提的问题、要列举的实例、准备做的演示或实验、课堂练习题、师生的活动等，都一一编写在教案内。

（3）标明教学技能。在实践过程中，每处应当运用哪种教学技能，在教案中都应标明。有的地方需要运用好几种教学技能，那就要选其中针对性最强的主要技能进行标明。标明教学技能是微格教学教案编写的最大特点，它要求受训者感知、识别及应用教学技能，突出体现微格教学以培训教学技能为中心的宗旨。不要以为把教学技能加以组合就是课堂设计，而要根据教学目标总结、研究课中各个场合各种技能的运用，这对师范生来说尤其重要。

（4）预测学生行为。在课堂教学设计中，对学生的行为要进行预测，这些行为包括学生的观察、回答、活动等各个方面，应尽量将其注明在教案之中，它体现了教师引导学生学习的认知策略。

（5）准备教学媒体。将教学中需要使用的教具、幻灯片、录音、图表、标本、实物等各种教学媒体，按照教学流程中的顺序加以注明，以便随时使用。

（6）分配教学时间。在实践过程中，教师行为和学生行为预计需要多少时间，在教案中也应注明清楚，以便有效地控制教学进程和教学行为。

2. 微格教学教案的编写格式

表 1－1　微格教学教案设计表

学科：　　执教者：　　年级：　　日期：　　指导教师：

教学课题	
教学目标	1. 2. 3.

（续上表）

技能目标	1. 2. 3.			
时间分配	教师教学行为 （包括讲授、提问、演示等）	应用的教学技能	学生学习行为 （包括预想的回答等）	需要准备的视听教具等

3. 微格教学教案的审阅和批改

当学习者写好微格教学的教案以后，指导教师必须进行审阅和批改，这不仅对师范生是十分必要的，对具有一定教学经验的在职教师也必不可少。审阅和批改教案是指导教师的一项重要工作。

（1）教师批阅教案。重点查阅编写的教案是否规范，是否符合前面说的有关内容和要求，特别是要看教学技能是否运用恰当，教学行为是否控制得当。不妥之处，指导教师直接改，或者要学习者自己改。

（2）分组讨论教案。学习者分组讨论交流各自编写的教案，可以相互得到启发，取长补短，有利于提高教学行为、技能识别和评价意识，从而更好地修改和完善自己编写的教案。

（3）教师审定教案。首先要求学习者把修改后的教案抄正，然后由指导教师审定。指导教师在审定教案时，除了上述要求外，还要看教案是否便于讲授、检查，以及是否便于总结经验和改进教学。教案审定完毕，即可进行试讲、录像和评价等。

五、微格教学过程的组织实施

微格教学是通过缩减的教学实践，培训师范生和在职教师教学技能的系统方法。自斯坦福大学的研究者提出微格教学后的50年来，它的训练过程已形成了一定的系统模式，一般包括以下几个步骤：

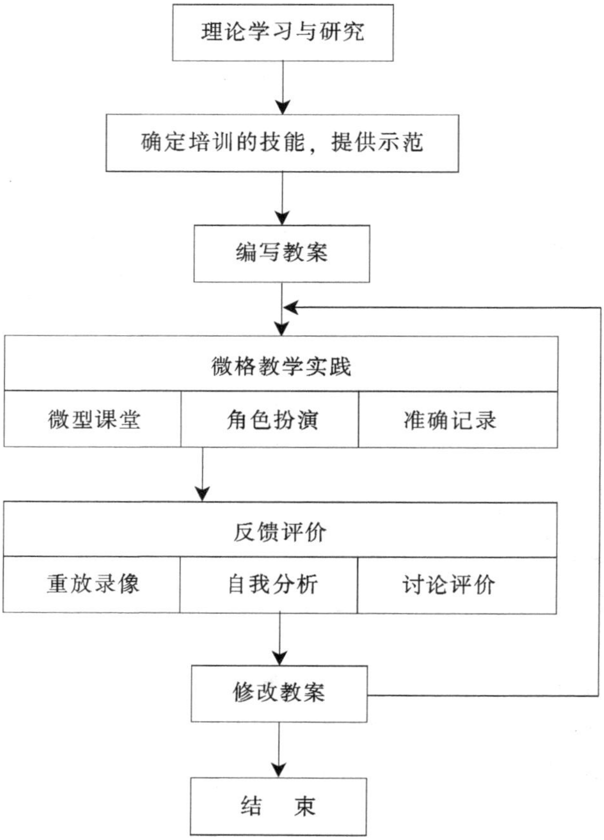

图 1－2　微格教学的步骤

微格教学是一项细致的工作，要有效地提高教师的教学技能，关键是要严格抓好微格教学全过程所包含的理论学习、示范观摩、编写教案、角色扮演、反馈评价和修改教案等环节。这些环节环环相扣、联系密切，削弱其中任何一个环节，都会影响培训的效果。我们应针对被培训者的实际情况，落实每一个实施步骤。

（一）理论学习与研究

微格教学在实践和发展的过程中，融入了许多新的教育观念、教育思想和方法，如布鲁姆的“教育目标分类学”及“掌握学习法”，弗朗德的“师生相互作用分析”理论。

具体实践中又有美国爱伦教授的“双循环式”和英国布朗教授的“单循环式”等。微格教学培训是一种全新的实践活动，也有其深刻的理论基础，因此，学习和研究新的教学理论是十分必要的。

理论辅导的内容包括微格教学的概念、微格教学的目的和作用、教学技能分析、课堂教学技能分类理论及关于某项教学技能的理论。

1. 微格教学的概念

重点使学员明确微格教学的意义。由于微格教学能借助现代视听设备获取信息，有利于教师随时改进教学方法，提高培训质量，因此，微格教学优于传统教学。

2. 微格教学的目的和作用

微格教学是比较先进的培训师资方法，主要用于师范生的职前教育和在职教师的继续教育，以提高教师的教育教学能力为基本目标，对深化教育教学改革，使教育面向世界、面向未来、面向现代化，促进教育科研，提高教师的整体素质，具有十分重要的作用。

3. 教学技能分析

微格教学的研究方法就是将复杂的教学过程细分为单一的技能，再逐项培训。导师可以根据培训对象的不同层次和需要，有针对性地选定几项技能。

一般来说，对于师范生和刚踏上讲台不久的青年教师，通过微格教学实践可以及早掌握教态、语言、板书等方面的基本技能；对于有一定教学经验的教师，通过微格教学实践，可以深入探讨较深层次的技能，有利于总结经验、相互交流、共同提高教学能力，以达到提高教师整体素质的目标。

在技能分析和示范阶段，导师要作启发性报告，分析各项技能的定义、作用、实施类型、方法及运用要领、注意点等，同时将事先编制好的示范录像播放给学员观看。

4. 课堂教学技能分类理论

重点使学员了解教学技能分类的意义、对教学技能进行分类的好处，结合传统教学中出现的诸如观摩教学效率不高、教学评价不确定或不客观等问题进行说明。同时指出，教学技能可根据不同角度或“视点”进行分类，其方法多种多样，这反映了教学本身的复杂性。

5. 关于某项教学技能的理论

在指定训练某项教学技能前，先要讲解该项技能的理论，比如该技能的内涵、作用、类型、构成、原则以及该技能的运用等，使学员心中有数。

另外，理论辅导重点应该放在教学技能上。理论研究和辅导阶段要确定好教学的组织形式。通常在学习教学理论时，导师以班级为单位作启发报告，讨论和实践则以小组为单位。小组成员 6 人左右，最好是同一层次的教师或师范生。指导教师要启发小组成员尽快相互了解，对所研讨的问题有共同语言，互相成为“好朋友”。

（二）组织示范观摩

针对各项教学技能，提供相关的课程教学片段，组织学生进行示范观摩。观看录像后经过小组成员讨论分析，取得共识。这样，学员不仅获得了理论知识，也有了初步的教学感知。

1. 观摩微格教学示范录像

（1）选择教学示范录像片段。在选择示范录像时要遵循两条原则：一是水平要高，二是针对性要强。示范的水平越高，学员的起点就越高；针对性越强，该技能的展现就越具体、典型。

（2）提出观摩教学示范录像片段的要求。在观看示范录像片段时，指导教师要先提出具体要求，明确目标，突出重点，边观看边提示。提示时要画龙点睛，简明扼要，不可过于频繁，以免影响学员观看和思考。

2. 组织学习、讨论、模仿

（1）谈学习体会。各自谈观后感，哪些方面值得学习；对照录像，反思自己的教学与其存在哪些差距。师范生注重前者，在职教师注重后者。

（2）集体讨论。重点交换各自的意见，在要互相学习的方面达成共识。指导教师也要参加讨论，重点指导。

（3）要点模仿。示范的目的是使受训者进行模仿。许多复杂的社会行为往往都能通过模仿习得。实际上，受训者在观看录像时，就已被渗透了模仿的意义。这里讲模仿，主要是在指导教师指导下进行模仿。此外，指导教师的亲自示范或提供反面示范，对学员理解教学技能也会起到十分重要的作用。

（三）指导备课

1. 组织学员钻研某项技能

（1）充分备课，熟悉教材。熟悉教材是至关重要的，如果对教材理解不透彻、不深入，出现片面性错误，就无法体现教学技能。比如“除数是零的除法”的教学，指导教师若对教材不理解，或者理解是片面的，那就谈不上技能的运用。

（2）根据指定教材，针对某项教学技能进行钻研。在熟悉教材的基础上，重点应该考虑教学技能的运用。要正确运用某项教学技能，对该教学技能的钻研是先决条件，指导教师要正确引导学习者钻研教学技能的理论，联系教材，把理论用于实践。

2. 学员备课

（1）在钻研指定教材和该项教学技能的基础上编写教案。

（2）在指导教师的指导下，交流备课情况，取人之长，补己之短。

（3）对在职教师和师范生要求有别。钻研教材，熟悉教材，理解教材，并结合教学技能备课，对在职教师来说问题不是很大，但对在校的师范生来说则是一个比较大的问题。师范生应先接受教学基本理论和教材分析的培训。指导教师在给他们指定教材时，还要对教材进行适当的分析，以帮助师范生正确理解教材，从而结合教学技能的运用进行备课。

（四）角色扮演

1. 角色扮演的意义

角色扮演是微格教学中的中心环节，是受训者训练教学技能的具体教学实践活动，在活动中每个受训者都要扮演一个角色，进行模拟教学。它改变了传统的“教师讲、学生听”的教学模式，给受训者以充分的实践机会，从而使师资培训工作上了一个新台阶。

2. 角色扮演的要求

角色扮演的要求主要有两个方面：一方面扮演“教师”者要“真枪实弹”，按照自己的备课计划，在可控制的条件下，训练教学技能；另一方面扮演“学生”者要充分表现学生的特点，自觉进入特定情境。另外，在角色扮演过程中，任何人不要打断“教学”，让“教师”去处理教学中的“麻烦”，技术人员在拍摄过程中，不能对“教师”提出约束条件。

3. 反馈评议

反馈评议阶段，首先由执教者将自己的设计目标、主要教学技能和方法、教学过程等向小组成员进行介绍，然后播放微格录像，全组成员和导师共同观摩。观看录像后进行评议，可以由执教者本人先分析自己观看后的体会，检查事先设计的目标是否达到，分享自我感觉；再由全组成员根据每一项具体的课堂教学技能要求进行评议。

评议过程由以下三个环节构成：

（1）学员自评。

①照镜子，找差距。由教师角色扮演者分析技能应用的方式和效果，看是否达到预期目标。

②列出优、缺点，肯定成绩，找出不足之处。如果自己认为很糟、非常不满意，可以申请重新进行角色扮演和录像。指导教师可根据条件和时间，决定是否重录，尽量做到不挫伤学员的积极性。

（2）组织讨论、集体评议。

①评议时应以技能理论为指导，分析优、缺点，进行定性评价。

②根据量化评价表给出成绩，进行量化评价。

③提出建设性意见，提出如何做可能会更好。

④指导教师注意引导，营造一种学术讨论的氛围。

（3）指导教师评议。

学习者对指导教师的评价是十分重视的，指导教师的意见举足轻重。因此，指导教师的评价应尽量客观、全面、准确。对于扮演者的成绩和优点要讲足，缺点和不足要讲准、讲主要的。要注意保护学习者的自尊心和积极性，要以讨论者的身份出现，讨论“应该怎样做和怎样做更好”，这样效果会更好些。

（五）修改教案，反复训练

1. 学员修改教案

根据本人录像，参考技能示范录像和技能理论，对照评议结果，针对不足之处，由学员自己修改教案。

2. 进行重教

根据评议情况，学员进行第二次实践，重复上述过程。

3. 再循环或总结

是否再循环，可以根据培训对象的具体情况及课时安排而定。当然，在课堂教学过程中，各项技能是交织在一起的，任何单项的教学技能都不会单独存在。

如培训导入技能，重点研究导入的方式、新旧知识的联系、情境的创设等问题，但导入过程必然用到语言技能，还可能用到提问、板书、演示等技能，只是对这些技能暂不考虑，只重点考虑导入技能的应用情况。

因此，当各项教学技能都经过训练并达到一定水平以后，指导教师应安排学习者进行各项技能的综合训练，也只有对教学技能进行综合训练，才可能最终形成教学能力。

六、微格教学技能的评价与反馈

教学评价是一种依据教学目标，对学生和教师进行系统测量并评定其价值和优、缺点以求改进的过程。微格教学的评价，是在活动过程中进行的教学评价，评价活动本身的效果，并用以调节活动的过程，是为保证教学目标实现而进行的形成性评价。这种评价要及时获得反馈信息，适时地调节控制，缩小过程与目标的差距。微格教学的评价处于动态过程之中，是一种即时的评价。微格教学是一个可控制的实践系统。现代系统论告诉我们，没有反馈的系统无法实施调控，系统无从优化。微格教学中的反馈是在技能评价的过程中实现的，它与评价相辅相成，使微格教学训练卓有成效。

（一）微格教学技能的评价

1. 微格教学中评价的意义

现代教学论认为，教育需要评价。微格教学中的评价是对教学技能的评价，是以一定的目标、需要、期望为准绳的价值评判过程。它通过对各项教学技能指标的考察与分析来评价受训学员的课堂教学技能水平。在教学技能的学习和形成过程中，评价起着重要的作用，没有评价就不能通过微格教学进行技能改进。

微格教学技能评价的意义在于：

（1）通过评价来比较、区分受训学员的教学能力，获得确定学员是否掌握某项技能的证据，以便及时指导。

（2）通过评价让被评价者看到自己的成绩和不足，好的地方加以强化，缺点和错误加以纠正，从而提高课堂教学技能。

（3）教学技能评价目标的制定一般体现了方向性和客观性，通过评价目标、评价体系的指引，可以为教学指明方向，因此教学技能评价具有促进受训学员提高教学技能水平的导向作用。

2. 微格教学评价的基本过程

（1）建立评价指标体系。

微格教学活动是以培训和提高教学技能为中心的活动，评价教学技能，把教学技能的实际状态与预定目标相比较，从而作出价值评判。建立合理的教学技能评价指标体系是微格教学评价工作的关键问题。

评价指标体系是各种教学技能评价指标的集合。评价指标是根据教学规律对教学技能目标在各方面作出的具体的、可测的、行为化、操作化的规定，用它来判断是否达到目标。

指标设计的方法和程序可采用归类合并法、经验筛选法、教学专家调查法、问卷统计法、理论推导法等。但不管采用哪种方法，都应做到指标体系的适当性。分解指标体系的条款不应过多、过细或过于烦琐，以免在评价时难以操作，不利于观察和记录；也不能条款过少，过于简单、粗略和笼统，导致难以判断。一般分解到二、三级层次。各指标条款要做到科学、客观、简易、独立、可测，综合起来较为完备并具有导向性。

建立一个科学适用的课堂教学技能评价指标体系，是目前世界各国教育界正在努力探索的重要问题。在微格教学技能培训中，我们常用的教学技能评价指标体系如表1－2所示：

表1－2　教学技能评价指标体系

一级指标	二级指标	三级评价指标兼评价要素
课堂教学技能A	B1 语言技能	C1.1 语言流畅、节奏鲜明、语速得宜 C1.2 字词清楚、语句通俗、条理清楚 C1.3 普通话字音准确，没有方言语汇 C1.4 语句通俗简明，句式长短得宜 C1.5 停顿合理，语调有起伏变化 C1.6 正确使用学科名词术语和表达方法 C1.7 感情充沛，有感染力，有启发性 C1.8 逻辑严密，思路清晰 C1.9 没有口头禅和多余的习惯语
	B2 板书技能	C2.1 符合特定的教学目的 C2.2 内容简明扼要 C2.3 与其他教学技能有机结合 C2.4 结构合理，思路清晰 C2.5 能够引发学生的兴趣和思维 C2.6 书写规范，板画简、快、准 C2.7 大小、位置适宜，版面整洁 C2.8 适当使用彩色笔强化信息 C2.9 板书姿态自然、庄重 C2.10 没有笔顺、笔画错误，无错别字
	B3 变化技能	C3.1 紧紧地围绕教学中心 C3.2 方法得当，有较强的针对性 C3.3 能引发学生注意，有较强的导向性 C3.4 注重实效，能有效调动学生的积极性 C3.5 语言恰当，辅助言语、表情和动作协调 C3.6 变化自然，过程流畅 C3.7 实现了师生交流和信息沟通 C3.8 对课堂调控合理 C3.9 体现教师良好的适应性和灵活性

（续上表）

一级指标	二级指标	三级评价指标兼评价要素
课堂教学技能A	B4 演示技能	C4. 1 演示媒体的选择、出示、安置恰到好处 C4. 2 演示前对媒体的介绍简明得体 C4. 3 演示前对演示目的的介绍清晰扼要 C4. 4 演示的时机选择、时量控制合理 C4. 5 演示的步骤清楚、合理，有条不紊 C4. 6 演示的操作科学、规范，有示范性 C4. 7 演示中注重对学生观察与思维的引导 C4. 8 演示与讲解、板书等技能结合自然 C4. 9 演示安全可靠、效果明显、结论明确
	B5 导入技能	C5. 1 导入的目的明确 C5. 2 导入能自然引入课题 C5. 3 导入能引起学生的兴趣 C5. 4 导入内容与新知识联系紧密 C5. 5 导入感情充沛，语言清晰 C5. 6 导入时间掌握得当、紧凑 C5. 7 导入能面向全体学生
	B6 讲解技能	C6. 1 围绕教学目的，突出重点、难点 C6. 2 知识准确、科学、丰富 C6. 3 内容集中，思路清楚，结构严谨 C6. 4 内容组织合理，能抓住学生思维 C6. 5 调动学生学习积极性、启发思维 C6. 6 切合学生认知水平 C6. 7 能创设一定情境，富有感染力 C6. 8 师生配合好，课堂活跃 C6. 9 得到信息反馈后，能及时调控讲解内容和方式
	B7 提问技能	C7. 1 提问目的明确，紧密结合教学 C7. 2 问题有启发性，能促进思维发展 C7. 3 问题设计包括多个层次 C7. 4 提问时机把握好，能指导学生学习 C7. 5 问题表述清晰、流畅，语言简明易懂 C7. 6 停顿时间恰当，学生有思考时间 C7. 7 提示得恰当，点拨学生思考 C7. 8 对答案分析评价正确，帮助学生深化学习 C7. 9 提问面广，照顾到各类学生 C7. 10 鼓励学生积极回答问题、参与教学

（续上表）

一级指标	二级指标	三级评价指标兼评价要素
课堂教学技能A	B8 强化技能	C8.1 强化引起了学生的注意 C8.2 强化目的明确 C8.3 强化促使了学生参与教学活动 C8.4 在教学的重点、关键处运用了强化技能 C8.5 教师在运用强化技能时态度热情、真诚 C8.6 强化恰当、合适、自然 C8.7 体现了强化的灵活性 C8.8 整个教学进程自然、流畅、科学
	B9 结束技能	C9.1 结束的目的明确 C9.2 概括了本节课的重点 C9.3 结束的方式与内容相适应 C9.4 使学生感到有新的收获 C9.5 强化了学生对课程的兴趣 C9.6 使学生的知识得到系统化归整 C9.7 检查学习、强化学习 C9.8 结束语简练、清楚明白 C9.9 结束时间把握恰当、不拖堂

（2）确定评价标准。

标准，就是衡量的各种准则。标准使得评价更具体、更可行，且有利于比较，给被评价者提出了努力的方向。标准的选用有定性和定量之分。

定性标准也就是描述性标准，一般都是写出评语，或写出描述性评语供选择。如非常符合、比较符合、不太符合、不符合；非常好、较好、一般、不很好、不好等。

定量标准常常给出分数，如95分、80分、65分、50分等，或给单项具体指标小分，如10分、8分、5分等，也可赋予定性描述语言标准数值量，形成等级标准或定量标准。

在微格教学实践中，常把各项指标划分为若干等级并制定出每一等级的评分标准。评分等级不宜太多，分得过细并不能使评价更趋精确，因为如果评价人员不容易掌握各等级之间的界限，也就不能提高技能评价的质量。一般将评分等级分为三或四级，即好、中、差或优、良、中、差。也可给出各等级标准的分数值范围，如好为95分以上，中为75～94分，差为55～74分，或优为95分以上，良为80～94分，中为65～79分，差为

50～64分。

评价指标有了等级评分标准，还要进一步确定它的权重。所谓权重就是某一项指标在整个技能评价指标体系中的重要程度，用数量表示，关键的、核心的项目权重应大一些，其他项目的权重则应小些。各权重之和必须等于1（100%）。

（3）制定技能评价单。

根据各项技能评价指标的条款内容、等级标志和所占比重，制作的一张供评价人员使用的表格，我们称之为技能评价单。评价单的条款应具体、易测，具有可比性和独立性，便于诊断性反馈和及时反馈的准确，同时还应简明、组合性好，便于测量和计算处理。下面是一张“导入技能评价单”：

表1－3　导入技能评价单

姓名：	科目：	课题：	时间：	
请听课后对以下各项进行评价，在适当等级画“√”				
评价标准	等级			权重
	差（55～74）	中（75～94）	好（95～100）	
1. 导入的目的明确				0.20
2. 导入能自然引入课题				0.15
3. 导入能引起学生的兴趣				0.20
4. 导入内容与新知识联系紧密				0.15
5. 导入感情充沛、语言清晰				0.10
6. 导入时间掌握得当、紧凑				0.10
7. 导入能面向全体学生				0.10
您还有什么意见：				

（4）实施评价。

实施评价前，指导教师应讲解技能评价的有关知识，让每一位学员熟悉如何评价课堂教学技能。

在技能评价时，以原来的小组为单位，重放角色扮演的录像，然后采取学员自评、互评和指导教师点评相结合的方法进行评价，最后参与评价者填写技能评价单，使评价趋于量化。指导教师根据量化成绩对培训对象作出是否合格的判断。

在评价过程中，指导教师应注意提高学员的评价意识，让他们学会观察与鉴赏教学技能，还可通过技能评价过程提高学员的评价水平。

3. 微格教学评价的方法

微格教学的评价应采用定性评价与定量评价相结合的方法。定性评价对教学的整体性质给予评判，分析所犯错误的类型；定量评价能对教学技能的各个指标给出量化的分数。定性评价与定量评价相结合，不仅能对因果关系分析解剖，而且能在量上作出准确判断，使得评价具有更大的指导意义。

（1）定性评价。

定性评价是微格教学中常用的评价方法。它既可用于诊断性评价，又可用于形成性评价，一般只指出优点和不足，不评定成绩，被评价者会把它看作是一种帮助而不会感到害怕。

定性评价是在角色扮演之后采用自评、互评、点评三结合的方式进行的。首先自评，由教师角色扮演者自己检查实践过程与预定目标的差距，这样在互评时可以有心理准备。然后由指导老师组织互评，评价者根据评价标准来评价实践的过程，指出被评价者的优点和缺点。如果只说缺点不说优点，会挫伤受训者的积极性；如果只说优点不说缺点，会使受训者不知道怎样改进，产生自满情绪。指导教师点评时，要从技能教学的整体出发，进行全面、客观的评价，尤其要注意优、缺点并重。

因为定性评价是对照技能理论，分析成败的原因，有很强的激励功能和改进功能，定性评价对于调动受训者的积极性和及时发现问题，明确改进的方向，具有很大的推动作用。

（2）定量评价。

现代科学的发展使得定量化分析成为必然趋势，教学技能定量化的评价标准是客观存在的。在微格教学实践中，我们应用了模糊数学、概率论和矩阵计算的定量评价方法，使得技能评价具有较好的客观性和科学性。

定量评价要求学员用进度评价单作好测量记录，然后将同一被评对象评价单上的有关数据填写在统计评价表中，再用矩阵计算统计，最后得到评价结果。指导教师根据量化的评价结果作出判断和得出结论。

（二）微格教学中的反馈

1. 微格教学反馈的意义

反馈是控制系统的基本方法和过程。教学中的反馈可以有效地强化动机，促进行为的改善。一般教法课的试讲活动都是在事后评定，反馈环节很微弱，控制、调节作用更小，达不到强化的效果。微格教学中的反馈弥补了教法课的不足。借助录像，采用自评、互评、点评相结合的方式对被训者进行真实、及时的反馈，能很好地发挥反馈的控制、调节作用，强化效果也会很好。

由于微格教学的技能评价是形成性评价，其理论依据就是反馈原理，因此微格教学的反馈是根据过去的操作情况来调整未来行动的。它根据形成性评价提供的信息，肯定教学技能、理论知识的优势，并诊断出问题，及时改进，提高教学质量，具有很大的调整和矫正作用。

微格教学中的反馈是及时反馈，信息量大。它在教学技能实践之后，立即以重放录像的形式，为受训者提供自我观察教学过程和分析自己教学行为的条件，让学员能够找出自己的优、缺点。同时“学生”、“评价人员”和指导教师也可向参与培训者指出优、缺点和改进意见。通过反馈，受训者获得大量的信息，并在此基础上进行调控。受训者能在集思广益的基础上，经过自己的分析、加工和重组，修改、完善原有的方案。在多次修改和反复练习的基础上，受训者的教学技能能够得到明显的提高。

2. 微格教学中反馈的方式

（1）反馈方式按时间分为及时反馈、短时反馈和长时反馈。

微格教学采用形成性评价中的及时反馈或短时反馈，以充分发挥评价的改进功能，做到及时调整和矫正。

（2）反馈的方式按信息来源分为他人反馈和自我反馈。

微格教学把他人反馈与自我反馈相结合，把来自同行和指导教师的意见与对自身教学行为的分析结合起来，可以有效地改进教学行为。

就教学中的教师而言，自己不易觉察自己的某些行为，如语速太快、面孔呆板、语调低而平淡、知识量过大、行走过于频繁等，他人反馈对解决这些问题比较有效。受训者观看自己的授课录像，这种自我反馈的形式能产生较强的信息刺激，使被诊断出的问题的有效矫正成为可能。

在反馈评议的过程中，小组的学员们在一起充分讨论，群策群力，提出改进方案，受训学员可再次修改、讲课、录像、评价，使评价反馈起到改进和提高教学技能的强化作用。

实践与思考

1. 谈谈数学课堂教学技能的重要性。

2. 数学教学技能的类型有哪些？你最擅长的数学课堂教学技能是什么？使用效果如何？

3. 微格教学有哪些基本特点和基本功能？

4. 根据微格教学设计的方法和程序，以一中小学数学教学片段为例，谈微格教学的教学设计。

5. 微格教学教案编写有哪些项目？为一中小学数学教学片段撰写微格教案。

第二章 数学教学语言技能

教学语言是教师完成教学任务的主要工具。传统的数学课堂大多采用平铺直叙的教学语言或照本宣科的陈述语言来完成整节课的教学任务，例如，在“整式的加减”（七年级上册第二章第二节）的教学片段中：

> 师：同学们，上一节课我们已经学习了整式的加减，我们都知道，若整式中有同类项，要先合并同类项后再求解；若是几个整式相加减，如果有括号，就先去括号，然后再合并同类项。那大家回忆一下去括号的法则是什么？大家一起来说说。
>
> 生：如果括号外的因数是正数，去括号后原括号内各项的符号与原来的符号相同；如果括号外的因数是负数，去括号后原括号内各项的符号与原来的符号相反。
>
> 师：很好。那大家来看一下，下面这道题应该怎么做？“已知：$A=2x^2+3xy-2x-1$，$B=-x^2+xy-1$，且 $3A+6B$ 的值与 x 无关，求 y 的值.”
>
> （给学生几分钟的思考时间后，老师便在黑板上分析了起来）首先，把 A 与 B 的值代入 $3A+6B$，可以解 $3A+6B=3(2x^2+3xy-2x-1)+6(-x^2+xy-1)=15xy-6x-9=(15y-6)x-9$. 由于 $3A+6B$ 的值与 x 无关，所以 $15y-6=0$，即 $y=0.4$.
>
> 注意：如果已知式子与某个字母的取值无关，那么这个字母的系数为0，从而列出方程求解.

这种陈述式的数学语言讲解，使学生一上课就进入到紧张的学习状态中。从实际的课堂教学情况来看，上课伊始，枯燥的数学陈述性语言难以吸引学生的注意力，激发不起学生的学习兴趣，会导致课堂上学生的学习效率降低。鉴于此，数学课堂的教学语言应具有特征鲜明、有针对性和有效的原则，这样，才能改变这种枯燥的教学语言，使数学课堂更有效率。

第一节　数学教学语言技能运用的目的

教师教学语言的魅力就在于它能够在教学过程中化深奥为浅显，化抽象为具体，化平淡为神奇，从而激发学生学习的兴趣，吸引学生的注意力和引起求知欲。数学教学离不开教学语言这个有力的手段，教师的教学语言修养良好，就会“不是蜜，但它可以黏住一切”，可以使教学艺术锦上添花，更上一层楼；相反，如果教师的教学语言修养不高，就会“茶壶里煮饺子——肚里有货倒不出”，往往直接导致教学艺术的失败。所以，良好的数学教学语言艺术修养应当成为每一位教师的自觉追求。为此，首先应搞清楚数学课堂语言技能运用的目的。

一、传递准确的知识信息

语言是信息的载体，是一切数学教学活动的最基本的行为。通过教学语言可以引导学生观察所研究的对象或现象最本质的方面，科学地、清楚地、有效地传递知识信息。教学中大量活动需要通过语言的表达和交流来实现，数学教师只有使用规范的、准确的数学教学语言，才能使学生扎实地掌握基础知识。数学教学语言水平与教学效果是直接相关的。有研究表明，“学生的知识学习同教师表达的清晰度显著相关”，数学教师的讲解若含糊不清，则会对学生学习的效果产生直接的影响，所以准确、清楚地传递知识信息是数学教学语言的基本功能，也是对数学教学语言训练的基本要求。例如：在讲“平行与相交”（四年级上册第四单元第一节）这一内容时：

“两条直线不相交就一定平行”，虽然在平面几何中是成立的，但在立体几何中却是错误的结论。因为它有可能是两条异面的直线，所以在表达这一结论时应强调必要的前提条件——在同一平面内。

再如：在把一元一次方程（七年级上册第三章第一节）化为最简式 $ax=b$（$a\neq0$）时，要告诉学生 $a\neq0$ 的条件是必不可少的，因为当 $x=\dfrac{b}{a}$时，若 $a=0$，0 不能做分母，方程是无意义的，以免学生误认为当 $a=0$ 时，方程 $ax=b$ 无解。

以上两例都说明了数学教学时，知识信息的传递应该具备准确性，否则，差之毫厘，失之千里。

二、组织优化好课堂教学

使用恰如其分的语言可以明确学生思维的指向，集中学生注意力；用鼓励性的语言可以激发学生的求知欲望，调动学习积极性；用激发强化的语言可以引起学生学习的兴趣，稳定课堂纪律；用发自肺腑的教学语言可以实现师生的情感交流。总之，通过丰富的语言表达可以恰当而有效地组织课堂教学。例如：

教学进行时，某学生穿着拖鞋进课堂，拖鞋发出的响声吸引了正在静心听课的学生们的注意力。这时教师故意全神贯注地盯着这位同学的脚，说：“同学们，如果我也光着脚丫，穿着拖鞋登上讲台，你们会有什么感觉呢？这形象美吗？”

该教师用间接性提醒的语言轻点几句，虽没有直接训斥，却能让受评判者在众人的眼光中认识到自身的错误，这样还能警诫其他同学，如此便可以恰当而有效地组织课堂教学。

三、激发学生的学习兴趣

兴趣是学生学习的向导，是情感的体现，能促使动机的产生，是发明创造的源泉。数学教师可以利用巧妙的语言，促进学生情感迁移，培养学生热爱数学的情感。古人云：“感人心者，莫先乎情，莫使乎言。”就是说要避免空洞无物、枯燥无味、呆板无力的语言。因此，数学教师要善于锤炼自己的数学教学语言。生动活泼而又富有趣味性、幽默性的教学语言，往往能激起学生的学习热情。

例如，在“柱、锥、台、球的结构特征”（七年级上册第三章第一节）的教学片段中：

师：不识庐山真面目，只缘身在此山中。大家对于陪伴我们学习、呵护我们成长的大教室，是否注意过它？

生：（微笑摇头）没。

师：（还之以笑）这我是知道的，大家向来上课是不分心的。不过，今天我们还真得分分心，看一看教室都留给了我们哪些几何体特征的形象？

生：（学生边看边随口说道）正方体特征的形象，四棱柱特征的形象，长方体特征的形象。

师：是啊，我们认识周围的物体，往往先从它们的几何结构特征，即形的角度把握它们。今天，我们一起跨入立体几何的大门，来领略空间中的数学美。

……

四、发挥语言表达的示范作用

教师的教学语言对于学生是最具体而直观的示范，对培养学生的语言能力起着重要的作用。因此，作为数学教师，要教会学生用规范准确的语言表达自己的思想，用完整简练的数学术语说明概念、解释原理。优秀的教师，在教学中能对学生产生潜移默化的影响，使学生从自觉或不自觉地模仿教师，到自己灵活地表达，逐步提高学生的语言表达能力。

教师语言的逻辑性，也直接影响学生思维的逻辑性和语言表达的条理性。很难想象一个语言条理不清、啰啰唆唆的教师，能培养出语言流畅、表达层次分明、条理清楚的学生。因此，教师加强教学语言技能的训练，以提高教学语言的示范性，是十分必要的。

例如："A 除以 B"和"A 除 B"，一字之差，意思就相反了。

再如："方程 $f(x)=0$ 的解是0"说明方程有解，0就是它的解；"方程 $f(x)=0$ 的解的个数是0"则是表明此方程无解。虽只有几字之差，但是表达的意思却完全不一样了。

五、实现师生间的情感交流

课堂教学是师生的双边活动，教师在传递知识信息的同时，必然伴随有师生的情感交流。教师的语调、节奏、语气的变化，或舒缓平稳，或慷慨激昂，或优雅闲谈，或委婉动人，或欢快昂扬，或庄严郑重……凡此种种，均可有效地表达教师的情感、情绪，影响到师生间的情感交流。在此基础上形成的师生间的心理联系，又反过来影响知识信息交流的效率。因此，著名的苏联教育家苏霍姆林斯基给出这样的结论："教师高度的语言修养，在极大程度上决定着学生在课堂上脑力劳动的效率。"

我国著名的特级教师于漪也曾说："教师的语言要深于传情。语言不是无情物，情是教育的根。教师的语言更是应该饱含深情。带着感情教，满怀深情说，所教的课、所说的道理就能在学生中引起共鸣，从而心心相印。"

例如，在"轴对称图形"（八年级上册第十二章第一节）的教学片段中，教师的结束语（伴着美妙的《千纸鹤》纯音乐）如下：

师：同学们，大自然对于对称的创造，远远不止于此：仰望苍天，俯瞰大地，在拥有生命的地方，只要你细心观察，何处没有对称的足迹？看花丛中翩翩起舞的蝴蝶，那天际中翱翔的大雁，抑或在长空中横跨的彩虹、秋日里片片翻飞的枫叶，以至于我们每一个人，微笑时绽开的笑脸，何处不蕴含着对称之美？有人说，是因为美，大自然才选择了对称，那么同学们深入地想一想，这当中，真的仅是因为美吗？

拥有此特点的数学教学语言，宛若一首优美的散文诗，让学生不仅感受到对称的美，也感受到数学的美，以及教师身上所散发的人格魅力。

第二节 数学教学语言技能运用的原则

数学教学语言是教师在数学课堂教学的具体条件下（有明确的教学任务、特定的教学对象），使用规定的教材，达到某种预定的教学目的的活动中使用的语言，因而要合理利用数学教学语言，就要准确把握以下八个基本原则：

一、知识性原则

教学语言应符合本专业的知识性和科学性。因此，数学课堂的教学语言要有效地传递数学知识，就必须与数学课堂教学内容协调统一。不要讲与教育、教学无关的话。

例如，在“勾股定理”（八年级下册第十八章第一节）的教学片段中：

教师对勾股定理的历史背景进行如下简介：勾股定理是“人类最伟大的十个科学发现之一”，是初等几何中的一个基本定理。那么大家知道多少勾股定理的别称呢？老师可以告诉大家，有毕达哥拉斯定理、商高定理、百牛定理、驴桥定理和埃及三角形等。这个定理有十分悠久的历史，几乎所有文明古国（古希腊、中国、古埃及、古巴比伦），还有印度等国家，对此定理都有所研究。

勾股定理在西方被称为毕达哥拉斯定理，相传是古希腊数学家兼哲学家毕达哥拉斯于公元前550年首先发现的。但毕达哥拉斯对勾股定理的证明方法已经失传。著名的希腊数学家欧几里得在巨著《几何原本》中给出了一个很好的证明。

中国古代对勾股定理的发明比毕达哥拉斯还早。大家知道商高这个人吗？不知道没关系，老师跟你们说啊，他是公元前11世纪的人……《周髀算经》上说：“大禹之所以治天下者，此数之所由生也。”“此数”指的是“勾三股四弦五”，这句话的意思就是说：勾三股四弦五这种关系是在大禹治水时发现的……（教师仍滔滔不绝地讲解中……）

虽然这位教师的出发点是为了让学生了解勾股定理的历史背景，从而激发学生的学习兴趣，但是如此口若悬河地长篇大论下来，半节课的时间过去了，内容与本节课将要学习的主体知识点却仍未挂钩，所以应适可而止。

二、目的性原则

数学教学语言是为数学教学目的服务的，因而数学教学要服从、服务于教学目的要求，即应该根据教学目的的实际情况，有目的性地选择、组织自己的语言。若教师不顾一节课的教学目标，而凭个人的兴趣爱好或情绪，任意旁征博引，使得数学教学语言只追求表面的课堂热闹，而规定的基本教学任务没有完成，特定的教学目标没有达到，这仍然是不成功的一节课。

例如，在“认识乘法”（二年级上册第四单元第一课时）的教学片段中：

教师创设了这样的情境：

（上课伊始）

师：同学们喜欢小动物吗？

生：喜欢！

师：好！今天，老师就带大家一起走进美丽的大森林。（幻灯片出示了一个精彩的动画片《美丽的森林》）

接着让学生观察并提问：“你发现了什么？”

学生观察后纷纷积极发言：

生 A：我发现这儿真好玩！有小动物，有房子、流水和小桥。

生 B：我发现小河里的水还在流动呢！

生 C：我发现小河里还有鱼儿在游呀。

生 D：我发现小鸟停在草地上的头还在动呢，它们是在啄米，还是在吃虫子？

生 E：我发现小桥上有三只小狗狗，它们是要去哪里呢？

生 F：那里的两座房子，哪座是小鸡的家，哪座是小狗狗的家？

生：……

至此，十几分钟过去了，孩子们在老师“你发现得真好！你真有想象力”等的夸奖下，不断有新的发现……

上述情境虽然声像俱佳，同学们也在老师的鼓励下积极发言，引发了学生思考、激发了学生探究，但内容中和将要学习的知识挂钩的又有多少呢？如此毫无针对性又拖泥带水的课堂行为，实在令人费解，它除了热热闹闹地走过场、浪费时间外，别无他用。

三、针对性原则

数学教学是双边的活动，师生间沟通的桥梁很大程度上在于教师的语言。因此，教师的教学语言必须充分考虑学生的年龄特征、已有知识水平的深广程度及认识水平等，有目的性地进行教学，要让学生听清楚、听明白。例如：

> 当教学中出现式子“$A\Leftrightarrow B$”时，在大学的课堂中，教师可以对学生直述该式子表示“A 当且仅当 B”；
>
> 在高中生的课堂中，教师可以稍详细地说明：“$A\Leftrightarrow B$”表示 A 是 B 的充分必要条件。若学生仍不懂，教师则可以进一步对“充分必要条件”加以解释：A 是 B 的充分条件，指的是有 A 就有 B，即如果 A 成立，那么 B 就一定成立；A 是 B 的必要条件，指的是没有 A 就没有 B，即如果 A 不成立，那么 B 就一定不成立。

根据不同年龄阶段的学生，采用有针对性的描述与解释，既不会让高年级的学生觉得啰唆累赘，又不会让低年级的学生不知所云，这正是符合针对性原则的教学语言所体现的魅力。

四、简洁性原则

英国著名的语言大师莎士比亚说：“简洁是智慧的灵魂，冗长是肤浅的装饰。”数学教学语言和自然语言不同，因为前者不但要求开门见山、一语点破，以数、形、结构等数学模型为对象，直接揭示事物的本质，还要求以言简意赅的话来表达比较丰富的内容，深刻精辟，避免重复啰唆、拖泥带水。例如：在“证明 13 是素数”这样一道题中教师可以说：

因为“一个数只能被1和它本身整除，这个数就是素数，而13能被1和它本身整除，所以它是素数”。

再如：“经过两点有且只有一条直线”，即可简化为“两点确定一条直线”。

上述两例中如此简洁明了、一语点破的教学语言，让学生容易理解，同时也便于记忆。

五、激励性原则

教师在课堂教学过程中，无论是教授知识还是对待学生，都应当运用激励性的语言。特别是对待差生，更应以此维护他们的自尊心，激发其学习动机，激励其上进心。相反，教师如果对学生的错误过多地批评指责，甚至是挖苦、讽刺，就会使学生失去学习的信心，由厌恶教师到厌恶所学的学科，这不能不说是课堂教学的失败。

例如，在“除数是一位数的除法”（三年级上册第三单元第一节）的教学片段中：

（教师出示题目：44÷6=____，并引导学生思考）

师：什么数乘以6接近44?

生：6。（此时没直接否定学生，而是通过恰当的语言来引导学生再往下想）

师：6乘以6等于多少?

生：36。

师：36，你能找到一个更接近的数吗?

生：8。（犹豫中）

师：6乘以8等于多少?

生：64……48。

师：48，太大了，你还能想出什么……

生：（进一步思考，答道）6乘以7等于42。

师：（微笑点头）

老师没有在一开始学生说出“6”时，就劈头盖脸地直接否定，而是循循善诱，以春风化雨般的语言激励学生继续思考，直至得出正确答案。这样做不仅使学生对接下来的学习倍感信心，而且也加深了其对除法知识的理解与掌握。

六、通俗性原则

通俗语言生动形象，易于理解，教师可挥洒自如，令听者感到亲切自然，容易得到情感上的认可，也易于被学生接受与记忆。若教师善于将数学语言化为通俗自然的语言，就能把本来枯燥乏味的数学知识变得生动而有趣。通俗语言在数学课堂上的表现形式通常为顺口溜、打油诗、对偶句、排比句等。例如：

在讲“三角函数”（九年级下册第二十八章第一节）时，可给予学生诱导公式的口诀：奇变偶不变，符号看象限。

在讲“直线”（七年级上册第四章第二节）这一抽象的概念时，可以利用夸张的通俗化语言作这样的形象描述：直线可以想象成黑板边缘无限伸长，射过教室的门，穿过了操场，直直穿过高山，透过云层，直接射穿了地球，还继续向外太空延伸着……令学生更加形象化地理解抽象的概念。

在讲到“合并同类项”（七年级上册第二章第二节）时，可以用生活中的例子作类比：我们知道三只鸟加两只鸟会等于五只鸟，但是我们不会说三棵菜加两只鸟会等于五只菜鸟。

上述例子中的数学教学语言都具有通俗易懂的特征，他们或者朗朗上口，便于记忆；或者化抽象为形象，便于理解，令学生对枯燥乏味的数学知识感到亲切自然，更乐于接受。

七、启发性原则

在知识传授过程中，学生的思维会随着教师的叙述讲解而展开活动，从量的积累到最终出现质的飞跃。教师的启发诱导既可以在师生问答中进行，也可在叙述讲解中进行。启发的目的在于引起学生对已有生活经验或知识的回忆，或通过教师提供的材料以及所提的问题建立联系，使学生的思维由感性上升到理性，达到对知识本质的理解。

例如，在“倍的认识”（二年级上册第六单元第四课时）的教学片段中：

师：同学们能猜出老师的年龄吗？

生：（平时较活泼、调皮的）20，25，30，40……

师：（继续引导）老师的年龄是4的倍数。请你根据这个条件，再猜老师的年龄。

生：（大部分答）36岁。

师：有可能吗？

生：（偷笑）有可能。

师：（淡笑）36岁恰好是4的9倍，还有不同的答案吗？

生：28岁。

师：28岁恰好是4的7倍，还有不同的答案吗？

生：32岁。

师：有没有同学猜8岁的？（学生摇头偷笑）

师：（故作无知）笑什么？8不也是4的倍数吗？

生：8岁比我们还小，不可能。

师：对了，说明猜想是要有依据的，那老师再补充一下条件：老师的年龄是4的倍数，还是6的倍数，你们能根据老师的实际情况猜出来吗？

生齐：24岁。

……

从学生一开始盲目地猜不出正确的年龄，到让学生根据条件猜，特别是教学中启发学生“教师年龄比学生大”这一现实的条件，潜移默化中让学生明白猜想是要有依据的，更重要的是对有关“倍”的知识进行了巧妙的引导和发现。

八、审美性原则

审美性原则是对数学教学语言的较高层次的要求。审美性的数学教学语言，除了让学生听懂外，还要让学生获得一种艺术的享受。我国著名的特级教师于漪曾说：“如果四十五分钟都是一个调子，平铺直叙，像流水般，学生也会感到乏味，打不起精神。”教师应根据不同的教学内容，使教学语言具有千种风情：时而平缓如行云流水，时而急促如山雨欲来，时而激昂如万马奔腾，时而戛然而止，此时无声胜有声，用教学语言的艺术魅力唤起学生的心灵感应。

例如，在“投影”（九年级下册第二十九章第一节）的教学片段中，创设情景时，教师先让同学们观看一段手影戏：

师：手影呢，就是一种利用光和影的表演艺术，现在就先让我们来走进手影的世界。（播放手影视频）（与视频内容一致的解说：云微天淡，清风鸣蝉，鸟儿觅食，鸣声啾啾，憨态可人。白鹿畅饮，神态悠悠，安享恩泽，青蛇灵动。眨眼间，天河幻化，银波万顷，娇鹅嬉戏，呼朋引伴，悠然自得。弹指云烟，万物新生，广被四方。人影幢幢，几度春秋。叹谁之墨笔，渲染指间，霎时，奇珍之物，变幻无穷。马踏而过，嫩芽新长，花枝渐成，上通九天，下流八荒。繁花似锦，轻摇临风。苍穹之间，乌鹊枝眠，鸣声啾啾。这一曲一手构成的幻化世界，同学们觉得这种艺术神奇吗？大家感受得到它的魅力所在吗）

生：好神奇，好美哦！

师：这种神奇的艺术表现形式，在数学上，我们给它取个名字，就叫投影。（板书）

……

教师优美的语言解说，把学生带进了一个美妙的人间仙境，让学生在感受投影艺术魅力的同时，也增加了学习兴趣。

第二节 数学教学语言技能的类型与方法

教师课堂语言技能的结构不仅要从纯语言的角度去研究语音、语义、词汇、语法等语言的构成要素，还要侧重于对语言的内容与作用进行探讨。依据课堂教学中所运用的语言技巧，并根据数学学科的知识特征与课堂教学的特征来划分，归纳起来可分为如下五类：表演性语言技能、启发性语言技能、解释性语言技能、论证性语言技能以及态势语言技能。

一、表演性语言技能

课堂上，要求教师以正确的情感和较好的语言表现力，准确表达教学内容，以情动人、以情导学，使学生更认真地投入到学习情境中。教师多样化的语言形式、丰富的词汇、生动而不入俗的语言，都能把数学知识变得生动有趣，从而激发学生学习的兴趣，像这样具有艺术情趣和魅力的语言就是一种表演性语言。

案例展示

直线、射线、线段

本节课是七年级上册第四章第二节“直线、射线、线段”的第一课时，是在学生学习过的直线、射线、线段概念的基础上，开始比较系统地研究有关图形的知识。直线、射线、线段是最简单的几何图形，以后学习的三角形、四边形等都是由它们构成的，所以，直线、射线、线段是今后研究比较复杂图形的必要基础。从本节课开始出现的几何图形的表示法、几何语言的表达方式，也是今后系统学习几何知识所必需的基础。因此，本节课在学生今后的整个几何学习中，起着奠基的作用。

教学目标分析：

知识与技能目标：能在现实情境中，经历画图的数学活动过程，理解并掌握直线的性质，能用几何语言描述直线性质；会用字母表示直线、射线、线段，会根据语言描述画出图形。**过程与方法目标：**能在现实情境中，进行抽象的数学思考，提高抽象概括能力；经历画图的数学活动过程，提高学生的动手操作与实践能力。**情感态度和价值观目标：**体验通过实验获得数学猜想，得到直线性质的过程。

教学重、难点：

教学重点：理解并掌握直线性质，会用字母表示图形和根据语言描述画出图形。**教学难点：**根据语言描述画出图形。**突破难点的关键：**理解画图语言，建立图形与语言之间的联系。

教学过程：

……

师：大家以前有没有看过《西游记》啊，那可是我们童年最美好的记忆了。《西游记》呢，是中国古典四大名著之一，是由明代作家吴承恩所写的一部神话小说。此书描写了拥有火眼金睛的孙悟空，憨态可掬的猪八戒和敦厚老实的沙僧三人保护唐僧到西天取经的传奇故事。那么，在它们师徒四人中，有没有同学跟老师一样，最喜欢孙悟空的？

生：（兴趣盎然）有！

师：因为孙悟空是正义与忠诚的化身，每一集里唐僧要么被妖怪抓去，差点被煮来吃，要么被女妖怪们讨着做夫婿，每次都是孙悟空挺身营救，与妖怪们大战三百回合，那打斗的场面真是惊心动魄。但邪恶的毒魔狠怪永远战胜不了正义的化身孙悟空。因为孙悟空有一根战无不胜的兵器，叫什么名字？

生：（兴奋得异口同声）金箍棒。

师：那同学们想不想也拥有一根啊？

生：（眉开眼笑）想。

师：好，那么，我们先来看看这根金箍棒具有怎样的特点？（播86版《西游记》视频）大家看，当金箍棒插在地上不发生变化的时候，它是不是就直直地立在那里（比手势）？那它可不可以用来度量长度？

生：可以。

师：那如果把它抽象看成一条线，就是我们数学中的什么线？

生：线段。

师：（微笑）对了，**因为线段有两个端点，所以它可以度量长度。**（出示定义）

师：同学们接着看，这么一根近似看成线段来度量的小棒，它又具有怎样惊人的能耐呢？（播完余下的视频）

同学们看到了吧，插在地上的金箍棒，它的一端定在地上不动，另一端向着天上无限延伸，突破了云层，冲向了九霄云外而无穷无尽。（比手势）若把它抽象成笔直的线的话，就是我们数学上的哪种线？

生：射线。

师：对了。**射线：一个端点，另一个端点向某个方向无限延伸。**（板书）

其实啊，金箍棒的神奇还不限于此，它除了上端可以钻向天外，下端还能够入地无限延伸，只是当时的技术有限，没表现出来。那金箍棒这种可以向两端无限延长的特点就像我们数学中哪种线的特征啊？

生：直线。

师：对了，**像这种向两端无限延伸的线就叫作直线。**（板书）

……

教学赏析：该教学片段选自七年级上册第四章第二节。学生在小学阶段对三种线有了感性的认识，在此基础上，本节课要对他们进行具体的、定性的再认识，该学段学生对抽象性内容的记忆逐渐增强，并开始超过具体形象性内容，由于想象现实性的发展，中学生更喜欢描写现实生活的作品。因此，在教学过程中，教师通过表演性语言来跟学生互动，抓住学生好奇心强的特质，通过《西游记》视频演绎，来一步步引导学生把图像抽象化，让学生在观察过程中，更加热爱我们的中华文化，有助于德育的培养，也使我们的数学课堂更具趣味性，同时通过语言的诱导与互动，培养了他们的语言表达能力。

案例展示

轴对称图形

本节内容是八年级上册第十二章第一节“轴对称”的第一课时。对称是数学中一个非常重要的概念，教科书从图形入手，学习轴对称及其性质，通过图片及空间想象，归纳他们的共同特征。通过本节课的教学，训练学生初步的审美能力和初步的图案设计操作技能，拓展学生的空间想象能力。因此，这一节课无论在知识上，还是在对学生观察能力的培养上，都起着十分重要的作用。

教学目标分析：

知识与技能目标：理解轴对称图形，两个图形关于某直线对称的概念；了解轴对称图形的对称轴，两个图形关于某直线对称的对称轴、对称点；了解轴对称图形与两个图形关于某直线对称的区别和联系。**过程与方法目标：**通过轴对称图形和两个图形成轴对称的学习，让学生关注生活，学会观察，增强交流。**情感态度和价值观目标：**通过轴对称图形和两个图形成轴对称的学习，激发学生的学习欲望，主动参与数学学习活动。

教学重、难点：

教学重点：轴对称图形和两个图形关于某直线对称的概念。**教学难点：**轴对称图形和两个图形关于某直线对称的区别和联系。

教学过程：

……

师：同学们，物理学家阿基米德曾说：“给我一支杠杆，我可以撬动整个地球。”那么，如果老师给你一张纸，你可以用它来干什么呢？

生：（随口说）折飞机，画画，写诗，做草稿纸……

师：（笑）那么，同学们看一下，老师会用它来干什么？（拿出一张纸）首先，我会先把纸对折，再从折痕的地方，随意剪下一块。（用剪刀进行演示）是不是可以很快剪出一个苹果的图案？

生：是。

师：其实，老师刚才这折一折，剪一剪，还真创造出了我们数学中的一类图形。数学，有时就这么简单。那么，具有这类图像特征的图形叫什么名字？它有什么特点呢？别急，这节课，就让我们一起走进它的世界。（贴苹果卡纸在黑板上）

同学们，我们先来欣赏课件上的图片。（以《天空之城》为背景音乐，PPT 演示图 2－1）（用优美的语言叙述）在花丛中翩翩起舞的彩蝶，寒冬中晶莹剔透的雪花，京剧中五颜六色的脸谱，工艺中精美绝伦的窗花，历史上古色古香的建筑，春晚舞台上幻化多姿的千手观音。同学们觉得美吗？

生：（陶醉）美。

师：想想，这些美丽的图案跟老师手中这个苹果的图案有什么共同的特点？

生：左右两边的图形一模一样。

师：对了，是不是它们都可以找到一条直线折叠，使得直线两边的部分相互重合？（用苹果卡纸进行演示，同时用 PPT 演示图 2－1）

生：是。

师：那么，我们就把具有这种图像特征的图形叫**“轴对称图形”**。（PPT 演示概念）（板书课题和定义）

……

（在课的末尾，用一段优美的语言来结束本节课的内容）

图 2－1

> 其实，同学们，在我们的生活中，轴对称图形也是随处可见的。我们仰望苍穹，俯瞰大地，在拥有生命的地方，只要你细心观察，何处没有对称的足迹？就像这幅山水倒影图，就是大自然赋予的一种对称美。就像此刻，我们每个人的身体，也可以抽象地做出各种呈现轴对称图形的姿势，（做手势）以至于，我们每一个人，脸上所展开着的笑脸，其实也都蕴含着对称的美。所以，大家要善于发现生活中的对称美，让更多的对称美出现在我们的生活中。
>
> ……

教学赏析：该教学片段选自八年级上册第十二章第一节。随着学生年龄的增长，理解记忆能力逐步发展，八年级是由机械记忆向理解记忆过渡的阶段，逐渐地，理解记忆能力已成为学生记忆的主要方法，他们善于理解记忆对象的内部本质，让记忆对象与已有知识建立联系。因此，在教学过程中，教师通过富有趣味性和艺术性的教学语言来让学生感受轴对称图形的美，激发了学生对美的共同感受，并通过图片、卡纸向学生展示轴对称图形的美，增加了学生对美的认识。同时，在师生间的语言交流中，加深了学生对轴对称图形定义的理解，从而培养了学生的审美情趣，也达到了用语言组织教学的目的。

二、启发性语言技能

古人说：“话令人惊不如令人喜，令人喜不如令人思。”语言的启发性就是要求教师的语言能启发学生的积极思维，注意调动他们的学习主动性，引导他们独立思考、积极探索，生动活泼地学习，自觉地掌握科学知识及提高分析问题和解决问题的能力。曾有人说：“平庸的教师只是叙述，好的教师讲解，优异的教师启发。”而教师的启发，就是为了引起学生对已有知识或生活经验的回忆，或通过教师提供的材料和所提问题建立起联系，从而使学生的思维由感性上升到理性，达到对知识本质的理解。

案例展示

合并同类项

本节课是七年级上册第三章第四节“合并同类项”的第一课时，是一节概念课；在此之前学生已学会了有理数运算，本节课来学习同类项的有关概念，为接下来解方程的学习打下知识基础。

教学目标分析：

知识与技能目标：掌握单项式、多项式的有关概念及同类项、合并同类项和等式的性质。**过程与方法目标：**能够合并同类项。**情感态度和价值观目标：**培养学生独立思考问题的能力。

教学重、难点：进行合并同类项。

教学过程：

……

师：同学们，今早妈妈要小明买早点，告诉他："爸爸要3块烧饼，3根油条；妈妈要2块烧饼，4根油条；小明自己要2块烧饼，2根油条。"小明来到街上，孝顺的他先想到爸爸，买了3块烧饼，3根油条，又去为妈妈买了2块烧饼，4根油条，最后又汗流满面地为自己买了2块烧饼，2根油条。

生：（窃笑）

师：（故作疑惑）我发现有些同学在笑，你们为什么笑？你们发现了什么？

生1：小明可以把烧饼和油条分开来一次性买。

师：那如果你是小明，你会怎么做？

生1：我是先分类，再把同类的合并在一起买。

师：算一算，油条和烧饼各多少？

生1：$3+2+2=7$ 个烧饼

$3+4+2=9$ 根油条

师：也就是说我们只要一次性买7个烧饼和9根油条就可以了。同学们有没有不同意见的？这的确很方便，看来大家都比小明聪明，用不着跑得满头大汗。其实，生活中的分类是为了更简便、更省时地做事，而在我们数学上也会为了更简便而进行先分类，再合并。同学们看一下下面这些分式，我们来给他们分分类。你觉得应该怎样分呢？

$$100a,\ 240b,\ 200a,\ 60b,\ -13ab^2,\ 5ab^2,\ 5x^2y^3,\ -9x^2y^3$$

生：$100a$ 和 $200a$ 为一类，$5x^2y^3$ 和 $-9x^2y^3$ 为一类，$240b$ 和 $60b$ 为一类，$5ab^2$ 和 $-13ab^2$ 为一类。

师：同学们有没有觉得分完类后，这些杂乱的分式看起来更清晰明了。

生：是。

师：说说你们是根据什么来分类的？他们都有什么共同的特点？

生：所含字母相同；相同字母的指数相同。

定义：所含字母相同，相同字母的指数相同，像这样的项叫同类项。（板书）

师：同学们注意了，同类项必须满足上述这两个条件才能叫同类项，就像我们生活中物品的分类一样：只有相同单位的物品才能分为一类。比方说：我们都知道 3 条鱼 +2 条鱼 =5 条鱼。但是，3 个美人 +2 条鱼却不会等于 5 条美人鱼，是吧？（学生微笑，领悟）

师：其实，我们划分同类项的目的也是为了更进一步地简便计算，那便是合并同类项。那要怎样合并呢？接下来我们就来学习如何合并同类项。

……

教学赏析：该教学片段选自七年级上册第三章第四节。在此之前学生已学会了有理数运算，所教班级的学生受基础知识和思维发展水平的限制，抽象概括能力不强，但学生上进心强，有强烈的好奇心和好胜心，初步养成了与他人合作交流、勇于探索的良好习惯。因此，在教学过程中，教师抓住学生这一特点，通过创设富有生活趣味性和现实性的“买东西”情境，让学生对其产生浓厚的兴趣，并抓住了学生表现欲强的特点，启发他们从形象思维过渡到抽象思维，进而更好地掌握知识，不但很好地完成了教学活动，也使数学课堂更富趣味性。

案例展示

三视图

本节课是九年级下册第二十三章“旋转”第一节“图形的旋转”的第一课时，是一节概念课；这一节是全章的重点内容，它不仅包括了有关三视图的基本概念和规律，而且包括了反映立体图形和平面图形的联系与转化的内容，与培养空间想象能力有直接的关系。

教学目标分析：

知识与技能目标：通过各种观察实践活动，能准确说出从不同方向观察同一物体的不同观察结果；能识别简单物体的三视图；能通过空间想象，画出立方体及其简单组合体的三视图并能与他人交流，准确清晰地表达自己的思维过程。**过程与方法目标：**通过对实物的拼摆及不同方向的观察，经历由实物抽象出几何体的过程，进一步发展空间观念。

情感态度和价值观目标：通过对视图的学习，学会从不同的角度认识、对待和分析问题，学会全面认识事物，而不能片面地理解问题、分析问题，进一步体会知识来源于生活，体味数学的应用价值。

教学重、难点：

教学重点：体会从不同方向看同一物体可能看到不同的结果。**教学难点：**能画出立方体及其简单组合体的三视图。

教学过程：

……

师：平时经常听到同学们背诵古诗朗朗上口，真是动听，那你们会背苏轼的《题西林壁》吗？

生：（好奇）会。

师：那和老师一起有感情地背诵一遍。

生和师：（齐声）“横看成岭侧成峰，远近高低各不同。不识庐山真面目，只缘身在此山中。”

师：同学们谁来跟老师解释解释为什么同样的一座庐山，会“横看成岭侧成峰”？

生：（摇头）不知道。

师：（淡笑）可能同学们没去过庐山，所以无法想象。没关系，老师去过庐山。当老师站在庐山之巅，眼观四方，不同方向所看到的庐山和苏轼所看到的庐山是一样的，千姿百态。宛若万里青嶂立，又若天仙之素练，垂于天地之间，真是灵山多秀色！所以，大家有空真该好好去欣赏庐山的美好风光。不过，大家没去过庐山，也没关系。接下来，我们就从一件熟悉的事物中来感受一下。

师：同学们，猜猜看，这是什么？（给出图2－2）

生：画板，相框。

师：很好，那我们再看下面这个，这又是什么？（给出图2－3）

生：椅子，电视机。

师：看来同学们的想象力都非常丰富。那我们再接下来看看，这又是什么？（给出图2－4）

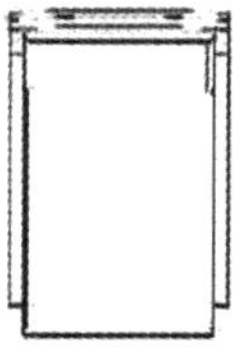

图2－2

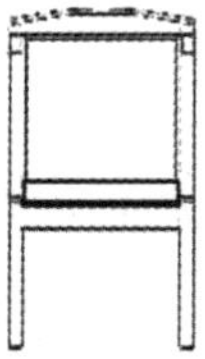

图2－3

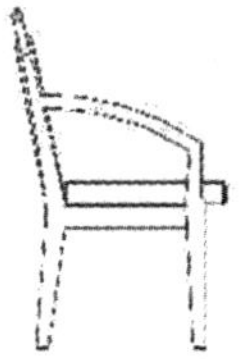

图2－4

生：（齐说）椅子。

师：（一齐出示三张图，如图2－5）现在谁知道前两个是什么？

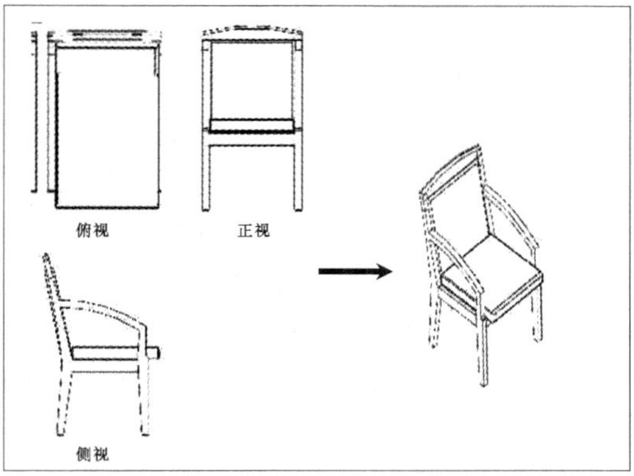

图2－5

生：（恍然大悟）也是椅子。

师：明明同一张椅子，为什么看到的却是不一样的？

生：第一个是正面的椅子，第二个图是从上往下看到的，第三个是侧面看到的椅子。

师：嗯，那同学们能跟老师说说你们的感受吗？

生：生活中我们常常用惯有的角度去看一个东西，如果换个角度，看到的样子往往会不同。

师：很不错，那现在大家都应该知道同一座庐山苏轼为什么会说“横看成岭侧成峰”了吗？也是因为角度的问题。

师：**我们从某一角度观察一个物体时，所看到的图形叫物体的一个视图。**（板书）对于同一物体，如果从不同角度观察，所得到的视图可能就会不同。就像课件上的椅子就是从三个角度观察到的物体的三个视图。那么什么叫三视图呢？接下来我们就从投影的角度来认识这个问题。

……

教学赏析：该教学片段选自九年级下册第二十三章第二节第一课时。九年级学段学生的认知发展水平较高，已形成初步的独立性与批判性的学习品质。随着学生认知水平的提高，他们对学习的目的、意义会有越来越深刻的认识，表现为学习自觉性、主动性的增强，能有效地调节自己的学习活动，其自我监控和元认知水平有了明显的提高。因此，在教学过程中，教师通过对古诗《题西林壁》的引入，启发学生自觉动脑思考，从中培养了学生对祖国河山的热爱之情，又通过向学生展示从不同角度所看到的不同图形，从而启发学生自主探究新知，也使数学课堂更富有趣味性。

三、解释性语言技能

所谓“解释性语言”，就是学生在学习数学概念的时候，能够用熟悉的事实或事例对概念本质进行描述或作出解释。这种解释不同于用数学的符号语言或用精准的文字对概念进行定义，它具有多样性，且带有个别化色彩，不过，它所触及的却是概念的本质内涵，是对事物的成因、功能或相互之间的关系、演变等作清晰、准确的解说和剖析，它要求明白无误、语言简练，要注重启发，还要有针对性，目的是帮助学生加深理解，以便最终形成概念。

案例展示

随机事件

本节课是九年级上册第二十五章第一节“随机事件”的第一课时。随机事件是学习概率论的基础，同时又是生活中存在的大量现象的一个反映。因此，学好随机事件既能为今后的学习打下良好的基础，也能解决生活中的一些实际问题。

教学目标分析：

知识与技能目标：理解随机事件、必然事件和不可能事件的概念，并能对这三类事件加以区分。**过程与方法目标：**能根据随机事件的特点，辨别随机事件。**情感态度和价值观目标：**学生通过亲身体验，感受数学就在身边，促使学生乐于亲近数学，感受数学，喜欢数学。

教学重、难点：

教学重点：理解三类事件的概念，并会区分这三类事件。**教学难点：**体会当条件发生改变时，事件的类型也可能发生改变的辩证唯物主义思想。

教学过程：

……

师：同学们，今天早上的太阳是不是从东边升起？

生：（奇怪老师为什么问这样的问题）是。

师：从古至今，我们都知道太阳是从东边升起这一必然的自然规律是吧，那我们**把这种在一定条件下必然会发生的事件叫作必然事件**。（板书）再比方说，同学们看，老师的左手有几根手指头？（配合手势演示）

生：（齐回答）五根！

师：那么老师就可以说我的左手有五根手指头是一个必然事件。同学们，注意了，必然事件它是在一定的条件下发生的！就像有些人的左手有六根手指头，那么“左手有五根手指头”对某些人而言，就不是一个必然事件了。

师：那么，同学们，如果老师告诉你“猪会在天上飞”，同学们觉得对不对呢？

生：（齐声笑答）不对。

师：嗯，因为在日常生活中，我们只见过猪在地上跑对吧！俗话说，母猪都不会上树，更何况猪还要在天上飞。所以，像猪会在天上飞**这种不可能会发生的事件，我们就把它叫作不可能事件**。（板书）同学们有没有注意到，不可能事件也是在一定的条件下发生的。（停顿几秒）如果老师把这只猪放到飞机上，那么猪在天上飞是不是就成为一个可能事件而不是一个不可能事件了？

生：（齐答）是。

师：那么同学们觉得什么叫作随机事件呢？（提问，停顿几秒让学生思考，并板书）其实之前我们已经对必然事件、不可能事件有了一定的了解。我们知道，必然事件，就是在一定条件下必然会发生的事件；不可能事件就是在一定条件下不可能发生的事件。那么照此类推，什么叫随机事件呢？

生：（表情疑惑，试着答道）在一定条件下随机会发生的事件？

师：那么什么叫随机呢？

生：（疑惑）

师：如果老师告诉你，“三个月后的今天会下雨”，同学们觉得这是对的，还是错的？能判断它吗？

生：（齐答）不能！

师：（点头）对了，因为三个月后的今天它有可能真的下雨了，也有可能是晴天，就不可能下雨了对吧？所以，**像这种在一定条件下，可能发生也可能不发生的事件，就叫作随机事件**。（板书）

师：同学们，随机事件也是在一定条件下进行的。如果三个月后的今天，我采用科学技术，进行人工降雨，那么三个月后的今天会下雨，是不是就是一个必然事件而不是一个随机事件了！所以，我们在判断必

然事件、不可能事件和随机事件的时候，一定要注意是在一定的条件下来判断的。（重点词语气加强，表强调）

……

教学赏析：该教学片段选自九年级上册第二十五章第一节。学生到了初中高年级阶段，随着对学习方法和相应逻辑规则的掌握，他们对学习的自我监控能力有了明显的提高，不仅能根据学习活动的结果反思、调节自己的学习行为，而且能够在学习过程中对学习活动进行监控，以确保学习活动的顺利进行。而元认知的发展更提高了学生学习策略的应用水平，增强了学生学习的针对性和有效性。因此，在教学过程中，教师通过创设情境（列举生活中“必然事件”、“不可能事件”、“随机事件”的例子），采用幽默有趣的教学解释语言来提高学生的自学意识，从而生动形象地把枯燥的概念数学解释得更透彻、更富趣味性，在吸引学生眼球的同时，也使得他们更好地区分必然事件、不可能事件和随机事件，并掌握判断这类事件的方法，提高课堂效率。

四、论证性语言技能

论证性语言以语言的系统连贯、逻辑的严密精细、用词的准确无误、语气的威严自信为特征。论证性语言的表述首先要简明扼要，语言精练不啰唆，清晰明快令人信服；其次要有内在的逻辑性，即表达的思路清晰，不东拉西扯，使人不得要领，还要一气呵成，前后呼应，目的明确；再次，应注意语调平稳有力、充满自信，节奏快慢适度。

案例展示

认识几分之一

本节课是苏教版小学数学三年级下册第八单元的第一课时。这部分内容是在学生已经认识了一个物体（或图形）的几分之一和几分之几的基础上学习的，从一个物体的几分之一到一个整体的几分之一，是认识分数的一次发展；从实物组成的整体到几何体组成的整体又是一次发展；从一个物体是整体的几分之一到若干个物体是整体的几分之一又是一次发展。

教学目标分析：

知识与技能目标：结合具体情境把一个物体“平均分”，通过用分数表示其中的一份或几份来认识学习经验；根据具体的问题情境，用几分之一表示出部分与整体的关系，进一步构建分数“几分之一”的实际概念，从而进一步认识分数。**过程与方法目标：**学生经历、感悟把一些物体平均分，可以用分数几分之一表示其中的一份的分数思想方法；通过自主探索、动手实践、合作交流等学习活动，经历探索、发现和认识用分数表示一些物体的几分之一的知识获取过程。**情感态度和价值观目标：**从中培养学生的观察、操作、概括、推理等初步的逻辑思维能力；通过用分数解决实际问题并进行开放性练习，使学生感受“认识分数”的生活价值和数学价值，体悟和感受数学学习的快乐。

教学重、难点：通过动手操作，理解把一些物体看作一个整体平均分成几份，其中的一份也可以用几分之一表示，进一步理解几分之一的意义。

教学过程：

……

师：请同学们把书翻到98页，自学书本，可以将有关文字轻轻地读一下，图仔细看一看，看懂的和同桌说一说。(学生自学课本)

师：请同学起来汇报一下，书上告诉我们“半个”用怎样的数来表示？它表示什么意思？

生：用$\frac{1}{2}$表示。它表示把一个蛋糕分成2份，每份是二分之一。

师：每份是$\frac{1}{2}$，是谁的二分之一？

生：是蛋糕的二分之一。

师：把一个蛋糕分成2份，那我这样分行吗？(师将蛋糕图片一大一小地分好后提问)

生：不行。

师：因此，在你刚才的话中缺少了一个比较重要的词，能连起来再说一遍吗？

生：把一个蛋糕平均分成2份，每份是它的二分之一。(教师适当提醒)

师：你真了不起，自己能看懂书。还有同学想说吗？

生：用$\frac{1}{2}$表示，它表示把一个蛋糕平均分成2份，每份是它的二分之一。（通过层层点拨，引导学生理解什么是$\frac{1}{2}$）

……

教学赏析：该教学片段选自三年级下册第八单元。小学低年级学生由于知识经验相对贫乏，思维以具体形象为主，往往只善于记忆事物的外部特征，掌握知识之间的外部联系。这样的心理发展水平决定了这个时期的学生在学习活动中，机械记忆仍占主导地位。他们更倾向于通过教师讲而自己听的方式进行学习，而且带有明显的机械成分，较多知其然而较少知其所以然。而这节课，是为了让学生结合具体情境进一步认识分数，知道把一些物体看作一个整体，将其平均分成若干份，其中的一份或几份也可以用分数表示。因此，在教学过程中，教师首先让学生自学课本中关于几分之几的概念，再通过对关键字眼的提示与依靠小卡片的展示，使学生简明扼要地掌握概念的关键之处，再用自己的语言精练、清晰地表达出来，符合论证性语言的内在逻辑性，初步形成数学语言的表达能力。

案例展示

直线与平面平行的判定

本节课是高中一年级必修二第二单元第二节“直线与平面平行的判定”的第一课时。内容在立体几何中起着承上启下的作用，具有重要的意义与地位。本课是以前面所学点、线、面位置关系为基础，结合有关实物模型，通过直观感知、操作确认归纳出直线与平面平行的判定定理，本课的学习对培养学生的空间感知与逻辑推理能力有重要作用，对后面的学习也意义重大。

教学目标分析：

知识与技能目标：理解并掌握直线与平面平行的判定定理；进一步培养学生观察、发现的能力和空间想象能力。**过程与方法目标：**学生通过观察图形，借助已有知识，掌握直线与平面平行的判定定理。**情感态度和价值观目标：**让学生亲身经历数学研究的过程，体验创造的激情，享受成功的喜悦，感受数学的魅力；培养学生逻辑思维能力的同时，养成学生办事仔细认真的习惯和实事求是的精神。

教学重、难点：直线与平面平行的判定定理探索过程及应用。

教学过程：

……

师：请同学上黑板把我们上节课学习的“直线与平面平行的判定”补充完整。

生：（写）若 $a//b$，$b\subset\alpha$，$a\not\subset\alpha$，则 $a//\alpha$

师：请用文字语言翻译出来。

生：若一条直线与一个平面平行，一条直线在平面内，另一条直线不在平面内，则这条直线与这个平面平行。（一说完，学生自己都笑了，典型的顺序直译法，别扭）

师：慢慢来，从命题中你得出什么结论？

生：直线与平面平行。

师：需要什么条件？

生：直线与直线平行。

师：对呀，主要是由线线平行得到线面平行，但是，是怎样的线，怎样的面，要加上适当的定语。

生：一条在面内，一条在面外。

师：好，请重新整理再说一遍。

生：如果平面外一条直线和这个平面内的一条直线平行，那么这条直线和这个平面平行，即若 $a//b$，$b\subset\alpha$，$a\not\subset\alpha$，则 $a//\alpha$.

……

教学赏析：该教学片段选自高中一年级必修二第二单元第二节的第一课时。该学段的学生认知结构、能力水平均有一定的提升，对抽象材料的记忆能力迅速发展，其发展速度快于对具体形象的记忆，学习有一定的自主性，但对严谨数学语言的应用仍处于初级阶段。因此，在教学过程中，教师通过对上节课得到的结论的补充，让学生依据所得数学结论，用自己的话语表述出来，从而使学生知其不足，进而掌握数学语言表述的关键之处，经过提示，再用自己的语言精练、清晰地表达出来，符合论证性语言的内在逻辑性，也锻炼了学生数学语言的表达能力。

五、态势语言技能

态势语是配合口头语言的体态动作，如手势语言、眼神语言、头部动作、身体姿势和面部表情等。加里宁曾说："教师仿佛每天都蹲在一面镜子里，外面有几百双精细的、富于敏感的、善于窥测教师优点和缺点的孩子的眼睛，在不断地盯着他。教师必须加强道德修养，拥有一颗美好的心灵。"体态语言只有和谐自然地流露，才能给人以美的享受。在教学中，教师的语态要自然，要融入自己的感情。在教学中不仅要具有较强的口头表达能力，而且要善于用动作表情来辅助说话，也就是要善于用态势语来表情达意。

1. 手势语言

教师恰当的手势动作在课堂教学中起着不可忽视的作用。生动的有声语言如果有得当手势的配合，往往更富有感染力，也会收到积极的教学效果。比如在讲到"平移"与"旋转"这两个概念时，若配合手势进行讲解，会更易理解，更生动形象。

2. 眼神语言

俗话说："眼睛是心灵的窗户。"教学过程中，教师应留心自己的身体语言，特别是要用自己的眼神与学生进行交流。目光应平和有神，专注而不呆板。教师的表情对课堂氛围起着极其重要的作用，且在某种程度上决定着学生的心情，也影响着我们的课堂效率。教师的表情应是和颜悦色、自然亲切的，倘若教师总是阴晴不定、喜怒无常，学生必会敬而远之，不利于教学活动的开展。

3. 体态语言

柏拉图曾经说："对于有眼睛能看的人来说，最美的境界是心灵的优美与身体的优美和谐一致，融成一体，那当然是最美的。"教师在运用体态语言时，应做到有感而发，以尊重学生为主，不应随意使用否定性、蔑视，抑或是敌视性的体态语，以免伤到学生的自尊心与自信心，不利于学生身心健康的发展。总之，教师应不断加强自身的修养，只有举止优雅得体、气度儒雅，才能赢得学生的信赖和爱戴。

第四节 数学教学语言技能的应用策略与实训

一、优化数学教学语言技能的策略

数学教师必须做到讲课语言逻辑性强，能把思路顺得有条有理；语言简洁明了，能把复杂的东西简单化；语言生动形象，能把抽象的东西具体化；语言感情充沛、真挚，能打动人心，催人泪下，在学生的心灵里刻下深深的烙印，让其终生难忘。因此，下功夫掌握好数学教学语言技能，是当好数学教师的前提。

1. 数学教学的课堂语言应具有合理性

数学教学的课堂语言应声音响亮、吐字清晰；前后连贯、语言规范；言辞达意、简明扼要；思路清晰、论证合理。

例如，在"平行和垂直"（七年级上册第四章第一节）的教学过程中，教师创设这样的生活情境：

师：同学们，两根铅笔掉在地上，可能会出现什么样的几何位置关系呢？把可能出现的情况用铅笔在桌子上摆一摆，然后再把它们展示出来。

接下来，教室里"沸腾"了，铅笔掉在地上响起的"噼里啪啦"声，不绝于耳。到了展示的时候，学生们摆来摆去，但老师预想的"垂直与平行"就是"千呼万唤不出来"，就这样时间过去了一大半，教学陷入了尴尬的境地。

教学语言在于能准确地表情达意，有一定的合理性和逻辑规范性。教师创设情境的目的在于让学生通过活动，探究出铅笔掉在地上会出现平行与垂直这两种情况，但是教师却忘了在有限的时间内，"垂直，平行，不垂直，不平行"出现的概率是否会相等，也许整节课用来"扔铅笔"都未必有"垂直和平行"这两种情况发生。所以，教学语言应有一定的合理性和逻辑规范性，才能使教学有条理地进行。

2. 数学教学语言应具有简洁性

著名的德国数学家莱布尼茨说："符号以惊人的形式节省了思维。"符号、公式的运用，不仅大大缩短了数学材料的篇幅，也便于学习者记忆。但教师也必须熟记各类符号的读法。数学教学语言的多少要恰到好处，不能拖泥带水。要把握讲话的长度，该长则长，该短则短；要抓住重点、难点，言简意赅；不能经常出现"哼"、"哦"、"那么"、"啊"等口头语，这也是一个数学教师基本素养的体现。

如在学习“三角函数”（九年级下册第二十八章第一节）的时候，我们通常以“奇变偶不变，符号看象限”这一口诀来记住诱导公式。

在讲“多位数读法”的时候，有“多位数读法”歌：

读数要从高位起，哪位是几就读几，

每级末尾若有零，不必读出记心里，

其他数位连续零，只读一个就可以，

万级末尾加读万，亿级末尾加读亿。

如此简洁、抓住要点的顺口溜，便于学生记忆，也有利于提高课堂的学习效率。

3. 数学教学语言应有生动性和趣味性

教师的语言要生动形象，就是既活泼、逼真，又浅显易懂，使学生有“如临其境”、“如见其人”、“如闻其声”的感觉。这就要求教师首先要善于巧妙地运用语言的艺术，要能引人入胜，要善于联系实际，恰当举例，从而生动、形象地再现教材的知识内容和思想内容，构架起感性认识和理性认识的桥梁。

如在讲解“解一元一次方程”（七年级上册第三章第三节）时，教师是这样表述一道题的：话说唐僧师徒四人从西天取经回来后，孙悟空成为如来佛派去周游世界的形象大使。这天，他一个筋斗十万八千里来到了古希腊，忽然听到有个人在叫他，就连忙回头。他看见一个头顶光圈、长着翅膀的老人，便问：“您是何方神圣？为什么叫我？”老人回答道：“我是希腊数学家丢番图，如今天国的天使，大圣可知我有多少岁吗？你要能答出来，我就带你去见上帝！”孙悟空听了高兴得不得了，便说：“好啊，好啊，俺老孙出生五百多年了还从没见过上帝呢！好吧，出题吧！”话音刚落，老人把手一挥，他们便一下来到了丢番图的墓碑前，上面写道：他生命的六分之一是幸福的童年，再活十二分之一，唇上长起了细细的胡须，他结了婚，又度过了一生的七分之一。再过五年，他有了儿子，感到很幸福，可是儿子只活了父亲全部年龄的一半，儿子死后，他极度悲痛地活了四年，也与世长辞了。孙悟空这个斗战胜佛看完之后，开始犯起了难，同学们能帮孙悟空解决这个问题吗？

该问题较为复杂，知识点也相对枯燥抽象，但由于是以新奇的故事来引入，语言也生动有趣，使得学生思维活跃，纷纷讨论起来，课堂气氛融洽，学习效率倍增。

4. 数学教学语言应有韵律性

数学教师在语言美上应注意抑扬顿挫和节奏起伏的变化。语气、语调、语速和语音的停顿，是语言表情达意的渲染、强调的重要手段。激昂时，可像疾风骤雨，排空而过；欢快时，犹如鸟鸣树林，轻舟荡水；加重时，好似重锤击鼓，铿锵有声；深沉时，又像春雨入夜，“润物细无声”。

如在讲“轴对称图形”（八年级上册第十二章第一节）时，教师的结束语（伴着美妙的《千纸鹤》纯音乐）：

> 同学们，大自然对于对称的创造，远远不止于此：仰望苍天，俯瞰大地，在拥有生命的地方，只要你细心观察，何处没有对称的足迹？看花丛中翩翩起舞的蝴蝶，看天际中翱翔的大雁，抑或在长空中横跨的彩虹、秋日里片片翻飞的枫叶，以至于我们每一个人，微笑时绽开的笑脸，何处不蕴含着对称之美？有人说，是因为美，大自然才选择了对称，那么同学们深入地想一想，这当中，真的仅是因为美吗？

教师抑扬顿挫、富有感情的流畅话语，恰到好处的语调和节奏，无形中构成的韵律，令学生仿若身临其境，在宛如优美散文诗的意境中发挥着自己的想象力，感受着语言之美，感受着轴对称图形的美！如此打动人心的语言之美，能不让学生记忆深刻吗！

5. 数学教学语言应具有启发性

数学教师的语言魅力在于能启发学生的积极思维，调动他们的学习主动性，引导他们独立思考，积极探索，自觉地掌握科学知识，提高分析问题和解决问题的能力。

例如，“比一比”（一年级上册第二单元）的教学片段：

> **活动一：情境导入**
>
> 先让学生观看“孙悟空龙宫取宝”的动画片段。（从而让学生们感知金箍棒的长短）
>
> 师：同学们，孙悟空打妖怪用的那根棒子叫如意金箍棒对吧，那根棒子上可通天，下可入地，还可以塞到耳朵里去，为什么呀？

生：因为它会变长也会变短。（先达到让学生感知长短的目的）

师：（在黑板上画两条线）（如图2－6）请同学们认真观察，发现了什么？你能用一句话来描述它们吗？

图2－6

生：第一条线比较长，第二条线比较短。

师：那同学们是如何比较出来的？

生：看出来的。是把一端对齐后看出来的。

师：很好，我们通常是通过一端对齐来比较。（拿出两根长短不同的粉笔）那同学们来比一比，看这两根粉笔谁比谁长，谁比谁短。

生：（学生通过一端对齐后可以很明显地看出长短）

师：（接着，拿掉其中一支粉笔）那他们自身能比较长短吗？

生：不能。

师：为什么？

生：（就是觉得不能，但又无法表达其意思）

（接下来，教师引导学生知道长短是相对而言的）

活动二：比较高矮

环节一：在黑板上方贴一片叶子，下方也贴一片叶子。

师问：谁愿意将黑板上的叶子摘下来？（学生只能拿到下方的一片，可怎么也拿不到上方的一片。这时教师轻松地将叶子拿下）（接着问）为什么老师可以拿下这片叶子，而这位同学拿不到？

生：（自然脱口而出）老师比较高。

（教师创设这一情境的目的是让学生感知高矮）

环节二：我会再叫一位同学上来，与台上同学比较，问：他们两人谁高谁矮？你们有哪些比较方法？

生1：站在上面就直接看出来了。

生2：让他们两个背靠背看出来的。

生3：用米尺可以量出他们的身高，再比较。

（接着，教师让其中一位较矮的同学站在凳子上来比较高矮，学生马上会说：老师，那不公平！）

师：（故作疑惑状）为什么不公平？他们不也可以背靠背站着比？

生：可是另一个同学还多了椅子的高度啊！

师：对了，同学们都看出来了，所以，我们在比较高矮时，要记住必须是两件物体在同一个起点上。

当两位同学的高矮比较出来后，教师又往旁边一站，这时问同学：刚才是某某同学比较高，那现在呢？我们三个人谁高谁矮？（学生可随意回答）（教师这样做是为了让同学们明白：高矮比较是相对而言的。这样的教学设计，符合学生的认知水平和年龄特点，让学生在启发诱导下，认清比长短、比高矮的知识点）。

二、数学教学语言技能的实训

1. 理论学习，示范模仿

数学语言技能教学的理论学习，包括讲授数学语言教学技能的内涵，数学语言技能所具有的特点，数学课堂语言的功能、类型及其实施要点等。示范方式可采用教师示范观摩、录像示范、模拟角色扮演等。目的是让受训者体会语言技能的设计结构和内容的组织，并通过示范模仿，指导受训者在语言、书写、体态操作等外显行为动作方面的规范性。

2. 教学设计，小组讨论

根据训练语言技能的类型与方法，选择合适的教学内容，再依据数学教学语言技能的特点、目的和原则，对教学内容进行教学设计，即备课，然后进行小组讨论意见，反思教学设计存在的问题，整改教学设计之后形成书面教案。

例如，九年级上册第二十三章第二节“中心对称图形”的微格教学设计：

表 2－1　微格教学设计

教学课题	23.2 中心对称图形			
教学目标	1. 理解中心对称图形的概念； 2. 能用定义判定一个图形是否为中心对称图形； 3. 感受到数学知识来源于生活，又应用于生活，从而激发学生学习兴趣，提高学生的审美观念。			
技能目标	表演性语言技能、启发性语言技能、解释性语言技能			
时间分配	教师授课行为	教学技能要素	学生学习行为	教学设备与媒体
2 分钟	一、创设情境 以魔术创设问题情境： 【魔术设计】：师在课件上出示若干张非中心对称的扑克牌和一张中心对称的牌，分别	运用表演性语言技能	认真观察，注意力成功地转移到课堂上来	魔术结合纸牌演示 黑板

（续上表）

	为梅花3、红桃K、红桃7、梅花6，按牌面的大小整理好，然后请一位同学上台任意把课件中的一张扑克旋转180°后再插入，在此过程中教师转身不看，但待会一眼便看出哪张牌被旋转过。			
3分钟	师重复以上活动，提问： 1. 你们知道老师一眼看出的原因吗？老师手中的扑克牌图案有什么特点？ 2. 你能说明为什么老师要把抽出的这张牌旋转180°吗？（小组讨论） 二、揭示谜底，引入新课：运用中心对称图形的原理。	运用启发性语言技能 运用解释性语言技能	小组讨论，依据教师的启发探究答案： 学生通过动手分析上述扑克牌牌面，并独立思考、探究、合作交流后，得到答案： 1. 只有一张扑克牌图案颠倒后和原来牌面一样。 2. 其余扑克牌颠倒后和原来牌面不一样，所以教师只要记住四张牌原先的模样，再将任意抽出的一张扑克牌旋转180°后，就可以马上在一堆扑克牌中找出它。	黑板 纸牌
3分钟	三、启发探究 师问：生活中有哪些图形是与这张红桃K扑克牌一样，旋转180°后和原来一样的？为什么？	运用启发性语言技能：让学生联系生活实际	学生结合实际，观察，答：线段、平行四边形、矩形、菱形、正方形、圆、飞机的双叶螺旋桨等。 学生加深了理解，活跃了课堂气氛。 认真做好笔记。	模具演示

（续上表）

	四、揭示中心对称图形的定义	运用语言技能中的解释性语言技能	在帮助学生巩固知识的过程中，也培养了他们的审美能力。	黑板
2分钟	五、巩固练习：让学生欣赏生活中一些富有艺术性的中心对称之美，并加以判断其是否为中心对称图形。 六、小结该教学片段的知识点	板书 运用语言技能中的表演性语言技能 结束	巩固升华。	多媒体 PPT 辅助

3. 默练演练，评价对比

对教学设计利用课余时间反复默练，在头脑中形成教学活动的印象，课前确定“老师”、“学生”、“评价员”等角色。然后，在课堂上，受训者进行10分钟左右的课程讲解，“评价员”利用录像的方法对“学生”与“教师”的行为进行记录并反馈，能使教学语言与设计更富严谨性。

4. 微格实验，自照评价

微格实验教学是技能训练的重要方法，通过电教手段全面再现教学过程，使教学评价更加方便和精确。能让受训者通过视频，面对直观再现的语言实况，真实地、反复地审视和评价自己，对不足之处加以改正。在此过程中，通过教师的评议，受训者也能更好地完善教学语言，从而更加有信心和有的放矢地完善自己的语言技能。例如，对上述教学设计实施后的评价：

表2-2　教学语言单项评价表

评课人：微格小组成员　　　　评课内容：23.2 中心对称图形

序号	评价标准	权重	第一次得分	需改进的地方及优点简述记录	经改进后得分	需改进的地方及优点简述记录
1	语言表达内容正确，无科学性错误	10%	8	在叙述中心对称图形的定义时，应着重强调“绕某一个点”、“旋转180°”等关键字眼	9	重点知识点反复强调，强化记忆

（续上表）

序号	评价标准	权重	第一次得分	需改进的地方及优点简述记录	经改进后得分	需改进的地方及优点简述记录
2	语言表达有条理，逻辑严密	15%	14	熟能生巧	15	
3	语言形象、生动、有趣、简洁	10%	5	应着重突出表演性、解释性的语言技能	9	
4	善于设疑，启发学生思维	15%	12	应该再突出启发性的语言技能	14	多用生活情境启发，为什么
5	吐字清晰，通顺连贯	10%	9		9	
6	声音洪亮，感情充沛，态度亲切	10%	10		10	
7	语言适中，语调适当，张弛有致	10%	10		10	
8	普通话标准	10%	10		10	
9	语言与手势、眼神密切配合	10%	8	由于有点紧张，眼神飘忽，应该再突出态势语言技能的特点	10	淡定
合计		100%	86		96	

5. 全面反思，经验交流

反思是实践的升华。在语言教学技能训练过程中，受训者对语言教学的认识和技能的掌握是通过多次反复的实践与观摩获得的。这种来自实践的知识是经验知识，经验知识需要及时加以总结，否则稍纵即逝。因此通过反思整个训练过程，才能发现教学问题，总结教学经验，形成教学设计修改报告，以便于进行反复训练，促进构建完整的教学技能体系。例如，对上述教学评价反思后的教学设计修正：

表2－3　微格教学设计（二次修改）

教学课题	23.2中心对称图形			
教学目标	1. 理解中心对称图形的概念； 2. 能用定义判定一个图形是否为中心对称图形； 3. 感受到数学知识来源于生活，又应用于生活，从而激发学生学习兴趣，提高学生的审美观念。			
技能目标	表演性语言技能、启发性语言技能、解释性语言技能			
时间分配	教师授课行为	教学技能要素	学生学习行为	教学设备与媒体
2分钟	一、创设情境 以魔术创设问题情境：师取出若干张非中心对称的扑克牌和一张中心对称的牌，梅花3、红桃K、红桃7、梅花6，按牌面的大小指向整理好，然后请一位同学上台任意抽出一张扑克，把这张牌旋转180°后再插入，再请这位同学洗几下，展开扑克牌，师能马上找出这位同学抽出的扑克。	运用表演性语言技能	认真观察，注意力成功地转移到课堂上来	魔术结合纸牌演示 黑板
3分钟	师重复以上活动，提问： 1. 你们知道老师一眼看出的原因吗？老师手中的扑克牌图案有什么特点？ 2. 你能说明为什么老师要把抽出的这张牌旋转180°吗？（小组讨论） 二、揭示谜底，引入新课：运用中心对称图形的原理。	运用启发性语言技能 运用解释性语言技能	小组讨论，依据教师的启发探究答案： 学生通过动手分析上述扑克牌牌面，并独立思考、探究、合作交流后，得到答案： 1. 只有一张扑克牌图案颠倒后和原来牌面一样。 2. 其余扑克牌颠倒后和原来牌面不一样，所以教师只要记住四	黑板 纸牌

（续上表）

			张牌原先的模样，再将任意抽出的一张扑克牌旋转 180° 后，就可以马上在一堆扑克牌中找出它。	
3 分钟	三、启发探究 师问：1. 生活中有哪些图形是与这张红桃K扑克牌一样，旋转 180° 后和原来一样？为什么？ 2. 有人用“中心对称图形”一词描述上面的这些现象，你认为这个词的含义是什么？	运用启发性语言技能：让学生联系生活实际	学生结合实际，观察，答：线段、平行四边形、矩形、菱形、正方形、圆、飞机的双叶螺旋桨等。 学生加深了理解，活跃了课堂气氛。 认真做好笔记。	模具演示
	四、揭示中心对称图形的定义	语言技能中的解释性语言技能	在帮助学生巩固知识的过程中，也培养了他们的审美能力。	黑板
2 分钟	五、巩固练习：让学生欣赏生活中一些富有艺术性的中心对称之美，并加以判断其是否为中心对称图形。 六、小结该教学片段的知识点	板书 运用语言技能中的表演性语言技能 结束	巩固升华	多媒体 PPT 辅助

实践与思考

1. 谈谈数学语言技能在课堂教学中的作用。

2. 观看一段数学语言技能运用的微格视频，说出在这段教学过程中，执教者是如何运用数学教学语言技能的。

3. 课堂上教师向学生传达数学知识信息的方式有哪些？结合实例阐述数学教学语言技能与其他技能的配合。

4. 以“勾股定理”为题，分别设计一段导入语、结束语，导入语要求能引发学生的兴趣，结束语要求能够引发学生进一步思考。

第三章 数学教学导入技能

一堂课，头开得好，很快就能够唤起学生的注意，形成良好的“第一印象”，达到引人入胜的目的。因此，设计一个浅显易懂、生动有趣的艺术开头历来是数学课堂教学的重要组成部分。但数学课程本身的局限性，使它不可能像语文课、社会课导入那样形象生动、活泼有趣，因而成为数学教学的一个难点。也正是因为这样，这一问题才更值得广大的数学教师去探索、研究。

例如，在“有理数的乘方”（七年级上册第一章）的导入教学片段中：

师：同学们，前面我们已经学习了有理数的乘法，现在我们先来做几道题目，$5\times5\times5$，$8\times8\times8\times8$，$\underbrace{2\times2\times\cdots\times2}_{10个2}$。

（学生有的认真地计算；有的偷偷说“哎，又是这样”；有的不屑回应……）

师：大家能发现上面几道算式有什么共同特点吗？（教师手指着每道算式的因数）

生：因数相同。（同学们异口同声地回答）

师：这种求几个相同因数的乘积就是我们今天要学的新内容：有理数的乘方。（板书：有理数的乘方）

……

反思：上课伊始，是学生精神最饱满、精力最充沛的时候，也是接受知识的最好时机。如果没有利用有效的情境活动，课堂会索然无味，“有课无导”怎能激起学生的学习欲望？

综观目前数学课堂教学，特别是新课程改革以来，值得欣慰的是课堂导入，一般是通过一些教学情境（生动有趣、直观形象的教学活动）来实现的，如运用讲故事、做游戏、直观演示、模拟表演等。要注意的是，教学情境只是一种手段，并不是最终目的，正确利用，锦上添花；利用不当，适得其反。导课应该是简捷、现实、亲切、有趣的。课堂导入的成功与否，直接关系到整堂课的教学质量。

例如：在“人民币的认识”（一年级下册第五章）的导入教学片段中：

师：今天，老师先带大家一起来看“小熊超市”某天的营业情况。（多媒体播放许多小动物在购物的课件，画面非常漂亮）

师：这家超市生意好吗？

生：很好。

师：你们想买什么？

生：饼干、鸡蛋、火腿肠、铅笔、文具盒……

师：到底要付多少钱呢？有谁想当售货员？

生：我，我，我。（学生争先恐后地抢答）

……

课堂气氛热闹非凡，学生们忙得不亦乐乎。十分钟的课堂黄金时间过去了，却还没有切入正题。看得出来，上课老师是精心设计的，课件也是精心制作的，然而，老师这么煞费苦心的设计、制作又取得了什么样的教学效果呢？

反思：情境导入的创设，要根据需要，切不可为了情境而情境，流于形式上的热闹和新鲜，而冲淡教学主题、弱化教学重点，更不能让情境干扰学习。情境要有“数学味”，实实在在地为数学教学服务。

第一节　数学教学导入技能运用的目的

一、激发学习兴趣，引起学习动机

学习兴趣是一个人力求认识世界、渴望获得文化科学知识的积极的意向活动，只有对所学的数学知识产生兴趣，才会提高学生学习数学的积极性和坚定性。古人云："知之者不如好知者，好知者不如乐知者。"说的正是这个道理，古今中外的科学家、发明家都是对所探讨的问题有浓厚的兴趣才获得最后的成功。著名的物理学家爱因斯坦也曾说过："兴趣是最好的老师。"

新课的开始，教师如果能针对学生的年龄特点和心理特征，精心设计好一节课的导入，用贴切而精练的语言，正确、巧妙地导入新课，不仅可以激发学生对数学强烈的求知欲望，引发他们对数学的浓厚兴趣，而且能使学生全神贯注、积极主动地去接受新知识。

例如，在"随机事件与概率"（九年级下册第二十九章）的教学片段中：

上课铃声一响，教师手拿着一个包装得很精致的小礼品盒走进了教室，学生们立刻好奇起来。

师（面带微笑）：这是个小礼品盒，里面装了一份神秘的礼物，同学们猜一猜我为什么带这份礼物来？

生1：今天是老师的生日，是老师的生日礼物！

师：（笑着摇了摇头）

生2：那今天准是老师女儿的生日，要不就是老师的结婚纪念日。

师：（仍然笑着摇头）

（同学们脸上都洋溢着好奇的笑容）

师：今天是老师的幸运日，老师给同学们讲讲幸运日的来历。十四年前的今天，吃过晚饭后，老师出去散步，发现一辆大汽车上装满了山地车模型，走近一看，原来是抽奖现场。老师也忍不住想碰碰运气，于是花了2元钱买了一张奖券，结果老师真的很幸运，中了一辆山地车。

……

通过这个小小的事件，教师巧妙地向学生渗透了随机的概念。

二、激起学生思维的波澜，引起积极的思考

好的导入可以点燃学生思维的火花，开拓学生思维的广阔性，提高学生思维的灵活性。数学思维能力是数学能力的核心。数学课堂教学要重视培养学生的思维能力。如果数学课堂的导入能采用直观形象化的语言设计

出富有启发性的问题，就可以启迪学生的思维，增长学生的智慧。因此教师在数学课堂导入中，应把学习数学看作是一种培养学生思维能力的创造性活动。它不仅能够启发学生从不同的角度来思考问题，还能使学生在思维过程中体会到思维的乐趣，始终保持高昂的学习情绪。

例如，在“三角形的高、中线和角平分线”（七年级下册第七单元）的教学片段中：

师：同学们，在上新课之前，老师先给大家讲一个故事怎么样？

生：好。（兴致勃勃地回答）

师：故事叫作“军师献妙计，退兵建功勋”。

在一座古老的数学城里，皇太后正观赏表演，一位宫女在表演一支表达对亲人的思念以及美好祝愿的歌舞，自从皇太后的女儿嫁到外族以来，她就十分思念女儿。

正当皇太后沉醉于这种幻化多姿的歌舞当中时，突然飞进一只鸽子，只见这只鸽子气喘吁吁地向皇太后禀告：“公主告急，公主告急，敌国犯界，令使者送来一道难题，能解出立即退兵，解不出则踏平国土。公主说：‘女儿无才，思之再三，终解不出，想我数学王国，一向以聪明睿智闻名天下，请母后急速设法解出。’”

太后急问：“是何题目，竟连我那绝顶聪明的女儿也被难住了？”

鸽子说：“那是敌国在训练军队时遇到的问题：有7位士兵，要让他们站成6行，并且每行都有3位士兵，应该怎样站？若能用三种方法并画出图形说明，则不进犯。”

太后一听，对方显然是有意发难的，就连忙命人告知了国王，国王立即召集群臣，研究对策。

同学们，假如你们是军师，你们能想出办法解决吗？

（5分钟过去了，没有一位同学想出方法……）

好，看来大家得学完今天的知识后才能帮助国王想出妙招。现在，就让我们一起来开始“三角形的高、中线和角平分线”的学习。（板书）

……

亚里士多德曾经说过：“思维是从惊讶和问题开始的。”本节课的导入由学生感兴趣的故事入手，在故事中通过创设问题情境上，调动学生的主观能动性，激发学生的好奇心和求知欲，同时也非常自然地导出了本节课的主题。

三、吸引学生注意，引导进入学习情境

注意是心理活动对一定对象的指向和集中。人的注意力在高度集中时，大脑皮层上的有关区域便形成了优势兴奋中心，对所注意的事物专心致志，甚至会忘掉其余一切。人的注意力越集中，对周围其他干扰的抑制力就越强，因此这时接受信息的信噪比特别高，信息的传输效率也最高，这时人对事物观察得最细致，理解得最深刻，记忆得最牢固。在一堂数学课的开始，选用适宜的数学导入方式，给学生较强的、较新颖的刺激，能帮助学生收敛与学习新课无关的一切思绪和行为，在大脑皮层和有关神经中枢形成对本堂课新内容的“兴奋中心”，把学生的注意力迅速集中并指向特定的教学任务和程序。学生的注意力在上课一开始便被深深吸引，就会兴趣盎然地期待接下来的教学内容，为完成新的学习任务做好心理准备。

例如，在“分数除法—解决问题”（六年级上册第三单元）的教学片段中：

师：谁能告诉老师，我们班有男生、女生各多少人？

生：我们班有男生20人，女生25人。

师：根据这两条信息，你们能想到什么？

生1：男生是女生的$\frac{4}{5}$。

生2：女生是男生的$\frac{5}{4}$。

……

师：根据以上四条信息，你们能不能选取其中两条，提出一个问题？

生3：我们班有男生20人，女生是男生的$\frac{5}{4}$，女生有多少人？

生4：我们班有女生25人，男生是女生的$\frac{4}{5}$，男生有多少人？

生5：我们班有女生25人，女生是男生的$\frac{5}{4}$，男生有多少人？

生6：我们班有男生20人，男生是女生的$\frac{4}{5}$，女生有多少人？

师：前两个问题大家会解答吗？第三个问题想试一试吗？谁能列式解答，你是怎么想的？

……

像这样，学生的注意力在上课一开始便被深深吸引，注意力集中在这种具有挑战性的问题情境上，不仅能促使学生多方位地进行联想，还会兴趣盎然地期待接下来的教学内容，为完成新的学习任务做好心理准备。

四、承上启下，温故知新

美国著名的教育心理学家奥苏伯尔指出：“影响学习的唯一重要因素，就是学习者已经知道的东西，要探明它，并据此进行教学。”数学学科的知识逻辑性很强，新知识都是由旧知识为基础发展而来的。古人云：“以其所知，喻其不知，使其知之。”也说明了新知识和旧知识联系的重要性。因此，教师在讲授新知识之前，可以先组织学生复习原有的旧知识，引导学生从新旧知识的密切联系中发现新旧知识的不同点及其内在联系，促使学生建立新、旧知识间的密切联系，让新学知识建立在原有知识结构的基础上，使学习变得有意义。

例如，在“有理数减法法则”（七年级上册第一单元）的教学片段中：

师：请全班同学口答下面填空。

$(\quad)+(+2)=5$　　$(7)+(\quad)=5$　　$(-3)+(\quad)=3$

$(+3)+(\quad)=-3$　　$(-12)+(\quad)=0$　　$(\quad)+(-7)=-8$

生：齐声回答。

师：请女生完成第一列各式的计算，男生完成第二列各式的计算：

第一列	第二列
50 − 20 = ____	50 + （−20） = ____
50 − 10 = ____	50 + （−10） = ____
50 − 0 = ____	50 + 0 = ____
50 − （−10） = ____	50 + 10 = ____
50 − （−20） = ____	50 + 20 = ____

女生和男生面带诧异地按顺序把答案念出来。

师：请大家观察每一行式子的特点，你们能得出什么结论？

生：减去一个数和加上这个数的相反数结果是一样的。

师：非常好，减去一个数，等于加上这个数的相反数，字母表示为：$a-b=a+(-b)$

……

教师通过让学生先复习有理数的加法，再通过观察减法运算与加法运算的区别，在学生发言的基础上顺利得出有理数的减法法则。

因此，成功的导入不仅能“未成曲调先有情”，磁石般吸引住学生，集中学生注意力，激起学生的求知欲，而且能有效地消除其他课程的延续思维，使学生很快进入新课学习的最佳心理状态，还能让学生学习的思维由浅入深、由表及里有层次地进行，有利于学生接受和理解新知识，为有效地完成数学教学任务创造必要的条件。

第二节 数学教学导入技能运用的原则

一、加强针对性原则，切忌漫无目标

新课导入切记不能只图表面的热闹，追求形式花样，甚至故弄玄虚、画蛇添足，更不能占用过多的时间削弱其他教学环节。因此导课的针对性包含两方面：其一，要为掌握教学内容而设计，使之建立在充分考虑与所授教材内容的有机内在联系的基础上，而不能游离于教学内容之外，使之成为数学课堂教学的累赘；其二，要掌握学生的年龄特点、心理状态、知识能力基础、爱好兴趣的差异程度。

例如，在“相遇应用题”（五年级上册第四单元）的教学片段中：

师：同学们，这节课有很多老师来听课，指导我们学习，我们以热烈的掌声欢迎各位老师！

生：（学生鼓掌）

师：大家在鼓掌时两只手怎么样了？

生：相遇。

师：那么，今天我们就要来学习“相遇应用题”。

……

这样的导入自然有趣，干脆精练，一针见血，极具针对性。

二、体现启发性原则，切忌导而不入

如果设计的导语不能启迪学生积极思维，学生是很难进入角色的，因

此积极的思维活动是数学课堂教学成功的关键。富有启发趣味性的导入能引导学生发现问题，激发学生解决问题的强烈愿望，能创造愉快的学习情境，促使学生自主进入探求知识的境界，起到抛砖引玉的作用。

例如，在“三角形的面积计算”（五年级上册第五单元）的教学片段中：

师：两个完全一样的三角形可以拼成一个已学过的什么图形？
生：平行四边形。
师：拼成的图形的底是原来三角形的哪一条边？
生：底边。
师：拼成的图形的高是原来三角形的什么？
生：高。
师：三角形的面积是拼成的图形面积的多少？
生：$\frac{1}{2}$。
师：怎样来表示三角形面积的计算公式？
生：$\frac{1}{2}\times$底$\times$高。
师：为什么求三角形面积要用底乘以高再除以2？
……

这样的提问既有逻辑性又有启发性，不仅使学生较好地理解三角形的面积计算公式，而且能发展学生的思维能力，与此同时也激活了学生的思维。我们在实际教学中，要善于抓住教材中主要内容的关键之处来提出疑问，激起学生思维的波澜，恰当地利用启发性原则进行课堂提问，提高数学课堂教学的效率。

三、富有趣味性原则，切忌枯燥乏味

教师在设计导语时，应在“趣”字上下功夫，使学生对学习对象产生浓厚的兴趣，自觉地排除外界因素和心理因素的干扰，全身心地投入到学习中去。著名的苏联教育学家巴班斯基认为：“一堂课之所以必须有趣味性并非为了引起笑声或耗费精力，趣味性应该使课堂上掌握所学材料的认识活动积极化。”因此，教师要在导入中让学生以新知发现者的愉快心情

把兴趣转化为稳定的内在动力，这才是导入趣味性的原则所在。

例如，在“随机事件与概率”（九年级下册第二十九章）的继续教学片段中：

……

师：我中奖了，特别高兴，因此我就把这一天定为自己的幸运日，在这个幸运的日子里，我想把这份神秘的礼物送给咱们班的一位最幸运的同学，好不好？

生（高兴地齐答）：好！（有几个淘气的男生还不由自主地搓了搓手）

师：今天神秘礼物的得主是通过三个游戏产生的。

第一个游戏：前后桌四名同学是一组，以玩“手心手背”的游戏决出胜者；

第二个游戏：老师准备了四道题（本节课需要用到的旧知识），请第一个游戏胜出的同学进行抢答，按成绩取前三名。

第三个游戏：请第二个游戏胜出的三名同学到前面来，面朝大家，老师发给每人一枚一角硬币，每人连续掷三次，三次都是正面的为胜，最后得胜者就是今天的幸运同学。

……

教师通过设置三个游戏环节达到的目标是：通过公平的游戏，渗透可能事件发生的条件，体会随机思想。以比赛的形式复习已学的概率知识，吸引了学生的注意力，增加了数学课的趣味性，提高了学生学习这一章知识的兴趣，最后通过第三个游戏作为问题背景，引入新课。

四、讲究多样性原则，切忌千篇一律

课的导入应根据不同的教学内容、不同的教学对象、不同的课型灵活地变换各种方法，做到巧妙、新颖、不千篇一律。固定单一的方法会使学生感到枯燥、呆板，这就要求教师除了有精湛的演讲艺术外，还必须有丰富的资料和广博的知识，才能灵活运用各种各样的导入方法，从而使课堂更加活泼，更加引人入胜。

例如，在“正数和负数”（七年级上册第一单元）的教学片段中，可以采取创设生活情境来导入：

师：今天你们已经是七年级的学生了，我是你们的数学老师，下面我先向你们做一下自我介绍，我的名字是×××，身高1.63米，体重54.5公斤，今年34岁。我们的班级是七（2）班，有50个同学，其中男同学有27人，占全班人数的54%。

问题1：老师刚才的介绍中出现了几个数？分别是什么？你能将这些数按以前学过的数的分类方法进行分类吗？

（学生活动：思考，交流）

师（在学生讨论基础上进行总结）：以前学过的数，实际上主要有两大类，分别是整数和分数（包括小数）。

问题2：在生活中，仅有整数和分数够用了吗？

请同学们看书（观察本节前面的几幅图中用到了什么数，让学生感受引入负数的必要性）并思考讨论，然后进行交流。

……

这位老师在跟学生初次见面时，设计了很好的见面词，渗透了今天要讲的新知识，可谓一举两得。

再如，在“有理数中的数轴”（七年级上册第一单元）的教学片段中，可以采取类比导入：

师：有理数包括哪些数？0是正数还是负数？

生：正数、0和负数，0不是正数也不是负数。

师：温度计的用途是什么？类似于这种用带有刻度的物体表示数的东西还有哪些？

生：直尺、弹簧秤……

师：数学中，在一条直线上画出刻度，标上读数，用直线上的点表示正数、0和负数。

……

教师演示从温度计抽象成数轴，激发学生学习兴趣，使学生受到把实际问题抽象成数学问题的训练，同时把类比的思想方法贯穿于概念的形成过程。

又再如，在“有理数的加法”（七年级上册第一单元）的教学片段中，可以采取直观导入：

师：首先，请同学们先来观看下面一个动画。（动画出现一只蜗牛向左爬行，另一只向右爬行）（学生认真地观看动画）大家看到了什么？

生：两只蜗牛在笔直的公路上爬。

师：好，那么看完这个动画之后，后面有4个问题需要我们一起来解决。现在请同学们一起来齐读一下这4个问题。（同学们齐声读）

问题1：如果蜗牛一直以每分钟2cm的速度向右爬行，3分钟后它在什么位置？

问题2：如果蜗牛一直以每分钟2cm的速度向左爬行，3分钟后它在什么位置？

问题3：如果蜗牛一直以每分钟2cm的速度向右爬行，3分钟前它在什么位置？

问题4：如果蜗牛一直以每分钟2cm的速度向左爬行，3分钟前它在什么位置？

师：那么这4个问题读完之后，觉得这4个问题是不是很相似？

……

接着引导学生把生活问题转化为数学问题，教师通过多媒体显示蜗牛在数轴上爬行，这种直观教学技能有助于学生思考解答问题，更有利于学生接下来对有理数乘法法则的归纳。

五、注意简洁性原则，切忌拖沓冗长

课堂导入作为数学课堂教学前奏曲，虽然是教学过程的一个重要环节，但不是中心环节，而只是为中心环节作铺垫。课堂导入的时间不宜过长，否则会冲击新课的讲述。因此教师引入新课时应言简意赅，用最少的话语，花最少的时间，迅速而巧妙地缩短师生之间的距离以及学生与教材之间的距离，将学生的注意力集中到课程内容上来，完成向新课教学的过渡。

例如，在“有理数的乘方”（七年级上册第一单元）的教学片段中：

师：前面我们已经学习了有理数的乘法，现在请大家拿起笔，10秒内写出10个“2”相乘和10个“-2”相乘的式子并作答。

生：学生争分夺秒地写着……

（10秒钟过去了）

师：大家都不能在10秒钟完成老师的要求，但是只要大家能掌握今天所学的知识就能快速地完成这种计算。

……

教师在新课的开始通过让学生在规定时间内完成两道因数相同的乘法，不仅渗透了有理数乘方的定义，还能让学生期待接下来的教学内容，使学生迅速进入学习情境。

第二节　数学教学导入技能的类型与方法

采用什么方式导课，需要在深入钻研教学内容、明确教学目标和分析学生认知特点的基础上来确定。一堂课如何开头，没有固定的方法，教学对象不同、内容不同，导入方式也有所不同。以下介绍一些数学课堂教学导入的常用类型：

一、直观导入法

直观导入，是指利用实物、教具（挂图、投影片、幻灯片、电影、录像等），引导学生直观观察、分析，引出新知识的导入方法。这种导入方式，建立在直观的基础上，引导学生通过各种感官直接或间接地感知具体事物的形象，使学生看到鲜明的表象，进而提出新问题，从解决问题入手，自然地过渡到新课学习；同时又有利于学生由形象思维过渡到抽象思维，为促成学生的抽象思维奠定感性的认知基础。

值得注意的是，我国初中新课改重视发展中学生的数感和符号感，重视口算、估算，提倡算法多样化，注重引导中学生体会证明的必要性，理解证明的基本过程，加强了三维空间几何体的有关内容，为中学生的直观思维提供了不少素材。因此，在教学过程中，教师要根据学生实际、结合教材具体内容，采取适当的直观手段，有意识地培养学生的观察力、想象力、判断力。

案例展示

平 移

本节课是七年级下册第五章第四节“平移”的第一课时，是一节概念课。在此之前学生对图形的认识只是在静止的状况下学习，通过本节的学习，学生对图形有了更进一步的认识，另外，课堂上实践操作的方法为以后学习更多的图形转换作了铺垫。

教学目标分析：

知识与技能目标：了解平移的特征，能发现特殊图案的共同特点，并根据这个特点绘制图形；能发现、归纳图形平移的共同特征。**过程与方法目标：**学生经历观察、操作、探究、归纳、总结图形平移基本特征的过程，发展他们的抽象概括能力。体会从数学的角度理解问题，并能综合运用所学的知识和技能解决问题，发展应用意识。**情感态度和价值观目标：**学生经历操作、实验、发现、确认等数学活动，感受数学活动充满的探索性与创造性，促进他们的主动探究。

教学重、难点：

教学重点：如何通过动手操作引发学生对图形平移的特征进行再探究；如何正确做出图形的平移并发现规律。**教学难点：**如何把握具体问题中的图形平移问题；理解图形平移的性质。**突破难点的关键：**设置恰当情景，激发学生的探索欲望；通过演示操作，归纳出图形平移的性质，加深对图形平移性质的理解。

教学过程：

师：请同学们一起来欣赏老师画的这个图案，如果让你们来画，能不能快速地把它画出来？

生（有的轻轻地摇头，有的还在思考……）

师：那么就请同学们来看一下老师是怎样快速地把这个图案画出来的。（手指着课件）首先老师观察到这个图案有一个特点，它是由7个形状大小相同的正六边形组成的，所以老师就先画出了一个正六边形，然后再把它沿着一条直线方向移动到上面这条边和下面这条边重合就画出了上面这个正六边形。相同地，老师把它沿着一条直线方向移动到下面这条边和上面这条边重合就画出了下面这个正六边形。那么以此类推，（多媒体展示图形的平移）老师通过沿着不同的直线移动不同的距离以后就画出了其他的图形。快不快？

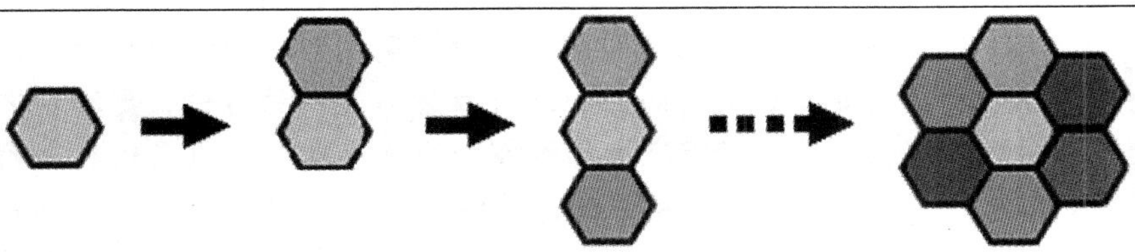

图 3－1

生：快。（学生恍然大悟）

……

教学赏析： 该教学片段选自七年级上册第五章。该学段学生的形象思维能力较之抽象逻辑思维能力有一定的优势。因此，在教学的开始，教师通过引导学生观察一幅生活中的图案，再由繁入简地观察单个图形的平移过程，这样设计，能较好地激发起学生的求知和探索的欲望。直观教学技能的应用，能让学生体会到我们生活中许多美丽的图案是由若干个形状大小相同的图形拼接而成的，同时教师的操作又能让学生感受到图形的平移过程，为接下来进一步学习平移的性质作好铺垫。

案例展示

勾股定理

本节课为八年级数学下册第十八章第一节“勾股定理”的第一课时，是一节证明课，教材中使用的面积证法学生是第一次接触，通过本节课的学习，学生能够理解图形经过割补拼接后，只要没有重叠、没有空隙，面积就不会改变，这种方法的学习为以后学习其他的图形具有一定的铺垫作用。

教学目标分析：

知识与技能目标： 了解勾股定理的文化背景，体验勾股定理的探索过程，掌握勾股定理的内容；在勾股定理的探索过程中，发展合情推理能力，体会数形结合的思想；通过观察课件、探究拼图等活动，体验数学思维的严谨性，发展形象思维，体验解决问题方法的多样性，并学会与人合作、与人交流，培养学生的合作交流意识和探索精神。**过程与方法目标：** 通过面积法探究勾股定理，让学生感触到直角三角形这一图形与

“$a^2+b^2=c^2$”数量关系建立对应关系，同时不同图形从面积角度的论证得到“面积的割补是形的变化而面积这一数量不变”的结论，更深层次地理解数形结合的方法。**情感态度和价值观目标**：在对勾股定理历史的了解过程中，感受数学文化，增强爱国情操，激发学习热情，养成热爱生活、观察生活、思考生活的习惯。通过观察、探究的活动让学生感触知识的产生过程，学生从中学会合作交流、协作探究、归纳总结的学习方法，提高学生的探索能力。

教学重、难点：

教学重点：从具体的图形中得出三角形边与边的关系；探讨勾股定理的证明。**教学难点**：用拼图方法证明勾股定理以及勾股定理的应用。**突破难点的关键**：设置恰当情景，激发学生的探索欲望；通过演示操作，理解面积法在三角形中的应用，从而使学生充分理解勾股定理的形成。

教学过程：

师：同学们好，在上新课之前，给大家看一个老师昨天下午做的模型：这是3个长方体容器，同学们所看到的都是长方体容器中正方形的一面，如果我们把所看到的正方形面看作是容器的底面的话，那么三个容器的高都是相等的。在三个容器当中夹着三块木板，这三个木板所围成的是一个横截面为直角三角形的立体图形，而我们所看到的是最外侧的横截面，它的两条直角边为 a、b，斜边为 c，那么现在，老师往上面两个容器灌满水。

接着，抽掉上面两块木板，同学们观察一下，发生了什么样的事情？我们发现，容器 A 和容器 B 里面的水正在缓缓地流入容器 C 当中，当容器 A 和容器 B 里面的水刚好流完的时候，容器 C 正好装满了水。那么看到这里同学们想到了什么呢？

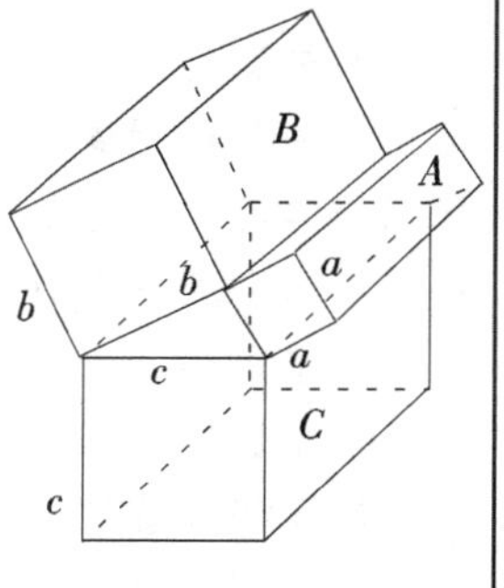

图3－2

生：容器 A 加容器 B 的体积等于容器 C 的体积。

（接下来很自然的引导学生由体积相等的等式得出边之间存在的等式，进而引出勾股定理）

……

教学赏析：该教学片段选自八年级下册第十八章第二节的内容。针对八年级学生形象思维能力较强的认知特点，在教学的开始，教师选用一个动态模型，让学生通过直接观察提出猜想，使抽象的知识具体化、形象化，为学生构架由形象到抽象过渡的桥梁。教学中选用多媒体辅助教学，既形象又直观，能够迅速激发学生学习的兴趣；接着，引导学生自主探索，发现存在于直角三角形三边之间的特殊关系，即两直角边的平方和等于斜边的平方。通过这样一个特例，先让学生对勾股定理有一个感官上的认识，再引导学生继续往下证明。整个教学过程，既能够很好地培养学生的直观力，又能激发学生继续往下学习的兴趣。

二、情境导入法

情境导入是指教师根据教学内容的特点，运用语言、音乐等手段，创设一定的情境渲染课堂气氛，使学生在潜移默化中进入新课学习的一种导入方式。乔纳森（Jonathan）在《学习环境的理论基础》一书中，对情境作过这样的描述：“情境是利用一个熟悉的参考物，帮助学习者将一个要探究的概念与熟悉的经验联系起来，引导他们利用这些经验来解释、说明、形成自己的科学知识。”数学来源于实际生活，但其高度抽象性、严密逻辑性、应用广泛性往往令学生望而生畏，失去兴趣。创设适当的问题情境导入新课，可以激发学生的认知冲突，调动学生的积极性，使学生主动发现、探索、体验、理解数学。

案例展示

统计调查

本节课是七年级下册第十章“数据的收集与整理”第一节“统计调查”第一课时。它除了与下一节学习的抽样调查、构成调查的两种方式相关联之外，还为后面学习“数据的描述”和“数据的分析”打好了基础。

教学目标分析：

知识与技能目标：经历收集、整理、描述和分析数据的过程；会画扇形统计图；理解分析数据的作用。**过程与方法目标：**能利用统计调查的知识解决简单实际生活中的问题；培养用统计方法解决实际问题的意识。**情感态度和价值观目标：**让学生体验从身边得到数学规律的成就感，在解题中感受生活中数学的存在，体验数学充满探索性和创造力的魅力。通过研究解决问题的过程，培养学生合作交流的意识和自主探究精神。能积极参与调查活动，从中感受数据的作用及统计在实际生活中的应用，激发学生爱数学的热情。

教学重、难点：

教学重点：经历统计调查的一般过程；画扇形统计图描述数据。**教学难点**：经历统计调查的一般过程，画扇形统计图描述数据。**突破难点的关键**：通过调查问卷、收集数据等方法引导学生来探究新知；通过自主观察、分析、总结来加深学生对知识点的理解。

教学过程：

师：同学们，我们班有没有人对足球感兴趣的？

大部分学生：有。

师：2002 年我国足球史上发生了一件大事，想必对足球感兴趣的同学肯定都知道吧！

生：知道！中国男子足球队冲出了亚洲，走向世界。

师：对了，当时米卢教练带领中国队以小组第一的成绩成功地闯入了 2002 年韩日世界杯！那么现在假设在世界杯上，我们中国队获得了一个宝贵的罚点球的机会，那么大家来猜下米卢教练将会安排哪一位运动员来主罚这个点球呢？

生 1：祁宏！因为他的脚法最好！

师：有没有同学有不同的选择？

生 2：郝海东！因为我看他进球最多！

生 3：范志毅！因为他的心理素质最好。

师：非常好！三位同学都言之有理。那么应该安排谁来主罚呢？我想，米卢教练会比较一下三位运动员以往罚球的情况，然后再作定夺。大家认为呢？（同学们点头称是）教师出示以下表格：

表 3 - 1

运动员	罚点球总数	进球数
郝海东	25	22
范志毅	20	18
祁宏	50	43

师：这个是三位运动员以往的成绩，大家现在认真地对比一下。（4 秒后）看了这表格，大家觉得派谁去主罚是最好的？（学生大多推荐“范志毅”）

师：（教师追问）为什么？

生4：因为他命中率最高！

师：对了！因为他罚20个就能中18个，说明他的命中率是最高的。所以同学们，“事实胜于雄辩”！我们利用所掌握的数据才能作出最合理的决策，所以我们说“数据可是会说话的”。

……

教学赏析：该教学片段选自七年级下册第十章“数据的收集与整理”第一节“统计调查”的第一课时。七年级学生对数据的收集、整理、描述和分析过程在小学时虽有所体验，但理解的程度不深，在应用方面更显得薄弱。因此，在教学的开始，教师通过“足球”和“世界杯”（时尚的情境）引入，帮助学生更加深刻地理解对应的数学知识，且这样的引入不仅有趣，能吸引学生的注意，同时，又能增强学生的爱国热情，增进学生对数学价值的感性认识。

案例展示

完全平方公式

本节课是八年级数学上册第十五章第二节“完全平方公式”的第一课时，是一节探究课。它是在学生学习完了多项式的乘法法则和平方差公式之后所学习的内容，学好这部分内容，不但能对多项式的乘法法则有进一步的理解和认识，而且也为以后进一步学好因式分解以及解二元一次方程有很大的帮助，起到承上启下的作用。

教学目标分析：

知识与技能目标：理解完全平方公式的推导过程；了解公式的几何解释；会应用公式进行简单的计算。**过程与方法目标：**通过渗透建模、化归、还元、运用数形结合等思想方法，增强学生的应用意识，提高学生解决问题的能力和创新能力。**情感态度和价值观目标：**精心设计教学过程，激发学生的好奇心和求知欲，培养学生学习数学的兴趣，让学生获得成功的体验，培养学生学好数学的自信心。

教学重、难点：

教学重点：体会完全平方公式的发现和推导过程；理解公式的本质，并会运用公式进行简单的计算。**教学难点：**理解完全平方公式的结构特征以及公式中的字母含义；判明要计算的代数式是哪两个数的和（差）的平方。**突破难点的关键**：通过演示操作，让学生自主观察，吸引学生的眼球；通过学生的分析、总结，从而巩固知识。

教学过程：

生：正方形，$S=(a+b)^2$。

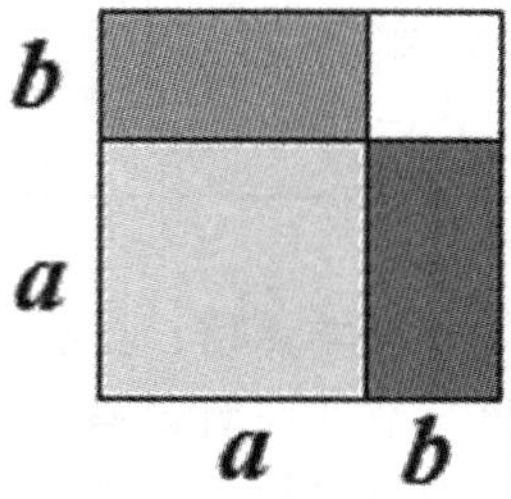

图 3－3

师：学新课之前，我们先来看一个实际问题：一个边长为 a m 的正方形实验田，因需要要将其边长增加 b m 以种植不同品种，求扩建后实验田的面积？同学们看一看，想一想，应该怎么解决这个实际问题呢？原来是一个边长为 a m 的正方形实验田，现在各边长度增加了 b m，同学们看一看，它形成的是一个什么样的图形？面积是多少？

师：很好，我们只要把扩建后的实验田看作一个边长为 $(a+b)$ m 的大正方形，由正方形的面积计算公式求得扩建后实验田的面积 $S=(a+b)^2\text{m}^2$。这是解决实际问题的一种方法，同学们想想看，还有什么方法可以解决这个实际问题呢？（看到很多同学都在很认真地思考）那老师给大家一点提示，我们回想一下刚才老师的动画演示效果。（通过一个动画效果，让学生发现扩建后的实验田相当于是在原来实验田的基础上，增加了 3 小块）

师：也就是说，我们可以把扩建后的实验田分成 4 种不同颜色的小块，把这 4 小块的面积都求出来，再求它们的总和，也就是扩建后实验田的面积了。我们一起来求证一下。（接下来带领学生把 4 小块的面积都求出来了，再求它们的总和，求得扩建后试验田的面积 $S'=a^2+2ab+b^2\text{m}^2$）

师：刚才我们用了两种方法来计算同一块实验田的面积，同一块实验田的面积总是一定的，我们可以得出结论：我们用两种方法所求得的 S 和 S' 应该是相等的。也就是说，我们可以得到一个什么样的等式？

生：$(a+b)^2=a^2+2ab+b^2$。

师：很好，我们来看一下这个式子，这个等式中的 a、b 代表的是什么？我们回到这个事例里面发现这里的 a、b 代表的是两条固定线段的长度，对不对？既然它是两条固定线段的长度，如果老师改变 a、b 的大小或者是符号的话，等式还能不能成立呢？也就是说，我们能不能把这个式子由特殊推广到一般呢？这就是本节课的教学主体内容。

……

教学赏析：该教学片段选自八年级上册第十五章第二节的内容。八年级学生具有形象思维能力较强、注意力容易分散等特点。因此，在教学的开始，教师选用学生所熟悉的情景，用图形拼接的动画效果使学生很容易想到用两种方法计算同一块实验田的面积，再由同一块实验田面积一定的原理，得出公式。通过一个特例让学生先对完全平方公式有一个感观上的认识，进而再引导学生将公式由特殊推广到一般。整个教学过程，既体现了以学生为主体的探索性学习，又能很好地激发学生继续往下学习的积极性。

三、旧知识导入法

旧知识导入法是以复习与新知识有关的旧知识作导入，是一种由已知求未知的导课方式。“温故而知新”，人们认识事物总是遵循由已知到未知、由低级到高级的客观规律。在新知识的学习中，教师抓住新旧知识之间的联系和区别，充分调动学生运用旧知识去分析新问题，通过自己的思考，主动地学习新知识。运用该种方法，既可以巩固旧知识，又能使学生对新知识的理解由浅到深、由简单到复杂，循序渐进；同时有利于用知识体系来启发学生思维，促进学生对新知识的理解和掌握。

案例展示

相似三角形的判定定理

本节课是九年级下册第二十七章“相似三角形”第二节的第一课时，是在学习了第一节相似多边形的概念、比例线段的有关概念及性质，并具备了有关三角形中位线和平行四边形知识后，研究三角形一边的平行线的判定定理。通过本节课的学习，还可培养学生实验、猜想、证明、探索等能力，对掌握分析、比较、类比、转化等思维的培养有重要作用。因此，这节课在本章中有着举足轻重的地位。

教学目标分析：

知识与技能目标：理解相似三角形的概念，能正确地找出相似三角形的对应边和对应角；掌握相似三角形判定定理的“预备定理”。**过程与方法目标**：通过探索相似三角形判定定理的“预备定理”的过程，培养学生的动手操作能力，以及观察、分析、猜想和归纳能力，渗透类比、转化的数学思想方法；利用相似三角形判定定理的“预备定理”进行有关判断及计算，训练学生的灵活运用能力，提高表达能力和逻辑推理能力。**情感态度和价值观目标**：通过实物演示和电化教学手段，把抽象问题直观化，激发学生学习的求知欲，感悟数学知识的奇妙。通过让学生主动探究、合作交流，在学习活动中体验获得成功的喜悦。

教学重、难点：

教学重点：相似三角形判定定理的“预备定理”的探索。**教学难点**：相似三角形判定定理的“预备定理”的有关证明。**突破难点的关键**：通过实物展示，使学生的观察更为直观；通过学生的主动探究、自主总结的形式加强对知识点的理解。

教学过程：

……

题目：已知：两个等边三角形$\triangle ABC$和$\triangle A'B'C'$，其中$AB=A'B'$，试判断这两个三角形的关系。

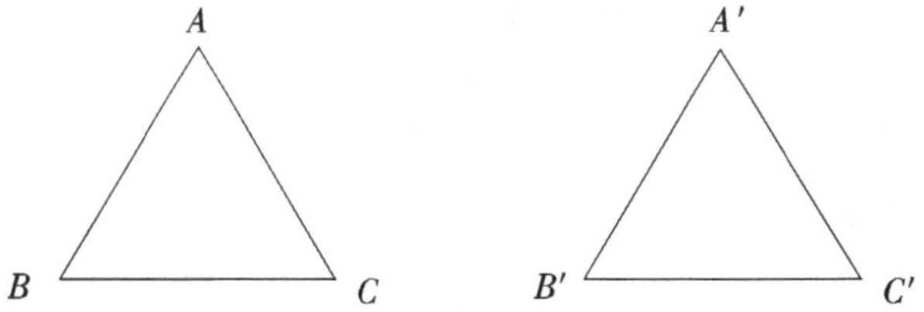

图 3－4

师：我们来看上面这道练习题，已知条件中给了我们这两个三角形的等量关系$AB=A'B'$，现在我们就思考如何从这个等量关系中找出两个三角形的关系。我请一位同学来回答。

生1：根据全等三角形判定定理：角边角公理。因为$\angle CAB=\angle C'A'B'$，$\angle ABC=\angle A'B'C'$，$AB=A'B'$，所以，$\triangle ABC\cong\triangle A'B'C'$.

师：很好，我们看到两三角形是等边三角形，所以他们的内角都是60°，因此，我们可以用角边角定理判定它们是全等三角形。那还有没有其他方法呢？

生2：根据全等三角形判定定理：边角边公理。因为 $BC=B'C'$，$\angle ABC=\angle A'B'C'$，$AB=A'B'$，所以，$\triangle ABC\cong\triangle A'B'C'$.

师：嗯，非常好。（对学生表示肯定）这个同学换了另一个角度，从边角边定理来判定两个三角形全等。那其他同学有没有其他看法？

生3：根据全等三角形判定定理：边边边公理。因为 $BC=B'C'$，$AC=A'C'$，$AB=A'B'$，所以，$\triangle ABC\cong\triangle A'B'C'$.

师：嗯，这个同学直接从三边相等的等量关系入手，十分快捷，很好。同学们，看来大家对之前学习的全等三角形判定定理的知识掌握得不错，现在我们改变练习题中的一个已知条件，将 $AB=A'B'$ 改为 $A'B'=2AB$，那现在两个三角形又有什么关系呢？还是全等吗？（带领学生通过图形平移，把 $\triangle ABC$ 移到这个位置，然后观察两个三角形）

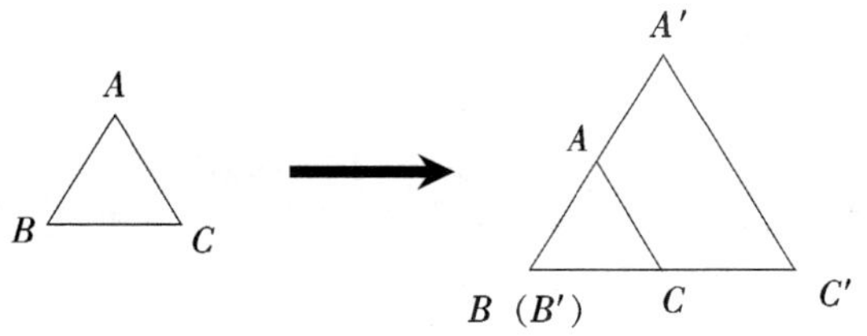

图3－5

生：它们是相似三角形。

师：对了，他们就是我们上节课刚认识的相似三角形。但是，这只是我们的猜想，我们又该如何去严格证明我们的猜想呢？（停顿）同学们，回想之前的练习题，我们用全等三角形判定定理判定两三角形全等。同样地，对于相似三角形，我们应该也有自己的判定定理吧？而且，我们也学习过，全等三角形与相似三角形有什么联系呢？

生：全等三角形是相似三角形的特殊情形。

师：嗯，没错，既然全等三角形是相似三角形的特殊情形。那能不能通过类比，从特殊到一般，借助全等三角形判定定理来推出相似三角形的判定定理呢？我们知道是可以的，而关键就在于如何类比、推理。

……

教学赏析：该教学片段选自九年级下册第二十七章“相似三角形”第二节的第一课时。相似三角形在初中平面几何中占相当重要的地位，且定理多，学习难度相对较大，教学中，教师可借助之前学习的旧知识（全等三角形判定定理），通过类比，导入相似三角形判定定理的新内容。因此，在教学的开始，教师找准旧知识，从“旧的”过渡到“新的”，从“已知的”拓展到“未知的”，既巩固了旧知识，又为新知识作了铺垫。

四、故事导入法

故事是学生最喜欢的一种文字语言，它通过丰富的想象，让学生去经历某件事情、了解某个结果。所谓的故事导入，就是将学生难以理解的、不容易掌握的知识，融入故事中，让学生在倾听喜爱的故事的同时解决难题、掌握知识。数学本身就是一门比较枯燥的学科，如何将数学课堂变得生动有趣，是每一位数学教师不断努力探究的问题。倘若在我们的数学课堂中，将无声的数学演绎成鲜活的故事，学习的注意力必定比平时集中，从而也能产生更多的智慧。

案例展示

有理数的乘方

本节课是七年级上册第一章“有理数”第五节的第一课时，学生是在学习了有理数的加、减、乘、除运算的基础上来学习的，它既是有理数乘法的推广和延续，又是后继学习有理数的混合运算、科学记数法和开方的基础，起到承前启后、铺路架桥的作用。

教学目标分析：

知识与技能目标：让学生理解并掌握有理数的乘方、幂、底数、指数的概念及意义；能够正确进行有理数的乘方运算。**过程与方法目标：**在生动的情境中让学生获得有理数乘方的初步经验；培养学生观察、分析、归纳、概括的能力；经历从乘法到乘方的推广过程，从中感受转化的数学思想。**情感态度和价值观目标：**让学生通过观察、推理，归纳出有理数乘方的符号法则，增进学生学好数学的自信心。经历知识的拓展过程，培养学生探究的能力和动手操作的能力，体会与他人合作交流的重要性。

教学重、难点：

教学重点：有理数的乘方、幂、底数、指数的概念及其相互间的关系；有理数乘方的运算方法。**教学难点：**有理数的乘方、幂、底数、指数的概念及其相互间的关系的理解。**突破难点的关键：**利用多媒体教学，使课堂生动、形象又直观，能激发学生的学习兴趣；采取由浅入深的启发诱导，随着教学内容的深入，让学生一步一步地跟着动脑、动手、动口，在合作交流中培养学生学习的积极性和主动性，使学习方式由“学会”变为“会学”。

教学过程：

师：同学们，在上新课之前，老师先给大家讲一则小故事——《误解与乘方》，这是老师在阅读英语周刊时看到的，现在把它翻译成中文：Andy，一位居住在洛杉矶的中国人，一天早上，他很早就去市场买菜了，回来的10分钟之内，他用英语告诉了他的两个邻居，他说“There's a bum（乞丐）in the market.”意思就是说“菜市场有一个乞丐”。之后他没有再告诉其他人了。但是这两个邻居同样在之后的10分钟之内每人又分别告诉了另外的两个人。不过他们都是这样说的“There's a bomb（炸弹）in the market.”不用我说，大家都知道是什么意思了吧。（停顿2秒）对了，他们都说成了“市场上有一颗炸弹”。所以如此下去，4小时之后就传遍洛杉矶这个有千万人口的大城市。那天早上，几乎就没有人再去市场买菜了。因为乞丐和炸弹在英语中的发音是一样的，所以就导致了这样的误解。那么请同学们注意，故事中说10分钟之内，一个人只传给两个人，如此下去，4小时，就能传遍一个千万人口的大城市。那么大家觉得4小时真的能传遍千万人吗？（停顿2秒）这个故事有可能是真的吗？好，请同学们带着这个问题一起来看。（引导学生用算式表示：10分钟之内传给了几个人？20分钟内传给了几个人？30分钟内传给了几个人？50分钟内几个人？100分钟内呢？）

师：大家觉得这样写麻不麻烦？

生：麻烦，太麻烦了。

师：那么表示这种相同因数相乘的乘法有没有一种简化的形式呢？（停顿一秒，但学生不知道，立即引起学生回想以前学过的知识）

（通过类比正方形面积公式和正方体体积公式，得出如果有n个a相乘，把a写出来，然后把n写在a的右上方并板书出来）

师：那我们看一下这里24个2相乘可以怎么写？

生：把2写出来，然后再把24写在2的右上方。

师：对了，那么通过计算器的计算，24个2相乘结果等于16 777 216，而当时洛杉矶的人数是1 690万人，这个故事有没有可能发生？

生：有。

师：对，所以这个故事，其实蕴含了我们今天要学习的一种新的运算——有理数的乘方，接下来我们一起来学习有理数乘方的具体定义。

……

教学赏析：该教学片段选自七年级上册第一章“有理数”第五节的第一课时。学生在小学阶段已经学过了如何求一个正数的平方与立方，而且又刚刚学完有理数的加、减、乘、除运算。因此，在教学的开始，教师由“误解与乘方”这个学生感兴趣的故事入手，在故事中通过创设“4 小时真的能传遍千万人吗”这个问题情境，这样一方面能够调动学生的主观能动性，另一方面通过让学生解决问题、探索规律、大胆猜测，培养学生的归纳能力，同时又让学生感受到了数学符号的简洁美。

案例展示

中位数与众数

本节课是八年级下册第二十章“数据的分析”第一节“数据的代表”中的一个课时。在此之前，学生已经学习了平均数的概念和算法，因此它是以“平均数”为基础进行延伸教学，又着力于平均数、中位数、众数三者的比较和合理应用，这样，中位数和众数两个概念的掌握就是教学的主要内容。

教学目标分析：

知识与技能目标：通过具体实例，理解中位数和众数；会求一组数据中的中位数和众数；能够解释结果的实际意义。**过程与方法目标**：通过探究生活中的数学问题的学习过程，运用说一说、比一比、议一议的活动，深入地理解中位数、众数的意义，能够在具体情境中选择合适的统计量表示数据。**情感态度和价值观目标**：在解题中感受生活中数学的存在，体验数学充满探索和创造；使学生感受统计在生活中的无处不在，增强统计意识，进一步渗透统计意识。

教学重、难点：

教学重点：理解中位数与众数的概念；会求一组数据的中位数与众数。**教学难点**：能够求出合适的统计量来表达实际问题中的重要信息。**突破难点的关键**：通过直观、图示、动画让学生充分感知；以学生为主题进行探究，巩固和深化新知。

教学过程：

师：同学们好，上节课我们认识了数据代表中的平均数，那么这节课我们来学习一种新的数据代表。在上新课以前，我们先来听一个故事：有一天，小明在电脑广告上发现一条招工启事（见图3-6），看完广告信息之后，小明就去面试了。面试时，小明问经理："你们公司员工收入怎么样？"经理回答他说："我们这里员工收入很高，周平均工资500元，你在这里要好好地干！"面试第二天，小明就去上班了，可是一周后，小明又找到了经理，他说："你欺骗了我，我已经问过公司所有的同事了，没有一个人每周工资超过500元的。"经理听了摇摇头，他说："我没有骗你啊，我们公司员工的周平均工资确实是每周500元，不信，你可以看工资表！"小明拿到工资表以后，立刻进行计算，他计算发现，如果把全体员工的工资放在一起再计算平均工资的话，公司员工平均工资确实是每周500元，可是他心里面又很不服气，他认为啊，平均工资并不能客观地反映公司员工的实际收入情况，因此公司的广告招工信息有欺诈的行为。于是，一气之下，他把大亨公司告上法庭。在法庭上，大亨公司聘请了金牌大律师，他说："平均数作为数据的代表，在计算平均工资的时候当然要把全体员工的工资放在一起计算，而由工资表的数据计算可以证明我公司的广告信息没有任何欺骗行为。"小明选的是自我辩护，他说："既然公司招的是普工，广告信息当然要用普工的工资，只有用普工的工资才能客观地反映公司员工的实际收入情况啊！"听到这里，法官感到十分为难，他认为双方说得都有道理。那么现在，老师就请同学们一起走进故事中，说说看，如果你是法官的话，你会怎么判，你们会判小明赢呢，还是大亨公司赢呢？

> **招工启事**
>
> 我公司因扩大规模，现需招若干名员工，我公司员工收入很高，周平均工资500元，有意者请于2012年12月1日到我处面试。
>
> 大亨公司

图3-6

（通过故事引导学生回答：如果把全体员工的工资放在一起计算平均工资，以平均工资来代表像小明一样的普工的收入情况的话，是很不公平的）

师：那老师再问一个问题，同学们看了工资表以后，认为是应该用平均工资作为代表反映公司员工实际收入情况的数据呢，还是用普工的工资作为代表公司员工收入情况的数据？

同学们：普工的工资。

> 师：很好，大家都认为是用普工的工资。那么我们看，数据表中普工的工资，它在数据表中并不是平均数，那它在数据表中是一个怎样的身份呢？
>
> ……

教学赏析： 该教学片段选自八年级下册第二十章“数据的分析”第一节“数据的代表”中的一个课时。在此之前，学生已经学习了平均数的概念和算法，且教学对象性格活泼，对新鲜事物充满兴趣，在教学的引入过程中适当选用有趣的故事，既能够吸引学生的注意力，又能够激发学生求知的欲望，使学生一开始就以精神饱满的状态进入新课程的学习。因此，在教学的开始，教师选用了一个有趣的故事，要求学生根据工资表选出最能够反映公司员工实际收入情况的数据，这是一个典型的应用样本众数估计总体众数的事例。通过故事，既能够让学生很好地体会到利用众数解决问题的合理性，又能体现众数的作用和意义。

五、数学史导入法

数学史导入，是指教师在开展教学活动前，利用数学史上的一些故事、趣闻、名人名题等来创设生动幽默、富有人情味和鼓动性的问题情境，去激发学生的好奇心，从而唤起学生的求知欲，使学生能够积极主动地投入到即将开始的数学学习与探究活动中去。

众所周知，数学是研究空间形式和数量关系的科学，是刻画自然规律和社会规律的科学语言和有效工具。与其他学科的知识相比，数学是一门历史性或者说积累性很强的学科。长期以来，数学课堂教学的概念就是教师耐心地讲解本节课的知识点，学生认真地听。这种传统的课堂不利于学生思维的发展和思维能力的培养，更不利于学生视野的开阔与学习兴趣的培养。因此，在课程改革中，数学史导入被看作是理解和学习数学的一种有效方法，数学史对揭示数学知识的来源和数学发展的规律、激发学生的学习兴趣都有着不可替代的作用。

案例展示

消元——二元一次方程组解法

本节课是七年级下册第八章第二节的第一课时。在此之前学生已经学习了二元一次方程（组）和二元一次方程（组）的解等概念，通过本节课的学习，学生将会使用消元法对二元一次方程组进行求解。

教学目标分析：

知识与技能目标：会用代入法解二元一次方程组；初步体会解二元一次方程组的基本思想——“消元”；通过对方程组中的未知数特点的观察和分析解方程。**过程与方法目标：**明确解二元一次方程组的主要思路是“消元”，从而促成由未知向已知转化，培养学生观察能力和体会化归思想；通过用代入消元法解二元一次方程组的训练，及选用合理、便捷的方法解方程组，培养学生的运算能力。**情感态度和价值观目标：**通过研究探讨解决问题的方法，培养学生的交流意识与激发探究精神。

教学重、难点：

教学重点：用代入消元法解二元一次方程组。**教学难点：**探索如何用代入消元法将“二元”转化为“一元”。**突破难点的关键：**设置恰当情景，激发学生的探索兴趣；采用自主、探究、合作交流的教学方法，归纳出二元一次方程组消元法的解题步骤，加深学生对代入消元法的理解。

教学过程：

师：同学们，大家知道孙子吗？孙子除了是一位军事家、哲学家之外，对数学也非常有研究。有这么一个典故，在春秋时期，有一个小村庄，一位村民养了很多鸡和兔。有一天，他突发奇想，想让别人也知道他养了多少的鸡和兔，所以就在笼子前立了一个非常醒目的牌子，上面写着：今有鸡兔同笼，上有35头，下有94足，问鸡兔各几何？（在学生不得其法时，进一步引导）通过我们上节课的学习，大家想一下，我们能不能通过建立“二元一次方程组”来解决这个数学难题呢？

生：可以（学生恍然大悟），设鸡 x 只，兔 y 只，可列出：

$$\begin{cases} x+y=35 \\ 2x+4y=94 \end{cases}$$

师：非常棒，那么我们应该怎样求出这一个二元一次方程组的解呢？（停顿）我们已经学过了怎样求一元一次方程的解，大家思考一下，我们能不能把这个二元一次方程组转化为我们学过的一元一次方程来求解呢？（停顿）也就是把方程中的2个未知数转化为1个未知数。答案是肯定的，这也就是我们今天要学习的消元法。（板书：§8.2.1 消元——二元一次方程组解法）

……

教学赏析：该教学片段选自七年级下册第八章第二节的第一课时。在此之前，学生已经学习了二元一次方程（组）和二元一次方程（组）的解等概念，从学生现有的知识水平看，学生已经能够根据实际问题，找出等量关系，列出二元一次方程组。根据维果斯基的“最近发展区”理论，教师除了应当着眼于学生的现有水平，还必须为学生提供带有难度的内容，这样可以调动学生的积极性，发展其潜能。因此，在教学的开始，教师由孙子巧解“鸡兔同笼”这个著名的数学趣味题导入，可以通过榜样的力量去感染学生，增强学生学习数学的毅力，接着让学生试着用已学的知识来解决问题，这样可以让学生体会从未知到已知、陌生向熟悉转化这一重要的化归思想，同时也非常自然地导出本节课要学习的内容——消元法。

六、游戏导入法

游戏导入法就是通过与新知识有关的课堂游戏而导入本节课主题的方法。心理学家弗洛伊德指出：游戏是由愉快原则促成的，它是满足的源泉。好玩是中学生普遍的特性。数学游戏融知识性、趣味性于一体，是一种极好的益智活动，深受学生喜爱。用游戏作为新课的开头，能集中学生的注意力，调动学生的积极性，让学生最大限度地参与到学习活动中去。

案例展示

随机事件与概率

本节课是九年级上册第二十五章“概率初步”第一节的第一课时。学生已初步体会了事件发生的可能性的意义，学生能按事件发生的可能性对事件进行分类，会对简单事件发生的各种可能性进行统计，本节课将在此基础上进一步让学生通过实例认识事件发生的可能性大小的意义，了解事件发生的可能性的大小是由事件发生的条件来决定的，从而为下节课学习概率意义及其计算作好认知铺垫。

教学目标分析：

知识与技能目标：了解随机事件、必然事件、不可能事件的概念；正确理解事件 A 出现的频率的意义；理解概率的概念和意义，明确事件 A 发生的频率 $f(A)$ 与事件 A 发生的概率 $P(A)$ 的区别与联系。**过程与方法目标：**通过学生自主实验、归纳、总结来收获新知，感受数学与实际生活密切相关的重要性，激发学生用数学知识来解决实际问题的兴趣，以及提高动手操作的能力。**情感态度和价值观目标：**让学生体验从身边得到数学规律的成就感，在解题中感受生活中数学的存在，体验数学的探索性和创造性。增加学生合作学习交流的机会，让学生积极参与到数据的收集、分析、整理与描述的数学活动中，在体会概率意义的同时感受与他人合作的重要性。

教学重、难点：

教学重点：事件的分类；概率的统计定义以及和频率的区别与联系。**教学难点：**理解概率中的一些性质；用概率的知识解释现实生活中的具体问题。**突破难点的关键：**设置恰当情景，激发学生的探索欲望；通过学生自主探究的活动形式加深对知识点的记忆。

教学过程：

师：同学们，老师现在手中呢，有红、黄、白三个乒乓球，这三个乒乓球除了颜色不一样，它们的大小形状都相同。现在，请问同学们，你们喜欢哪种颜色的球呀？

（有的同学喜欢红球，有的同学喜欢黄球，还有的同学喜欢白球。于是用这三个乒乓球来做一个游戏：把这三个乒乓球放入这个空盒子里，摇一摇，然后请一个同学上来摸出一个球，看是不是他想要的那种颜色的球）

师：有谁愿意上来玩这个游戏呀？

生：我！我！

师：小明同学，你喜欢什么颜色的球呢？

小明：我喜欢黄球。

师：好，那现在请你闭着眼睛摸出一个乒乓球。

（小明没摸到）

师：嗯，有点可惜呀，小明摸出了一个红球，可能他有点紧张。不过没关系，同学们，我们再给小明一次机会好不好？

生：好！

师：好，那老师再给你一次机会，让你再摸一次，那第二次你可要加油哦！

（小明摸到）

师：很好！这一次你终于拿到黄球了。我们把掌声送给小明，请小明同学回到座位。同学们，刚才小明同学第一次摸到红球，第二次才摸到他喜欢的黄球。那我们想想为什么第一次摸不到而第二次摸到了呢？如果继续摸下去，还会不会摸到黄球呢？换句话说，他每一次摸球，能不能事先确定摸到哪个颜色的球啊？

生：不能确定，因为可能摸到红球，可能摸到黄球，还可能摸到白球。

师：也就是说，当盒子里有一红一黄一白三个乒乓球，从中摸出一个黄球这样的事情是可能发生，也可能不发生。（再请小强同学上来摸球，变换条件不让他看到，后来他每次都摸到黄球）

师：小强同学，你知道为什么大家这么肯定你会一直摸到黄球吗？同学们，你们来告诉小强同学，这是怎么回事呢？

生：盒子里只有黄球！

师：对了。小强同学，你看！我在盒子里装的都是黄球，所以你每次都能摸到黄球。也就是说，在盒子里全是黄球的情况下，摸出黄球是一定会发生的。（再变换一次条件，不让摸球的学生看到，后来学生怎么都摸不到黄球）

师：同学们，你们来告诉他，这次能不能摸到黄球啊？

生：不能，因为盒子里全是白球。

师：啊，对了。小强同学，盒子里没有黄球，你又怎么可能摸到黄球呢！我们来分析刚才最后一种情况，刚才最后的条件是盒子里有什么颜色的球呢？

生：全都是白球。

师：嗯，在盒子里全都是白球的条件下，摸出黄球会不会发生啊？

生：一定不会发生。

师：噢，同学们，通过刚才的游戏，以及我们对三种情况的分析，我们发现，对于摸出黄球这个同样的事件，它在不同条件下发生的可能性却截然不同。有的可以确定是否发生，而有的却不能确定。具有如此奇妙特征的事件其实在我们生活中还有很多很多。而在数学中，我们又是如何去严格定义具有这样特征的不同事件呢？这就是我们今天要学习的新内容。（板书：§25.1.1 随机事件与概率）

……

教学赏析：该教学片段选自九年级上册第二十五章“概率初步”第一节的第一课时。学生已初步体会了事件发生的可能性的意义，学生能按事件发生的可能性对事件进行分类，会对简单事件发生的各种可能性进行统计，而对于如何用数值来刻画可能性大小这样较为抽象的代数问题，如果直接导入就比较枯燥而且难懂。因此，在教学的开始，教师通过摸球的游戏导入，寓教于乐，乐中求教，可以大大提高学生的学习兴趣，活跃课堂气氛，同时使学生在游戏中更深刻地理解概率这样抽象的概念。

七、悬念导入法

悬念导入是利用一些违背学生已有观念的事例或互相矛盾的推理造成学生的认知冲突，并且平息这种冲突的导课方式。古人云：“学起于思，思源于疑。”在导入中巧设悬念，容易激发他们的好奇心和求知欲，使其思维处于一种兴奋状态，产生一种非弄清不可的探究心理，对培养他们的数学兴趣、纠正旧知识中不正确的理解、建立新旧知识的内在联系具有很好的作用。但这种导课方式需要教师备课时精心设计、周密准备，对课堂上将会发生的事有充分准备，这样方能在实际教学中运用自如、引导贴切，不致使学生人云亦云、一头雾水。

案例展示

有理数的乘方

本节课是七年级上册第二章第六节的内容，乘方是有理数的一种基本运算，是在学生学习了有理数的加、减、乘、除运算的基础上来学习的，它既是有理数乘法的推广和延续，又是后续学习有理数的混合运算、科学记数法和开方的基础，起到承前启后、铺路架桥的作用。

教学目标分析：

知识与技能目标：理解并掌握有理数的乘方、幂、底数、指数的概念及意义；能够正确进行有理数的乘方运算及简单运用。**过程与方法：**在生动的情景中让学生获得有理数乘方的初步体验；加强学生观察、分析、归纳、概括的能力；经历从乘法到乘方的推导过程，从中感受转化的数学思想。**情感态度和价值观目标：**让学生经历观察、推理，归纳出有理数乘方的符号法则，增强学生学好数学的自信心；让学生经历知识的拓展过程，加强学生的探究能力与动手操作能力，体会与他人合作交流的重要性。

教学重、难点：

教学重点：有理数乘方的意义及运算。**教学难点：**理解有理数乘方中幂、指数、底数的概念及其相互间关系。**突破难点的关键：**采用多媒体辅助教学，目的是使课堂生动、形象又直观，从而更好地激发学生的学习兴趣；启发诱导、实践探究；以问题的提出、问题的解决为主线，倡导学生主动参与教学实践活动。

教学过程：

……

[教师在黑板上写下一大串数字："149162536496481100121144"（由1至12的平方数组成）]，然后故意说："降低点难度，就写这些位吧。"写完后马上提问："哪位同学能在30秒内记住这个24位数字？现在开始计时。"

话音刚落，一部分学生开始背这串数字，很快教室就被一片背数声所淹没。这时教师又故意催促时间。

生1：这么多位，这么能在30秒内记住？

生2：这个数字一定有什么规律，快找。（这位学生的判断马上博得了大多数同学的肯定，但是大家找不到，30秒很快过去，当然，全班没有一个学生在规定时间内记住这个数字。）

师：刚才有的同学说这个数字一定有规律，说得很好，这个数字确实有规律，按照这个规律我还可以继续写下去，而且能够无穷无尽地写下去，你们想不想知道这个规律？想知道的话就请同学们和我共同来学习这节课的内容。

……

教学赏析：该教学片段选自七年级上册第二章第六节的内容。学生在前面已经学习了有理数的加、减、乘、除运算，开始对计算感到枯燥，对所学内容缺乏兴趣。因此，在教学的开始，教师巧设悬念，使学生产生一种急切期待的心理，激起学生探究的浓厚兴趣，而兴趣是一把开启学生思维之门、让学生尽情发挥创造力的金钥匙，此时教师加以指导，略加点拨，使学生处于兴致最高涨的状态，智慧的火花就会随之点燃。

八、实验导入法

实验导入是指设置以实验为主的多种探究活动进而导入的一种导课方

式。新课程标准强调丰富学生的学习方式，自主探究、动手实践、合作交流等都是学习数学的重要方式。从开展数学实验中创设情境导入，不仅使学生体验到科学研究的过程，营造数学思维和数学创新的良好氛围，更有利于激发学生学习数学的兴趣，强化科学探究的意识，促进学习方式的转变，培养学生的创新精神和实践能力。

案例展示

三角形内角和

本节课是七年级下册第七章第二节第一课时，是一节概念课，三角形的内角和定理揭示了组成三角形的三个角的数量关系，此外，在它的证明中引入了辅助线，这些都为后继学习奠定了基础，三角形的内角和定理也是几何问题代数化的体现。

教学目标分析：

知识与技能目标：在情境教学中，通过探索与交流，逐步发现“三角形内角和定理”，使学生亲身经历知识的发生过程，并能进行简单应用。能够探索具体问题中的数量关系和变化规律，体会方程的思想。通过开放式命题，尝试从不同角度寻求解决问题的方法。教学中，通过有效措施让学生在对解决问题过程的反思中，获得解决问题的经验，进行富有个性的学习。**过程与方法目标：**通过拼图实践、问题思考、合作探索、组内及组间交流，培养学生的逻辑推理、大胆猜想、动手实践等能力。**情感态度和价值观目标：**在良好的师生关系基础上，建立轻松的学习氛围，使学生乐于学数学，遇到困难不退缩，在数学活动中获得成功的体验，从而增强自信心，在合作学习中增强集体责任感。

教学重、难点：

教学重点：探索“三角形内角和定理”的实践操作和几何证明；会运用三角形的内角和定理初步解决几何中的简单计算问题。**教学难点：**三角形的内角和定理的证明方法（添加辅助线）的讨论。**突破难点的关键：**采用“问题情境—建立模型—解释、应用与拓展”的模式展开教学，激发学生的探索欲望；采用对话式、尝试教学、问题教学、分层教学等多种教学方法，归纳出三角形内角和定理，加深对组成三角形的三个角的数量关系的理解。

教学过程：

师：前面我们已经认识了三角形（板书：三角形），请大家回忆一

下，三角形按角分类有哪些呢？（学生边说教师边板书：锐角三角形、直角三角形、钝角三角形）

（接着让学生拿出自己事先准备的三角板，在小组内讨论每个三角板上三个角的度数）

师：（进一步引导）三角板三个角度数和是多少呢？我们这节课一起来研究有关三角形内角和的知识。（板书补充课题：内角和）看到这个课题，你们有什么问题想提吗？（接着学生提出了一些自己的问题，教师经过整理后和学生讨论）

师：我们先来解决第一个问题：什么是三角形的内角？（三角形内的三个角，分别叫作三角形的内角）

师：第二个问题：三角形的内角和指的是什么呢？（同桌相互说一说）

1. 师拿出两个三角板（如图 3－7 所示），问：它们是什么？

生：直角三角板。

师：请大家拿出自己同样的两个三角尺，根据刚才同学说的三个角的度数，求出这两个直角三角形的内角和。

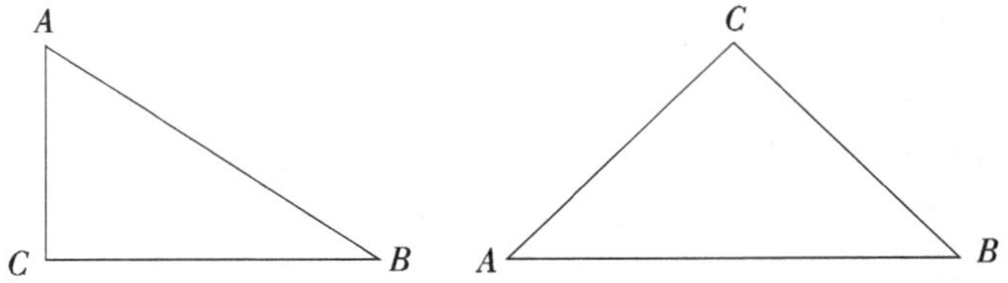

图 3－7

学生们能够很快求出每块三角尺的 3 个角的和都是 180°。

师：其他三角形的内角和也是 180°吗？

2. 师：同学们能通过动手操作，想办法来验证自己的猜想吗？请同学们拿出准备好的三种（直角三角形、钝角三角形、锐角三角形）三角形，在小组内选出一种三角形先测量出每个角的度数，再算出它们的内角和，把结果填在下表中（见表 3－2）：

表 3－2

三角形的名称	∠1	∠2	∠3	内角和的度数
锐角三角形				
直角三角形				
钝角三角形				

……

教学赏析：该教学片段选自七年级下册第七章第二节的第一课时。该学段学生已经掌握了三角形的概念、分类，熟悉了锐角、直角、钝角、平角这些关于角的知识，也可能有部分学生已经知道三角形的内角和是180°，但“知其然不知其所以然”。所以本节课的重点不在于了解，而在于验证和应用，让学生动手实践，激发学生的兴趣，同时发展学生的空间观念和思维能力、解决问题的能力。因此，在教学的开始，通过由学生自己去实验、自己去总结、自己去迁移，在学习活动中理解数学知识，积累学习方法和思维方法，体验自主学习的快乐和成功。

课堂教学导入的设计并没有固定的方法，要根据教学目标、教学内容、教学环境、教学主体决定导入方案。爱因斯坦说过：“兴趣是最好的老师。”课堂导入若能引起学生的兴趣，将使学生对本节课所授内容产生强烈的求知欲望，对落实教学目标将起到一定的保证作用，因此课堂导入对一节课的成败起着不可低估的作用。做好课堂导入，需要教师认真钻研新课标，经常反思自己的教学，努力学习，提高自己的素质，勇于创新，不断探究、摸索并付诸实践，这样才能做好导入上好课，使新课标理念真正得以落实。

第四节　数学教学导入技能实施策略

数学教学中的导入方法是多种多样的，教师在运用时要从多角度去思考，根据每节课的需要，灵活选择导入方式。只有这样，才能使导课充满吸引力，抓住学生的思维。“导”无定法，贵在得法，教师在授课时，应该先从数学课堂教学的主要环节“导入”上去巧妙构思、精心设计，以真正做到教师善“导”，学生能“入”。

一、导入方法的选择

导入的设计首先要根据本节课的内容和重点而考虑所选择的类型与方法，同时还要考虑学生的认知特点、知识水平以及学校现有的设备条件，以学生的思维特点为中心选择最佳的导入方法。

例如，在“代数式的值”（七年级上册第一章）的教学片段中：

师：同学们是不是都喜欢游戏？下面我们来玩一个小游戏。请坐在老师左手边的同学任意想一个数（不能为0），将这个数加上本身，结果再乘以本身，结果再减去本身，结果再除以本身，告诉你的同桌你算出的最后结果，看谁能在30秒内猜出同桌想的数是什么？（学生兴致勃勃地听着规则）

几乎没有同学能在30秒完成，甚至有的还一脸茫然，觉得老师故意刁难他们……

师：现在请3位同学起来报上自己最后的结果，老师能马上猜出你想的数是什么。

生1：15。

师：8。（生1点头）

生2：57。

师：29。（生2点头）

生3：109。

师：55。（生3竖起大拇指）

（学生欢呼鼓掌，佩服不已！）

师：其实老师是这样完成猜想的：设学生想的数是 x，那么有 $\frac{(x+x)\ x-x}{x}=2x-1$，从而有 $x=\frac{\text{最后的结果}+1}{2}$，就是你们想的“任意”一个数。

生：（全体学生恍然大悟）

这样设计符合初中生的年龄特点，用字母表示数，是学生学习生涯中第一次从具体到抽象的全面跨越。在经历了数不清的具体计算和表示后，一下子通过字母表示，用一个“式”就代表了几乎无穷的具体算题，而且抽象的“式”与具体的“题”之间，经由代入求值又紧密地联系在一起，使学生意识到这一点是代数教学中一个重中之重。这样设计使学生知道随着“代入”的不同，同一个“式”可以产生多个值，知道具体与抽象之间的关系。

二、素材的准备

依据所确定方法的要求准备素材，选择素材的标准是必须适合教学内容。教师可以通过查找资料，或请教有经验的老教师从而获得必需的素材，还可以自己动手编制一些材料。

例如，在“有理数的乘方”（七年级上册第一章）的教学片段中：

> 师：大家知道我国最高的山峰——珠穆朗玛峰有多高吗？
>
> 生：8 844.43 米。
>
> 师：现在有一张厚度为 0.1 毫米的纸，大家猜一下对折多少次就可以达到珠峰的高度？
>
> （学生都认为这是不可能完成的）
>
> 师：看来大家还不知道乘方的魔力，其实只需要对折 27 次就能达到珠峰的高度了。（可能有学生会有疑惑）你相信吗？今天我们就一起来学习“有理数的乘方”，看看它到底有多大的能耐！
>
> ……

这样导入新课使学生在学习有理数乘方运算的同时，又丰富了对数的认识，培养了他们的数感。

三、导入语言的组织

语言是思维的外表，是交流思想的工具，是表达内容的形式。对教师来讲，语言是从事数学课堂教学的基础条件，是完成教育教学任务的重要手段，是最重要的基本素质之一，除此之外，语言教学还是一门艺术。考虑语言艺术的前提是语言的准确性、科学性和思想性。同时，还要考虑可接受性，不能单纯地为生动而生动。所以，设计导入要根据导入方法的不同，考虑采用不同的语言艺术，精心编排所需素材，同时选用合适的表达语言。

1. 导入语言应通俗易懂

例如导入选择直观演示、动手操作或借助实物、标本等方法时，教师的语言应该是通俗易懂的，而且是富有启发性的。无论是对实物演示的说明，还是对学生操作的指导或借助实物的讲解，教师都应该选用恰当的词句，准确简洁地表达出教材的内容，说明直观的作用。运用这样的语言能启发学生思维，吸引他们的注意力，调动学习积极性，使学生从中发现规律，很好地探求新知识。

例如，在“简易方程”（五年级上册第四章）的教学片段中：

师：同学们，现在天平处于平衡状态。（演示在天平的左盘里放30克和20克两个砝码，右盘里放着50克的砝码）这说明天平左右两个盘里的砝码重量是相等的，用式子表示就是？

生：$30+20=50$。

师：它是一个等式。

师：现在老师把30克的砝码拿掉，换上一个不知道重量的小铁块，设重量为 x 克，这时右盘里要换上一个100克的砝码，天平才能平衡，用等式表示便是 $x+20=100$，这是含有未知数的等式，我们把这种含有未知数的等式叫方程。（板书：简易方程）

这样导入新课，能突出组成方程的必要条件“等式、未知数”，有利于学生理解、掌握知识。

2. 导入语言应准确严密、逻辑性强

例如导入选用审题或联系旧知识的方法时，教师的语言应该清楚明白，而且逻辑性强。特别是在讲授一些容易混淆的重要概念时，语言的准确是十分重要的。严密准确的语言，有助于学生“由此及彼”、“由表及里”地去推想，便于学生正确地掌握新教材的内容，提高数学课堂的教学效果。

例如，在“消元——二元一次方程组解法”（七年级下册第八章第二节）的教学片段中：

师：有没有同学能把这个二元一次方程组 $\begin{cases}x+y=35\\2x+4y=94\end{cases}$ 的解求出来？

生：（全体学生思考）

师：我们已经学过了怎样求一元一次方程的解，大家思考一下，我们能不能把二元一次方程组转化为我们学过的一元一次方程来求解呢？也就是把方程中的2个未知数转化为1个未知数。这种把方程中的2个未知数变为1个未知数的方法，就是我们今天要学习的消元法。（板书：§8.2.1 消元——二元一次方程组解法）

3. 导入语言应富有启发性

例如导入采用巧设悬念的方法时，教师的语言应该富有启发性，发人深思。这样的语言能激发学生思考，活跃他们的思维，调动他们学习数学的兴趣。

例如，在“有理数的乘方”（七年上册第一章）的教学片段中：

师：老师手中有一张约为0.083毫米的纸，对折三次，厚度不足1毫米，对折50次你们估计有多高？

生：10厘米、20厘米、3米、5米……

师：（故作神秘）它的高度可以让你们顺着它爬上月球！

学生们露出难以置信的表情，接着教师列出算式0.08×2^{50}，大部分学生急于验证。

这样的设计，给学生留下悬念，调动了他们对有理数乘方的求知欲，增加了学生听课的兴趣。

四、教学手段的选择

结合所讲课题，考虑采用的教具和使用公式，如图表、实物、模型、投影幻灯片、音像等。

例如，在“勾股定理”（八年级上册第二单元）的教学片段中，在教学的开始，教师选用一个动态模型，让学生通过直接观察得到猜想，使抽象的知识具体化、形象化，为学生构架由形象到抽象过渡的桥梁。（见第三节直观导入中案例）教师选用多媒体辅助教学，既形象又直观，能够迅速激发学生学习的兴趣。通过这样一个特例，让学生对勾股定理有一个感官上的认识，再引导学生继续往下证明。整个教学过程，既能够很好地培养学生的直观力，又能激发学生继续往下学习的兴趣。

五、所用知识的确定

要考虑已有知识的提问深度、讲解程度，所学知识的拓展、提示的范围、新旧知识的衔接点、已有各种知识的联结点、学生认知结构中的生长点和触发点等。

总之，数学课堂导入的设计，要以创设自然、真实、和谐的课堂探究环境为第一要务，在学生的情感体验与思维冲突中激发学习热情；在体验过程中落实双基、发展能力的同时，培养学生自主探究的能力。数学教学中，再好的“导入规划”也要灵活地“具体操作”，要在数学课堂教学中探究新“生成”的思路，不断完善自己的导入设计，让学生在自然和谐的状态中保持有效的学习。

实践与思考

1. 谈谈数学课堂导入技能在课堂教学中的作用。

2. 在讲授“勾股定理”时，不少老师倾向于首先让学生动手操作，通过三角形的摆放获得直角三角形三边之间的关系，你如何看待这种导入方式？你会通过什么方式导入？

3. 在生活中存在哪些不等现象？有哪些现象可以反映“不等式的传递性”？请选择其中的某些不等现象，设计方案导入“不等式的传递性”。

4. 有人说与其花时间用于课堂导入，还不如把精力用于探讨教学的核心内容，不要用花里胡哨的导入分散了学生对核心知识的注意力。你如何看待这个观点？

第四章

数学教学演示技能

演示是教学中常用的一种用媒介传递相关知识信息的教学方式，通常被称为演示法或演示教学法，是教师组织教学活动的一种基本技能。通过演示，用直观的方式说明实物的特征和复杂的发展变化过程，能使学生获得感性认识，提升学习效率。

例如，在“数轴”（七年级上册第一章第二节）的导入教学片段中：

师：同学们，有一条自西向东的笔直马路，上面有个汽车站，汽车站东 3 米和 7.5 米处分别有一棵柳树和一棵杨树，汽车站西 3 米和 4.8 米处分别有一棵槐树和一根电线杆，请同学们用几何元素把它们表示出来。

（学生开始画图）

师：（等同学们画完后）很多同学都会把马路抽象画成直线，那这些东 3 米和 7.5 米，西 3 米和 4.8 米都在这条线上，所以有理数对应的点可以表示在直线上。通过刚才的操作，我们总结一下，在一条直线上表示有理数的点，这条直线必须具备什么条件？

生：原点、单位长度、正方向。（看书得出）

师：具备这些特点的直线我们把它称为数轴。

传统意义上的灌输式教学方式（如上述案例中的），很大程度上是把相关理论知识塞给学生就算新课讲解完毕。这样不仅显得课堂枯燥，而且不利于学生循序渐进地接受新知识以及更好地理解新知识。因此，教师在教学过程中应适当采用演示教学法，帮助学生（特别是低年级学生）经历知识的生成过程，使他们更加深刻地理解所学知识。

“数轴”这一课，让学生认识数轴以及理解数轴上的点表示有理数是一个重点。教师在上述案例的教学中很快地给学生抛出数轴，硬塞知识给学生，这样学生并不能真正理解数轴的意义。那么是不是有更好的教学方法可以让学生慢慢接受数轴呢？答案是肯定的。例如，我们可以采用温度计进行实物演示教学，让学生经历从实物感知迁移到理解抽象数学知识的过程，这样不但激发了学生的探索精神，同时也让数学课堂充满了趣味性。

第一节 数学教学演示技能运用的目的

一、提供丰富直观的感性材料

中小学生的生活经验相对比较匮乏，对抽象知识的理解通常还需要借助外界事物，他们的感性认识是相对有限的，但感性认识是学生掌握书本知识的重要基础。为了保证教学的效率与系统性，教学中需要利用具体直观的感性材料来支持教学。捷克教育家夸美纽斯在论述科学教育法时提出：“凡是需要知道的事物，都要通过事物本身来进行教学；也就是说，应该尽可能地把事物本身或代替它的图像放在前面，让学生去看看、摸摸、听听、闻闻等。”这样，“知识一经获得，便永远得以记住”。

教学中运用直观演示手段，通过演示把所学知识与现实生活中的事物联系起来，能够让学生直观感受事物的特点，亲自获得具体的直接经验，丰富感性经验，减少掌握新知识尤其是抽象知识的困难感。

例如，在“图形的认识”（一年级下册第四单元第一课时）的教学片段中：

> 教师可以在课堂上向学生展示生活中的方形茶叶盒、圆柱形杯子、足球等物体，再由这些物体，总结出其图形特点，展出具有相同特点的模型，学生就能很快理解什么是长方体、什么是球体。

生活中丰富的材料，给学生在视觉上带来感性的认识，这种认识可以很快被大脑接受，形成直观的认识，为有针对性的数学知识的接受与理解打下坚实的基础。

二、培养观察能力和思维能力

思维是各种能力的核心，课堂教学要重视培养学生的思维能力。人的思维发展是从形象到抽象的，中小学生的思维正在由具体形象性向抽象逻辑性发展，在这一过程中，教师要通过有效的教学来引导学生的思维进行转变，很大程度上得借助演示教学中的具体、直观的感性材料。通过教学演示，能直观、生动地把某些自然规律与事物特点展现在学生面前。通过教师指导学生对有关事物、现象、规律进行观察、分析、思考、抽象和概括等思维加工，并从中解决教学中的新知识，从而培养学生的观察能力和思维能力，同时开发学生的潜能，减轻学生的疲劳程度，让学生保持高昂的学习情绪。

例如，在“数轴”（七年级上册第一章第二节）的教学片段中：

教师利用生活中的温度计，让学生观察不同温度导致温度计上刻度线显示的变化、零上零下温度的区别，以及温度计上刻度线的意义，由温度计的设计原理联系到数学中的数轴，进行对比引导，学生就能很快接受、理解数轴的概念以及数轴的原点、正方向、单位长度三要素。

这样，学生就能经历由具体形象的事物迁移到数学上抽象的概念的认知过程，在思维上循序渐进，使思维得以顺利转换。

三、激发学习兴趣，使注意力集中

教学中精心设计的演示，常以特有的生活情境感染、打动学生，这样能扣住学生的心弦，激发学生强烈的求知欲，引起他们的浓厚兴趣，集中学生的注意力。中国先秦教育家孔子说：“知之者不如好之者，好知者不如乐之者。”可见兴趣是最好的老师。学生发现原来数学也来自于生活，数学知识的学习也可以由身边的事物获得后，就能消除对数学一直以来都存在的神秘感及其所带来的距离感，进而爱上数学。

注意力是开启心灵的门户，只有引起注意才能够产生意识。一般情况下，学生会把注意力集中在教学过程中所采用的新颖有趣的演示上，这时，就能自然而然地引出新知识的学习。

例如，在“轴对称图形”（八年级上册第十二章第一节）的教学片段中：

教师可以向学生展示大自然中的或身边的各种各样美丽且对称的图片，学生被美丽的图片吸引后，教师再问学生这些美丽的图片都有什么共同的几何特征。随后教师通过对图片进行折叠演示，让学生知道图形的左右两边是可以重合的，教师再引出对称的概念。这样学生就能从生活现象中体会出有针对性的数学知识。

四、深化学生对知识的理解

学生在感兴趣、注意力集中的情况下进行学习，能很快地领悟并掌握新知识。且这些知识在学生脑海中的形成过程是充满趣味性的，是通过视、听、触摸等感官来学习的，这样的学习过程使得“知识一经获得，便永远得以记住”。

例如，在“对顶角的图形”（七年级数学下册第九章第四节）的教学片段中：

其两个角具有公共顶点，并分别在顶点的两侧，这些特征都容易被学生掌握，而其中一个角的两边是另一个角的两边的反向延长线这一特征就常常被忽略。教师在教学中，可制作一个活动的对顶角的模型，并将两个角放在顶点的两侧，然后分别移动一个角的两边，使它们分别成为另一个角的两边的反向延长线，从而构成对顶角的模型。通过这样的演示，学生就不会忽略对顶角的这一重要特征了。

教师只有明确演示目的，才能在教学设计中适当运用演示技能，改善教学方式，提高教学水平。

第二节　数学教学演示技能运用的原则

一、目的性原则

每一项教学演示都应有明确的目的，这样才利于突出重点，讲清难点，培养学生的观察能力和思维能力，增强课堂教学的效果。在利用实物、模型、图形、多媒体等进行演示时，教师要向学生提出观察演示的要求，使学生自觉地选择性服从于演示的目的、任务，从而有意识地去注意它们，尽量地去把握所演示事物的本质属性，而不被其中一些有趣的、刺激性强的次要部分所吸引。

例如，一些教师在“对称图形”（二年级上册第五单元）的教学片段中：

> 利用图片和视频演示，在美妙的钢琴曲《梁祝化蝶》的选段中导入，并让学生欣赏“碧草青青花盛开，彩蝶双双久徘徊”的优美画面，接着向学生提问：蝴蝶有什么特点？学生兴奋地回答，“蝴蝶真漂亮”，“蝴蝶一只红色，一只黑色”……（不知不觉宝贵的黄金十分钟就过去了）

不可否认，这个教学设计看起来是赏心悦目的，但是充斥了很多与教学内容无关的因素，与对称图形知识的学习相去甚远，所以演示时应时刻注意演示的目的究竟是什么，避免形式化。

二、直观性原则

演示过程要注意科学性，紧密配合课堂教学内容，选择的演示要直观，让学生能快速由演示内容的感知联想到对应的数学知识。同时演示必须准确、能说明问题，不要选择一些跟所讲内容相差很多的事物进行演示，否则学生理解会出现偏差。

例如，某女教师在“长方体”（五年级下册第二单元）的教学片段中的演示：

教师选取了生活中自己用的装有各种化妆护肤品的包装盒子进行实物演示，这样的盒子虽然能直观看出是长方体，但是盒子五颜六色，多种品牌的字样反而成了学生的焦点，吸引了学生的大部分注意力，影响了教学效果。

三、鲜明性原则

各种教具演示或者多媒体示范必须形象鲜明，便于观察，易于理解。教师要及时指导学生客观、全面、准确、有序地观察演示的过程和结果。演示现象要让每个学生都能观察清楚，如事物的特点、模型的展示，有需要读数的时候，可选用播放屏幕投影的方式，也可以直接采用视频演示，尽量照顾到全班。

例如，在“简易方程”（五年级上册第四单元）的教学片段中：

教师演示在天平的左盘里放30克和20克两个砝码，右盘里放着50克的砝码，告诉学生这时天平处于平衡状态。说明天平左右两个盘里的砝码重量是相等的，有式子表示 $30+20=50$，它是一个等式。现在把30克的砝码拿掉，换上一个不知道重量的小铁块，设重量为 x 克，这时右盘里要换上一个100克的砝码，天平才能平衡，用等式表示便是 $x+20=100$，而这是含有未知数的等式。此时告诉学生：像这种含有未知数的等式叫作方程。

这样的实物演示，无疑能帮助学生很鲜明地得出方程的概念，但是，天平的示范并不是每个学生都能看得清，这样，看不清的学生自然无法真正感受，所以要想演示的效果作用在每个学生身上，可以采用投影示范，或者制作成课件进行多媒体演示。

四、规范性原则

演示过程必须规范、正确、安全、可靠，使学生获得完整、正确的印象，这就要求教师在进行演示时，必须清楚相应步骤、顺序。学生在观看演示时，由于缺乏经验，往往不分主次，盲目观察，以致影响演示的效果。因此，在组织学生观察时，要指导他们由整体到部分，再由部分到整体，即先要对事物有一个整体的、大致的认识，然后再观察它们的各个组成部分，最后观察部分与部分、部分与整体之间的联系。对一些连续性的事物或活动，更要引导学生有步骤、有顺序地去观察。

例如，在“椭圆”（高中数学 A 版选修 1－1）的教学片段中：

课前准备足够的线绳，上课后在适当时间把线绳分给学生，让学生用该线绳设法画一个圆，并叫一同学上讲台示范，然后教师在这根线绳的两端各系一根铁钉，再把铁钉设法固定在黑板上（两铁钉间距小于该线的定长），用粉笔将线绳绷紧绕两定点作圆周曲线运动，此时粉笔在黑板上画出一条封闭的曲线（椭圆）。通过对比两种图形的异同，并对后一种作图过程加以分析，便可以得出“椭圆”的定义。

在这个教学过程中，教师有计划、有目的地一步一步引导学生进行作图，很熟练地引导学生画出了椭圆。虽然本节课准备的东西不多，但是在画椭圆的整个操作中，若教师对椭圆的画法不熟练、作图过程不规范，必会导致学生对椭圆的认识出现偏差，也会浪费教学时间。

五、简单性原则

教学中演示的内容要简单，使用要方便，尽量符合教学时间的安排。教师对多媒体、实物、模型的演示要提前做好准备，以便上课时能辅助教学顺利进行。情境、实验的安排也要步骤清晰，否则在课堂上准备的时间会过长，也会让学生坐等太久，结果会使学生的精神状态从兴奋到抑制，容易挫伤学生的学习积极性。

例如，在“圆的概念”（九年级上册第二十四章第一课时）的教学片段中，一位教师是这样展开的：

师：圆形的东西大家接触很多，同学们能举出哪些圆形实物的例子？

生：硬币、圆盘等都是圆形的。

师：那么具有什么性质的图形叫作圆呢？（学生由于没有掌握圆的本质，处于一种困惑的心理状态）

师：同学们拿出上节课老师叫大家准备的圆规，试试看谁会用圆规在纸上画出一个圆来。我这里同样有一个圆规，谁上来试试？

（学生跃跃欲试，教师指定一位学生到黑板上画圆，其余学生在纸上自己完成）

师：请大家总结一下，画圆时要注意哪几个问题？

学生讨论，教师进行归纳，得出结论：

（1）圆规两脚之间的距离不变；

（2）一只脚的端点不动；

（3）另一只脚的端点围绕不动的脚的端点做尽可能的移动。

师：根据以上三点画出来的图形具有什么特性呢？

……

像这样，教师简单地利用圆规让学生参与到演示的过程中，使整个演示围绕本节课所揭示的概念的内涵进行展开，形象直观。

第二节　数学教学演示技能的类型与方法

演示技能是教师在课堂教学中，根据教学内容特点和学生学习的需要，通过对实物、模型、标本、图画图表、录像等的展示，以及实际的表演、情境和实验操作为学生提供感性材料，以指导学生观察、分析、归纳的一种教学行为。这种技能运用各种教学媒体传递教学信息，使学生通过直观感知材料，理解和掌握数学知识，增强信息交流效果，扩大认知通道，提高课堂教学的效率。根据所演示内容的不同，一般将演示技能分为随手教具演示，实物演示，挂图、图片演示，情境演示，模型演示，实验演示，多媒体演示。

一、随手教具演示

随手教具是指那些无须专门购买和精心准备，在教室、办公室或家庭里随处能找到，不必特殊制作即可用于教学的物品。随手教具与正规教具相比有明显的优点，它经济简便，不必花经费去买，不必花很多时间和精力专门准备，操作也非常简单；它可以使知识还原于生活，使学生感到生活中处处皆学问，促使学生用数学的视角审视每时每刻遇到的生活问题；随手教具可以使教学内容变得生动有趣、直观形象，更有可能使知识长存于学生的记忆中。

使用随手教具时应注意几个问题：

（1）随手教具虽然不必教师在课前花很多时间和精力专门准备，但有时一些日常生活用品并不适合直接做教具，应该加以修整和加工，如将硬纸板剪成几何图形。

（2）平时要多留意日常物品，发现其用作教具的可能性。要想将随手教具运用得得心应手，光靠课堂上的灵机一动是不可能的。随手教具的使用看似随意，实则包含着教师的深思熟虑。运用何种教具，教师在课前就应该心中有数，表面上看似乎没做准备，实际上是“有备而来”。

（3）启发学生运用随手教具来说明或演示学习内容。学生上课前不一定会对教学内容有太多的理解，也不会想到要用某种物品去演示教学内容。但教师是应该有准备的，教师可通过启发的方式帮助学生在普通物品与教学内容之间建立联系。

案例展示

正方体的认识

本节课是五年级下册第三章“长方体和正方体”第一节“长方体和正方体的认识”的第二课时，是让学生在初步认识了正方形的基础上，进一步研究正方体，这是学生比较深入地研究立体几何图形的开始。通过本节课的学习，学生对立体图形的认识会更加完整。

教学目标分析：

知识与技能目标：掌握正方体的特点；掌握正方体与长方体之间的关系；能根据正方体的特征解决有关问题，培养学生初步的空间观念和空间想象力。**过程与方法目标：**经历观察正方体、触摸正方体、归纳正方体特征的活动过程，体验迁移类推、归纳概括的学习方法。**情感态度和价值观目标：**通过对正方体与长方体特征的共性与个性的认识，渗透“矛盾的对立与统一”观点。

教学重、难点：

教学重点：掌握正方体的特征，理解正方体和长方体的关系。**教学难点：**建立立体图形的概念，形成表象。**突破难点的关键：**通过观察实物和动手操作等教学活动，使学生掌握正方体的特征，理解长方体和正方体之间的关系，发展学生的空间观念。

教学过程：

……

师：同学们，我们上节课学习了“长方体的认识”，我们一起回顾一下长方体有什么特征呢？

生：6 个面、12 条棱、8 个顶点，面的形状是长方形或正方形，每组互相平行的四条棱的长度相等。

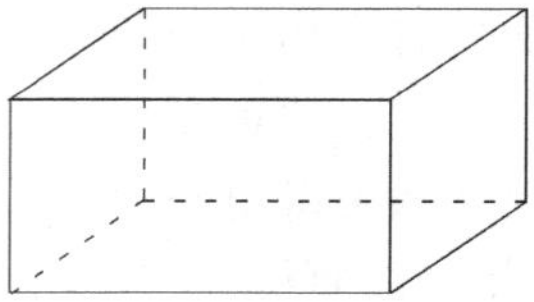

图 4－1

师：以上是长方体的特征及相关知识。现在同学们来看一下，这个粉笔盒具有什么图形特征呢？（随手拿起桌上的粉笔盒）

生：正方体。

师：那你们知道正方体有什么特征吗？这节课我们就来学习正方体的特征。（板书课题：正方体的认识）

师：同学们一起看看这个正方体的粉笔盒。它有几个面、几条棱、几个顶点呢？我们可以一起来数一下。（数粉笔盒的面、棱、顶点）

师：所以正方体（如图 4－2 所示）同样有 6 个面、12 条棱、8 个顶点。那它的面又是什么形状呢？

生：都是正方形。

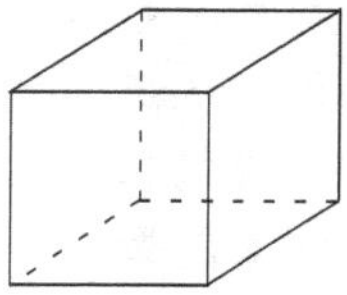

图 4－2

师：那这 6 个正方形的面积有什么特点？

生：相等。

师：12 条棱的长度呢？

生：都相等。

师：对，我们发现正方体有 6 个相等的正方形面，12 条相等的棱，8 个顶点。

……

教学赏析：该教学片段选自义务教育课程标准实验教科书五年级下册。五年级学生由于知识经验相对贫乏，思维以具体形象为主，往往只善于记忆事物的外部特征，掌握知识之间的外部联系。因此，为了使学生理解好正方体的图形特点，教学中需要借助直观物体或模型进行演示教学。在教学过程中，教师直接用粉笔盒来讲解正方体的特征，不仅让学生直观了解了正方体的特点，也让他们知道，生活中处处有数学知识。随手的粉笔盒，无须特别制作，直观形象，使用方便。

二、实物演示

实物演示是教师从生活中的实物入手，通过生活中具体的实物类比引入，抽象概括出数学中的概念，引导学生直观感知事物，从而把生活中的事物转化为数学知识，把所教知识转化为具体化的教学技能。

在教学过程中，实物演示的目的是使学生充分感知教学内容所反映的主要事物。为了使学生的观察更有效，教师在恰当地使用演示技能的同时，还要用简洁的语言引导和启发学生的思维，使其更好地掌握所观察的内容。具体来说，这类演示要注意实物的演示与语言讲解是否结合恰当。教师把实物展示给学生后，不作讲解只让学生自己观察的做法是不正确的；在学生观察时，教师滔滔不绝地进行详尽的讲解，不给学生留下思考的余地，同样也是不可取的。

案例展示

数 轴

本节课是七年级上册第一章“有理数”第二节的第二课时，主要是在学生学习了有理数概念的基础上，从标有刻度的温度计表示温度高低这一事例出发，引出数轴的画法和用数轴上的点表示数的方法，初步向学生渗透数形结合的数学思想，以使学生借助直观的图形来理解有理数的有关问题。数轴不仅是学生学习相反数、绝对值等有理数知识的重要工具，还是以后学好不等式的解法、函数图像及其性质等内容的必要基础知识。

教学目标分析：

知识与技能目标：使学生理解数轴的三要素，会画数轴；能将已知的有理数在数轴上表示出来，能说出数轴上的已知点所表示的有理数，理解所有的有理数都可以用数轴上的点表示；能够准确画出数轴，在数轴上表示出相应的有理数以及在数轴上读出点所表示的有理数。**过程与方法目标：**使学生受到把实际问题抽象成数学问题的训练，逐步形成应用数学的意识；对学生渗透数形结合的思想方法。**情感态度和价值观目标：**使学生初步了解数学来源于实践，反过来又服务于实践的辩证唯物主义观点。

教学重、难点：

教学重点：正确掌握数轴画法和用数轴上的点表示有理数。**教学难**

点：有理数和数轴上的点的对应关系。**突破难点的关键**：采用启发式教学法和师生互动式教学模式；通过板书和练习中的图形，向学生提供更多的活动机会和空间。

教学过程：

……

师：同学们，大家看一下老师手上是什么？（手拿温度计进行提问，有利于吸引学生的注意力）

生：温度计。

师：假期的时候老师带着这个温度计自己驾车到国内的各个城市去旅游。从广州出发一路向北，请看 PPT 上的图片，它们分别是老师经过三个不同城市时温度计的素描图，同学们看一下温度计显示各城市的温度是多少度？（PPT 展示温度计素描图，如图 4 – 3 所示）

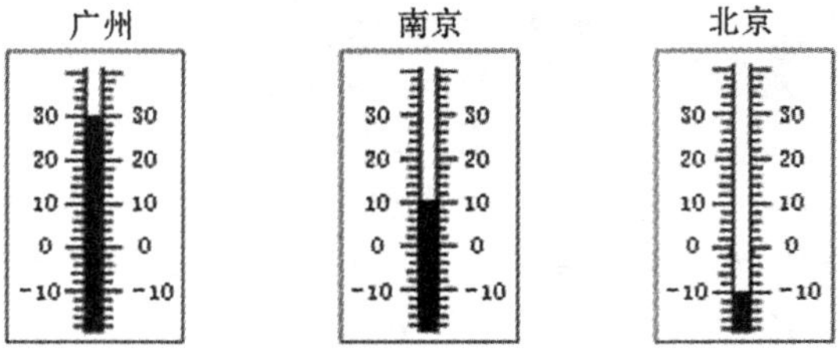

图 4 – 3

生：广州 30℃，南京 10℃，北京 –10℃。

师：从广州到哈尔滨的漫长旅途中，温度计的水银柱是一直在往下降，也就是说越往北，温度就越低。我们现在来大胆假想一下，如果老师继续往北走，走到了冰天雪地的北极，大家都知道北极是一个极冷的地方，那里的温度有时候有 –50℃，同学们觉得用这个温度计能把北极的温度给测出来吗？

生：不能。

师：对，不能，这个温度计的最低温度只有 –20℃。

师：那如果我们要测出北极的温度，老师需要找人专门去生产出一种温度计出来。现在老师要请同学们帮忙把这种温度计的图纸先给画出来，画的时候可借助一些简单的几何元素。（让学生进行动手操作，自己体验数轴的形成过程）

师：老师看到同学们已经画得差不多了，现在停下手中的笔，跟着老师一起来把这个温度计模型给设计出来。首先，我们可以用一条直线来代表这个要设计的温度计，那同学们看一下，这个温度计的温度从下往上是不断地增加的，所以我们用一个向上的箭头来代表温度增加的方向。

师：我们来再看一下这个已知的温度计，同学们来看一下这条直线上还需要增加什么呢?

生：还要有刻度。

师：对。我们看一下，有一个刻度，它划分了零上的温度和零下的温度，这是什么刻度呢?

生：零刻度。

师：对，它是一个刻度分界点。现在我们在这条直线上先把这个零刻度画出来。接下来我们看一下，我们要表示的－50℃的这个刻度又在哪里呢?我们先来观察一下这个已知的温度计，10℃是在零刻度的上方，而－10℃是在零刻度的下方。那现在有没有同学可以告诉我－20℃到零刻度的距离与－10℃到零刻度的距离有什么关系呢，－30℃到零刻度的距离跟－10℃到零刻度点的距离又有什么关系呢?（请同学回答）

小李：－20℃到零刻度的距离是－10℃到零刻度的距离的两倍，然后－30℃到零刻度的距离是－10℃到零刻度的距离的3倍。

师：所以我们说的－50℃到零刻度的距离就是－10℃到零刻度的距离的?（在回答正确的基础上，进一步提问）

小李：5倍。

师：很好，请坐。刚刚小李同学说了－50℃到零刻度的距离是－10℃到零刻度的距离的5倍。而我们知道－10℃到零刻度的距离跟10℃到零刻度的距离是相等的，所以在这个温度计上，我们可以规定10℃是这个温度计的基本测量单位，而其他的温度都是它的倍数关系。所以我们在这条直线上只要画出10℃刻度所在的位置，那其他的温度刻度是不是都可以画出来了。

生：是。

师：好，那现在老师就把它画出来了，一个完整的温度计模型已经被我们设计出来了。大家要注意的是，因为这是一条可以无限延伸的直线，所以它不单单可以把－50℃给表示出来，它还可以表示100℃甚至更高或者更低的温度。

同学们，刚刚在设计这一个温度计模型的过程中，其实有一个重要的数学概念已经从我们手上出来了。这个重要的概念就是我们今天要学习的新的知识——数轴。（板书）现在老师只要把这个竖直向上的温度计模型平放过来，就可以得到我们数学上的数轴。我们一起来回忆一下刚刚画这个模型的几个关键点，我们在数轴上重新给他一个名字。首先我们刚刚所说的零刻度分界点，我们在数轴上把它称为原点。（板书）而温度增加的方向，我们在数轴上规定用一个向右的箭头来表示，它叫作正方向。（板书）而刚刚所说的10℃这样的基本测量单位在数轴上我们把它叫作单位长度。（板书）一般地，为了表示更多的数和更小的数，我们在数轴上常取单位长度为1。这就是我们这节课所要学习的数轴的三个重要的要素——原点、正方向还有单位长度。

……

教学赏析：该教学片段选自义务教育课程标准实验教科书七年级上册第一章第二节。华罗庚曾说过，对数学产生枯燥乏味、神秘难懂之感的主要原因就是脱离实际。而实物演示具体、直观、可感，有利于丰富学生的感性知识，从而可以帮助学生理解和体验间接知识。因此，在教学过程中，教师抓住该学段的学生形象思维能力较强的特点，采用温度计进行实物演示教学，让学生大脑中浮现出一个比较直观的数轴模型，有助于他们理解数轴的知识。实物演示遵循了数学教学从生活中来到生活中去的生活化原则，不仅能激发学生的学习兴趣，也能增强学生在生活中的问题意识，让他们学会在生活中发现数学知识。将一个具体的实物温度计经过抽象概括为一个数学概念数轴，让学生初步体验一个从实践到理论的认识过程，有助于学生更好地接受新知识。

案例展示

几何图形

本节课是七年级上册第四章“图形认识初步”第一节“多姿多彩的图形”的第二课时，在小学阶段学生对正方体、长方体、点、线段等几何图形已有了感性认识，而通过本节课的学习，学生再进一步学习平面几何以及立体几何的基础，从而帮助学生建立空间观念，丰富学生对空间图形的认识和感受，对培养观察能力、抽象概括能力有着非常重要的作用。

教学目标分析：

知识与技能目标：通过大量观察生活中的图片、几何模型或实物，体验、感受、认知以生活事物为原型的几何图形，认识一些简单的立体图形的基本特征，能识别这些几何图形。**过程与方法目标：**经历探索平面图形和立体图形的关系，发展空间观念，培养学生观察、分析、抽象、概括的能力，培养动手操作能力；经历问题解决的过程，提高解决问题的能力。**情感态度和价值观目标：**经历从现实世界抽象出几何图形的过程，感受图形世界的丰富多彩，激发对学习空间图形的兴趣，通过与其他同学交流，初步形成积极参与数学活动、主动与他人合作交流的意识。

教学重、难点：

教学重点：识别简单的几何图形。**教学难点：**从具体事物中抽象出几何图形。**突破难点的关键：**采用多媒体辅助教学，激发学生的探索欲望；实验探究、直观演示和模型展示相结合。

教学过程：

……

（开始时教师利用图片演示，从生活中一些建筑和具体物体入手，迅速帮助学生温习以前所学习的简单图形）

师：长方体、正方体、长方形、圆、球体、圆柱等等这些图形都是从形形色色的物体中得到的，而这些图形我们在数学上称它们为几何图形。那如果老师把这些大家熟悉的几何图形分成两类，同学们看一下，老师是依据什么特点把它们分成上下的这样两类的呢？（如图 4－4 所示）（通过 PPT 操作，把图形分成两类，给学生抛出问题，让学生思考这样分有什么依据）

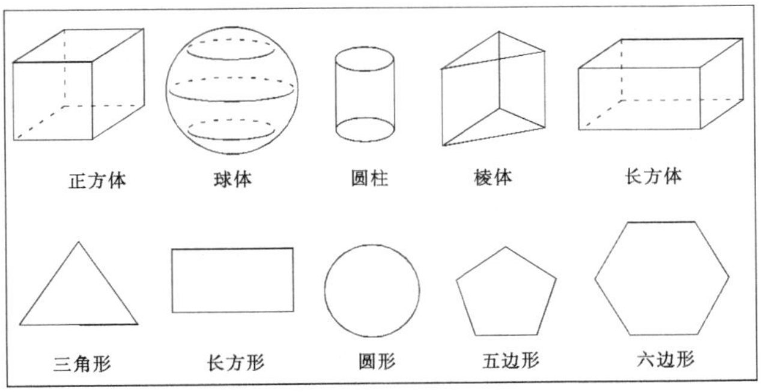

图 4－4

师：我们先不急着回答这个问题，老师今天给同学们带来了一些东西，现在请两位同学上来把它们发给大家。（在学生迷惑时，紧接着出示教师事先准备的实物，让整个教学过程紧凑有条理）

师：好，现在同学们手上都拿到了一个粉笔盒、一支粉笔，还有一些纸板。（简单展示学生手上拿到的物体）那同学们来看一下这些究竟有什么用呢，下面同学们跟着老师一起来探究一下。首先来看一下这个粉笔盒，这个粉笔盒从整体上看它是一个什么图形？

生：正方体。

师：刚刚老师把这个正方体给划分到上面一类了。这个正方体我们知道它有6个面，那同学们现在摸一下自己手上的粉笔盒，感受一下这6个面有没有在同一个平面里面。

生：没有。

师：对，你看这个正方体它有前后左右上下，这些面都在各个平面里面，不在一个平面上。（引导学生对实物进行操作，对正方体的面的特点有感知上的认识）

师：同学们再来看一下，老师手上这颗球是一个球体，很明显地看到这颗球它有多少个面呢？

生：一个。

师：那这个面是平的吗？

生：不是。

师：现在我请小明同学上来感受一下，这个面是不是平的？上来看一下，你前后左右上上下下摸一下这个面，感受感受是不是平的。

小明：不平。

师：不平，好，请回去坐。（请同学上来摸球，通过师生间互动，促进师生间的交流）

师：刚刚小明同学已经感受到这个面它不是一个平的面，它是一个曲的面。同样老师把这个球体放在了上面的一类图形里面。（适当对教学活动进行小结）

师：那现在同学们自己来看一下手中的那根粉笔，你们手上的那根粉笔跟老师这个茶叶盒一样都可以近似地看成什么图形呢？

生：圆柱。

师：那现在看一下这个圆柱又有怎样的面呢？小敏同学回答一下。

小敏：它有两个圆形的面和这个曲的面。

师：那你刚刚通过观察和研究，这个圆柱的三个面有在同一个平面上吗？

小敏：没有。

师：没有，好，请坐。看来小敏同学观察得很仔细。

（让学生自己总结圆柱的面的特点）

刚刚我们研究了上面一类图形，下面我们再看一下下面一类图形，你们手上拿到的纸板就是下面一类图形，分别是什么？

生：三角形、长方形、圆形。

师：同样，同学们来摸一摸，感受感受这些面平不平啊？

生：平。

师：对，这些面都是一个平面，也就是说这些图形它都在一个平面上，通过我们刚刚的探究，现在有没有同学可以告诉老师，上面一类图形跟下面一类图形有什么不同呢？（回顾一开始的问题，让学生通过刚刚的探究总结出结论）

师：小林同学回答一下。

小林：上面一类图形各部分不都在同一个平面内，而下面一类图形各部分都在一个平面上。

师：对，上面一类图形各部分不都在一个平面内，而下面的图形各部分都在一个平面内。上面这一类我们在数学上称它们为立体图形，下面一类称为平面图形。所以说几何图形又可以分为立体图形跟平面图形。（教师总结，点出本节课的重点概念）

师：那平面图形跟立体图形之间有什么联系呢，下面我们再一起来探究一下。

……

教学赏析：该教学片段选自人教版七年级上册第四章第一节。学生在小学阶段已经零零散散地学过一些几何图形，所以作为学生在初中阶段遇到的第一节几何课，这节课既是帮助学生温习知识，也是引导学生走进更为丰富的几何世界的重要一课。在教学过程中，教师抓住七年级的学生形象思维活跃，但也较难以集中注意力等特点，采用大量实物，从视觉上刺激，这样一方面集中了学生的注意力，另一方面让学生在实物感知中学习了几何图形知识。学生由实物的形状联想出几何图形，再在老师的指导下，通过观察、触摸、交流等识别立体图形与平面图形。这样不仅能进一步丰富学生对图形的认识和感受，也能培养学生的空间感知力。

三、实验演示

生动有趣的实验演示可以深入浅出地有效揭示较为抽象的性质，展示事物的复杂过程，并起到事半功倍的效果，能激发学生探索求知的好奇心，活跃课堂气氛，提高学习兴趣，集中注意力。好的演示实验，往往使学生过目不忘，有助于学生牢固地掌握知识，激发学习的主动性和积极性。特别是中学生都充满好奇心和求知欲，对周围事物有强烈的敏感性和认识上的积极性，这正是促发他们主动观察事物、思索问题的内在动力。“兴趣是最好的老师”，兴趣是中学生主动探求知识的推力，利用演示，更能培养学生的数学思维方式。

案例展示

随机事件与概率

本节课是九年级上册第二十五章“概率初步”第一节“随机事件与概率”的第一课时，在此之前学生所学的数学问题，其结果往往是确定的，而从本节课开始就要接触结果不确定的情况——随机事件。它既是概率论的基础，又是生活中存在的大量现象的一个反映。因此，学好它，既能解决生活中的一些问题，也能为今后的学习打下良好的基础。

教学目标分析：

知识与技能目标：了解必然发生的事件、不可能发生的事件、随机事件的特点。**过程与方法目标：**经历体验、操作、观察、归纳、总结的过程，发展从纷繁复杂的表象中提炼出本质特征并加以抽象概括的能力。**情感态度和价值观目标：**学生通过亲身体验、亲自演示，感受数学就在身边，使学生乐于亲近数学，喜欢数学，体会数学的应用价值。

教学重、难点：

教学重点：理解随机事件的概念并掌握随机事件发生可能性的变化规律。**教学难点：**判断现实生活中哪些事件是随机事件；探究随机事件可能性的变化规律。**突破难点的关键：**设置恰当情景，激发学生的探索欲望。

教学过程：

……

师：同学们，圣诞节就要到了，圣诞老人正忙着给大家准备礼物，大家都希望圣诞老人给你们准备什么礼物呢？

生：零食，糖果，玩具，手套，衣服，帽子。（学生你一句我一句各自说出自己想要的礼物）

师：看来大家想要的礼物还不少啊！（适时控制场面，对学生想要的礼物进行总结）那今天，老师就提前来给大家当一回圣诞老人。（教师带上圣诞帽，增加课堂的活泼性）

师：但是今天，圣诞老人没有背着大包小包的礼物，只有手上这一盒五彩幸运球，为什么没有礼物只有这个球呢？因为今天圣诞老人要跟大家来玩一个“摸礼物”的游戏。这里面的红球代表糖果，黄球代表各种各样的玩具，白球代表帽子，还有黑球代表手套。比如你希望圣诞节那一天，圣诞老人给你送上一副手套的话，你就必须从这盒五彩幸运球里面摸出黑色的球，而如果你想要一顶帽子的话，你就必须从这盒五彩幸运球里面摸出白球。好，现在有没有同学想来试一下呢。（进行“摸礼物”游戏的说明，让学生清楚游戏规则，积极参与其中）

师：好，小红同学。你想要什么礼物呢？

小红：玩具。

师：小红同学想要玩具，所以她必须从这个五彩幸运球里面摸出黄球。那同学们觉得她一定能摸得到黄球吗？

生：不一定。

师：同学们都说不一定，那现在小红同学上来试一下。好，请闭上眼睛，不许偷看，来摸一次。摸到的是什么球？

生：黄球。（齐声回答）

师：那再试一下，看一下她是不是真的一定又能摸中呢？（重复实验，体现事件的不确定性）

师：好，摸到的是？

生：黑球。（齐声回答）

师：好，小红同学请回去。刚刚小红同学，想要从这盒五彩幸运球里面摸出代表玩具的黄球，她第一次摸到的是黄球，但是第二次摸到的是黑球。也就是说从这个盒子里面摸出代表玩具的黄球是可能发生也可能不发生的。还有没有同学想要其他礼物呢？小强同学。

小强：我想要一顶帽子。

师：帽子，所以必须要摸到白球。那现在你上来试一下，看一下是不是能摸到白球呢？

生：红球。（重复几次）

（请同学上讲台进行活动，活跃课堂气氛的同时促进师生间交流）

师：好，老师先请小强同学回去。同学们看一下，同样地，刚刚从这盒五彩幸运球里面要想摸到代表帽子的白球，有可能摸得中也有可能摸不中，由于时间关系，我们今天摸礼物的游戏先玩到这里，如果课后同学们还想要其他礼物的话，我们下课再来继续。（适时控制活动的进度，在恰当的时候结束游戏，以便教学的正常进行）

师：同学们，我们回过头来看一下，刚刚从这盒五彩幸运球里面摸出代表玩具的黄球和代表帽子的白球都是可能发生也可能不发生的，而在数学上我们把它称为随机事件。（对刚刚的活动进行总结，让学生在“玩”中学到新知识）

师：那同学们来想一下，有没有什么办法可以让我在盒子里面怎么摸都只能摸到代表玩具的黄球呢？

生：把球都替换成黄球。（部分学生说出答案）

师：把所有的球都换成黄球，现在老师来试一下行不行。老师把这个盒子里的五彩球已经全部换成了黄球，那现在是不是我怎么摸都只能摸到黄球呢？

生：是。（异口同声回答）

师：好，现在老师来试一下。摸到的是？

生：黄球。

师：再来试一下，还是黄球。（多次重复实验）

师：对，也就是说从这个装满黄球的盒子里面怎么摸都只能摸到黄球。要是刚刚小红同学从这个盒子里面摸的话，就怎么样摸都是玩具了。在数学上呢，我们把像这种在黄球里面就只能摸到黄球的事件，称为必然事件。什么叫必然事件呢，也就是一定条件下，必然会发生的事件。（总结必然事件的特点，概括板书必然事件的概念）

师：但是，现在从这个装满黄球的盒子里面要是想摸到小强同学想要的代表帽子的白球有可能吗？（从另一角度发问，引出不可能事件的概念）

生：不可能。

师：大家能够肯定在这个装满黄球的盒子里不可能摸到白球吗？（进一步让学生肯定）

生：肯定。

师：对，我们都知道从装满黄球的盒子里面是不可能摸出白球来的。而在数学上呢，我们把这种在黄球的里面要摸白球的事件称为不可能事件。(得出不可能事件的概念)

师：同学们现在根据必然事件的概念，一起表述一下，不可能事件就是？

生：一定条件下，必然不会发生的事件。（让学生根据必然事件概念自己表述不可能事件的概念，有助于把两个事件进行正确区分)

师：必然不会发生的事件，我们就把它称为不可能事件。不可能事件和必然事件我们把它们统称为确定事件。所以确定事件就是一定条件下，必然会发生和必然不会发生的事件。

师：同学们来看一下这三种事件的概念，它们的前提都是“在一定条件下”，那这个“一定条件”究竟是什么呢？我们回过头来想一下，刚刚我们从这盒五彩幸运球里面摸出黄球，我们说它是随机事件，但是从这个装满黄球的盒子里面摸出黄球，它就是必然事件。同样都是从盒子里面摸出黄球，但是，当它是随机事件时，它的前提是这个盒子里装的是五彩球，当它是必然事件的时候，这个盒子装的是黄球，所以说条件发生了改变，它的事件的可能性就有可能发生改变，所以我们一定要注意这个概念中的“一定条件”。(强调概念中的“一定条件”，引起学生注意)

下面我们将再通过一些例子来看一下哪些是随机事件，哪些是必然事件，哪些是不可能事件。

……

教学赏析：该教学片段选自义务教育课程标准试验教科书九年级上册第二十五章第一节。九年级的学生对新鲜事物比较敏感，但推理能力还有待发展，一定程度上还需要依赖具体形象的经验材料来理解抽象逻辑关系。且随着对学习方法和相应逻辑规则的掌握，他们对学习的自我监控能力有了明显的提高，不仅能根据学习活动的结果反思、调节自己的学习行为，而且能够在学习过程中对学习活动进行监控，以确保学习活动的顺利进行。而元认知的发展更增强了学生学习策略的应用水平，提高了学生学习的针对性和有效性。因此，在教学过程中，教师以圣诞礼物作为切入点，设计了“摸礼物”的活动，通过创设情景以及实物操作让学生能够轻松地掌握所学新知识，也为学生提供了数学活动的机会，促进师生之间的相互交流，让学生在互动教学中能够享受数学学习的快乐。

四、多媒体演示

随着科技的进步，教学手段日益现代化，课堂演示也大量运用幻灯片、录音、录像等现代化的电化教学手段来创设情境。它通过形、声、光、色的相互作用，产生极强的直观效果，使学生眼、耳、口、脑等多种感官参与活动，使教学立体化，引发学生的极大兴趣。教师对抽象的问题进行描述，营造动静结合、化虚为实的教学情境，有利于教学内容的形象化、生动化。

现代教育技术的发展倍受教师关注，教师都越发积极地提高自身素质：熟悉各类电教媒体（光学媒体、音响媒体、声像媒体、综合媒体等）的特点和功能，掌握演示的技能和技巧，并努力参加到软件制作、教学设计中去，不断提高演示技能的水平。

教师在运用多媒体演示时需注意以下三个问题：

（1）目的要明确。教师不能将现代教学手段当作装点门面的东西，而应使其始终服务于教学，在注意多样性的同时不忘服务性、适度性，不可滥用。

（2）要从实际出发，注意时间的可行性。要根据教学任务、教学内容、教学环境及学生自身特点恰当运用多媒体手段，选取合适的计算机软件展示。

（3）课前做好充分准备，克服随意性。教师要不断提高制作、演示课件的能力和简单的维修设备能力。对于需要示范的实验，教师应在课前熟练演示，要能够应付课件演示时的突发情况，从而保证不浪费课堂时间，不影响课堂效果。

案例展示

直线和圆的位置关系

本节课是九年级上册第二十四章“圆”第二节“点、直线、圆和圆的位置关系”的第二课时，直线和圆的位置关系是在学习了点和圆的位置关系的基础上进行的，为后面的圆与圆的位置关系作了铺垫，起着承上启下的作用。

教学目标分析：

知识与技能目标：理解直线和圆相交、相切、相离的有关概念；直线和圆三种位置关系的判定与性质；能运用以上知识解决相关问题。**过**

程与方法目标： 渗透类比、转化、数形结合的数学思想和方法，培养学生实验、观察、猜想、抽象、概括、推理等逻辑思维能力和看图能力。**情感态度和价值观目标：** 在用运动的观点揭示直线和圆位置关系的过程中向学生渗透世界上的一切事物都是变化着的辩证唯物主义观点。

教学重、难点：

教学重点： 直线和圆的位置关系的判定和性质。**教学难点：** 直线和圆的三种位置关系的性质与判定的应用。**突破难点的关键：** 采用自主探究、合作交流相结合的教学方法，并适时利用多媒体电化教学手段。

教学过程：

……

师：这节课我们将在学习了点和圆的位置关系的基础上，进一步探究直线和圆的位置关系。（板书）

师：现在我们一起来欣赏一段动画。（让学生观看海上日出的动画）当太阳还没有升起来的时候，天灰蒙蒙的一片。终于，一轮红日从海平面上缓缓升起，还有海鸥欢乐地飞翔，这是一段迷人的海上日出。（对动画进行适当的讲解，便于学生理解）好，欣赏完美丽的海上日出，老师来问问同学们，图中的太阳我们可以近似地抽象为怎样的几何图形呢？

学生齐声回答：圆。

师：同样地，海平线我们也可以近似地抽象为一条直线，那么我们整个日出的过程就包含了今天所要学习的直线和圆的所有位置关系。现在我们回过头来看一下，当太阳还没有完全升起来的时候，像刚刚所说的，把太阳抽象为一个圆，海平线看作一条直线，我们就可以得到这样的近似图形。（课件演示由太阳海平线抽象为圆和直线的过程）（如图 4－5 所示）

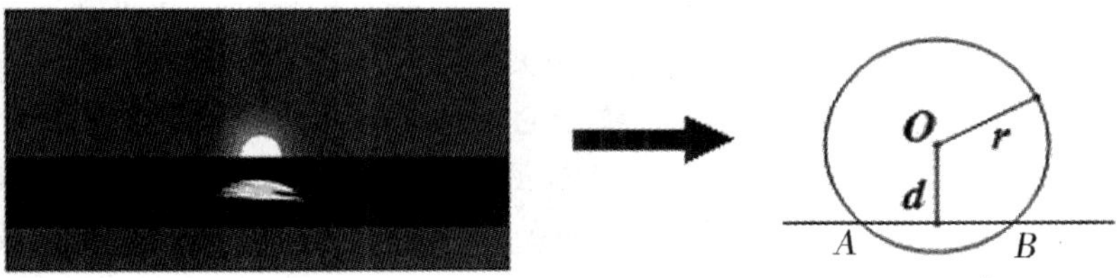

图 4－5

师：现在，直线和圆有多少个公共点呢？

生：两个。

师：对，两个。如图，点 A 和点 B。在数学上我们把直线和圆有两个公共点的这种位置关系称为直线和圆相交。（边板书边讲解）此时，直线和圆公共点的个数为两个。现在我们再来观察一下，假设圆心到直线的距离为 d，圆的半径为 r，d 和 r 哪个比较大？

生：r。

师：对，很明显是 $r>d$ 的，也就是说，直线和圆相交的时候，$d<r$ 的。（板书）同样地，当我们知道 $d<r$ 的时候，我们就可以说此时直线和圆的位置关系为相交。

师：我们的太阳终于整个露出了海平线，现在我们又能将其近似地抽象为怎样的直线和圆的位置关系图呢？很明显，这时我们发现直线和圆只有唯一一个公共点，也就是图上的点 A，这种情况我们称直线和圆相切。（如图 4－6 所示）（板书）（引导学生回答）此时，直线和圆公共点的个数为 1 个。现在有没有同学可以告诉老师，圆心到直线的距离 d 和圆的半径 r 又有怎样的关系呢？（请同学回答）

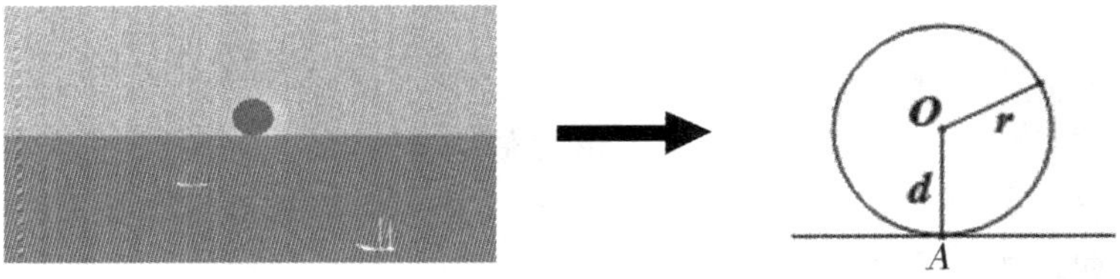

图 4－6

生：相等。

师：这个时候我们很明显地发现 $d=r$. 好，那同样，反过来，当我们知道 $d=r$ 的时候，我们也可以推出此时直线和圆是相切的。

师：太阳慢慢地升了起来，终于它离开了海平线，高挂在空中，这个时候我们有了这样的近似图形（如图 4－7），此时，我们称直线和圆是相离的。（板书）现在同学们根据我们刚刚所学的相交和相切，告诉老师相离时直线和圆的公共点个数为？

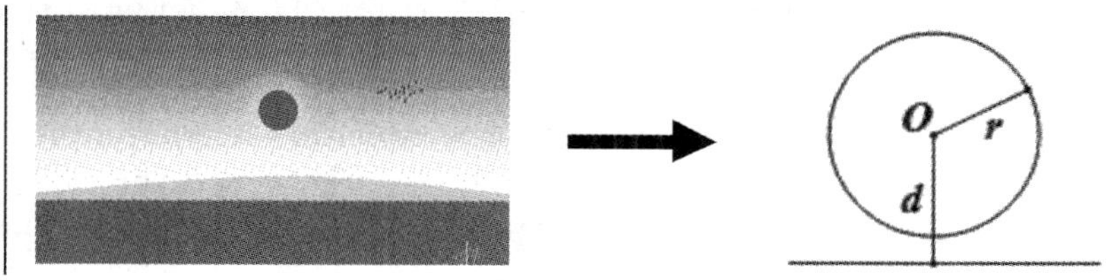

图 4－7

学生齐声回答：0。

师：很好。那现在圆心到直线的距离 d 和半径 r 又是怎样的呢？

生：$d>r$。

师：好，同样地，当我们知道 $d>r$ 的时候，我们就可以确定直线和圆的位置关系为相离。

师：那通过我们刚刚的学习，我们知道直线和圆有三种位置关系，相交、相切、相离，它们对应的公共点个数分别为 2、1、0，圆心到直线的距离 d 和半径 r 的关系分别是 $d<r$、$d=r$、$d>r$。反过来，当我们知道圆心到直线的距离 d 和半径 r 的关系的时候或者知道它们公共点个数的时候，我们就可以区分出这三种不同的位置关系。

……

教学赏析：该教学片段选自义务教育课程标准实验教科书九年级上册第二十四章第二节。该学段的学生抽象性内容的记忆逐渐增强，并开始超过具体形象性内容。由于想象现实性的发展，他们更喜欢描写现实生活的作品。因此，在教学过程中，教师从学生比较熟悉的实际情景入手，通过直观生动的展示演示，让学生能更好地学习这种比较抽象、类型相对较多的知识。选择使用多媒体进行展示讲解，不仅能激发学生的学习兴趣，也能直观地展示直线和圆的位置关系，化抽象为具体，让学生能更好地理解它们之间的关系及其几何特点。这样不仅可以培养学生的学习兴趣，也能培养学生把实际问题转化为数学问题的能力，即分类和归纳的能力。

五、挂图、图片演示

挂图、图片演示是指教师利用挂图或图片向学生展示事物的局部、整体面貌或发展过程的教学技能。挂图是课堂教学中最早使用的一种教学辅助手段。它使用灵活方便，不受地点条件的限制。挂图也是课堂教学中最常用的直观教具，各种和教学内容相关的图片，比如对称图形、几何图形等，都可以展示给学生。

在使用挂图、图片演示的时候要注意以下三个问题：

（1）演示要及时，把握好演示时间。挂图和图片不能在课前就展示给学生，以免分散学生注意力。上课需要用到时再展示到明显的地方让学生观察，使用完毕可取下，这样，学生就不至于被挂图分散注意力，观察时也会有一种新鲜感。

（2）挂图、图片的演示要与语言文字有机结合。教师在演示过程中，可对展示的挂图或图片进行一定的讲解，需要时还要进行板书，不能太过依赖挂图与图片。

（3）挂图、图片的演示要顾及全班。如果直接给出图片，可能无法顾及全班同学的观察，可考虑使用投影放大，或者直接把图片制作成课件，便于学生欣赏和观察。

案例展示

几何图形

本节课是七年级上册第四章“图形认识初步”第一节“多姿多彩的图形”的第一课时，在小学阶段学生对正方体、长方体、点、线段等几何图形已有了感性认识，而通过本节课，学生再进一步学习平面几何以及立体几何的基础，从而建立空间观念，丰富对空间图形的认识和感受，这对培养观察能力、抽象概括能力有着非常重要的作用。

教学目标分析：

知识与技能目标：通过观察生活中的大量图片、几何模型或实物，体验、感受、认知以生活实物为原型的几何图形，认识一些简单的立体图形的基本特征，能识别这些几何图形。**过程与方法目标：**经历探索平面图形和立体图形的关系，发展空间观念，培养学生观察、分析、抽象、概括的能力，培养动手操作能力；经历问题解决的过程，提高解决问题的能力。**情感态度和价值观目标：**经历从现实世界抽象出几何图形的过程，感受图形世界的丰富多彩，激发学生对学习空间图形的兴趣，通过与其他同学交流活动，初步形成积极参与数学活动、主动与他人合作交流的意识。

教学重、难点：

教学重点：识别简单的几何图形。**教学难点：**从具体事物中抽象出几何图形。**突破难点的关键：**采用多媒体辅助教学，激发学生的探索欲望；实验探究、直观演示和模型展示相结合。

教学过程：

……

（板书本节课课题）

师：同学们知道吗，在我们现实世界中有着形态各异、丰富多彩的图形，比如现在映入大家眼帘的是上海的东方明珠塔。（美丽的图片能迅速吸引学生的注意，让学生尽快进入上课状态）同学们，从塔上可以看到什么几何形状的物体呢？

生：球体。

师：对。塔上串联着一个个大小不一、晶莹夺目的球体。

师：我们再来欣赏一下世界八大奇迹之一的意大利罗马圆形斗兽场，这个古老的斗兽场从外形上来看就像一个残缺的什么图形？

生：圆柱体。（齐声回答）

师：还有繁华的广州，看一下，一座又一座极具现代化的高楼大厦拔地而起，而这些高楼大厦，看起来，就像我们数学上一个又一个的什么呢？

生：长方体。（齐声回答）

师：还有棱锥形的埃及金字塔，以及各种图形结合在一起的美国的白宫和印度的泰姬陵。（让学生欣赏图片，感受图形的魅力）同学们有什么体会呢？

生：震撼。

师：这些建筑很让人震撼，同时也很复杂，我们要想了解他们，就必须先学习一些简单的图形。（慢慢引入本节课要学习的图形）那现在同学们跟着老师看一下我们日常生活中比较常见的一些图形。（出示简单图形的图片）

师：有趣的魔方是一个？

生：正方体。（齐声回答）

师：我们露营的时候的帐篷搭起来是这个样子的，同学们看一下这是？

生：棱柱。

……

（以上环节，从生活中一些具体物体入手，迅速帮助学生温习以前所学习的简单图形，师生间一问一答，有利于活跃课堂气氛，也让学生能集体集中注意力）

师：对。我们发现，这些长方体、正方体、长方形、圆、球体、圆柱等等图形都是从形形色色的物体中得到的，而这些图形我们在数学上称它们为几何图形。（板书，在重温以前所学的图形之后，进一步概括总结，自然引出本节课的第一个概念——几何图形）

……

教学赏析：该教学片段选自人教版七年级上册第四章第一节。该学段的学生形象思维较活跃，但也较难集中注意力，美丽的图片，能让学生回忆起所学过的几何图形，顺利引出课题。因此，在教学过程中，教师采用大量图片进行讲解，这样一方面吸引了学生的注意力，另一方面让学生在图片观察中感知几何图形的特征。图片演示不仅能在视觉上让学生更好地认识几何图形，也能给学生带来图形美的感受，丰富学生对图形的认识，让学生知道生活中到处蕴含着丰富的数学知识。

六、情境演示

情境演示是指教师根据一定的教学目的，创设一个有关的情境，激起学生的求知欲，引导学生积极展开学习活动进而获得知识的教学技能。

案例展示

整式的乘法——单项式乘以多项式

本节课是八年级上册第十五章“整式的乘除与因式分解”第一节“整式的乘法”的第四课时，是数与代数中一个重要章节，是对小学数学知识的一个发展，又是初中代数知识的基础。

教学目标分析：

知识与技能目标：探索并了解单项式与多项式相乘的法则；能进行单项式与多项式相乘的运算与应用。**过程与方法目标：**学习类比的数学方法；训练严密的逻辑思维能力。**情感态度和价值观目标：**让学生主动参与到探索过程中，逐步形成独立思考、主动探索的习惯，培养思维严密性，理解单项式与多项式相乘的算理，体会乘法分配律及转化思想的作用。

教学重、难点：

教学重点：单项式与多项式相乘的乘法法则及其应用。**教学难点：**灵活运用单项式与多项式相乘的乘法法则。**突破难点的关键：**通过从实际问题抽象出数学问题，体会数学知识与实际问题之间的相互联系。

教学过程：

……

师：同学们，现在老师带大家来逛一下超市。这个就是我们的超市，超市里面有各种各样的商品，不同的商品有不同的价格。（由带大家逛超市引入，迅速吸引学生的注意，让学生尽快调整为上课状态）现在同学们来当一下这个超市的收银员，负责收取客人买东西的钱。（让学生充当收银员，能提起学生计算的热情）

师：老师在逛超市时，选了3包糖果、3包纸巾和3包火腿。现在既然你们是这个超市的收银员，那你们应该收取老师多少钱呢？（营造出完整的买东西的情境，让学生融入情境，参与计算）好像已经有同学算出来了，有没有同学可以把自己计算的式子告诉我们呢？（进行提问，让学生自己得出计算过程）小李同学，你是怎么计算的呢？

小李：$3\times2+3\times4+3\times6$。

师：那你为什么要这样计算呢？（让学生能清楚自己这样列式的目的）

小李：我算出3包糖果的钱加上3包纸巾的钱，再加上3包火腿的钱，再加起来就是要收的钱。

师：很好，请坐。小李同学说这个是3包糖果的钱，这个是3包纸巾的钱，这个是3包火腿的钱，那加起来就是要收老师的钱。同学们说对不对啊？（照顾多数学生，活跃课堂气氛）

生：对。

师：好，那现在还有没有同学有其他列法呢。小东同学，你是怎么列的呢？（肯定学生所列式子是正确的，询问有没有不同列法，引出另一式子）

小东：$3\times(2+4+6)$。

师：那你为什么可以这样算呢？

小东：因为三种东西都买了3包，所以我们把它们每一包的钱加起来再一起乘以3。

师：刚刚小东同学说，因为它们都买了3包，所以我们可以把它们每一包的价格加起来再乘以3。刚刚小李同学算到这个是要收老师的钱，同样的小东同学算到的是不是也是要收老师的钱啊？（总结两位同学所列式子，让学生更加明了它们的关系，引起学生对其进行对比）

生：是。

师：那也就是说刚刚小李同学列的这个式子跟小东同学列的式子是一样的，都表示3包糖果加3包纸巾加3包火腿的钱。（得出两个式子的

关系，在两式子间画上等号）

师：现在如果我们不知道这些糖果、纸巾还有火腿究竟是多少钱，我们用字母表示，如果糖果是 a 元，纸巾是 b 元，还有火腿是 c 元，每一种东西老师都拿了 m 包，那这个式子又怎么来列呢？

师：如果按照小东同学的列法：$m(a+b+c)$；如果按照小李同学的列法：$ma+mb+mc$，这些都是表示 m 包糖果加 m 包纸巾加 m 包火腿的钱，所以说它们表示的是相同的结果。可以用一个等号把它们连起来。（营造相同的情境，写出用字母来表示的式子，将式子进行一般化，过渡自然，符合学生的接受能力）

师：那同学们，我们一起来看一下这个等式，等式的左边是一个单项式乘多项式，而右边是若干个单项式的和组成的。同学们看一下这个等式有没有觉得很熟悉呀？（引导学生对式子进行观察，让学生主动思考，一步一步得出运算规律）

生：乘法分配律。

师：这是我们以前学的乘法分配律。同学们来看一下，这个等式，我们说它运用了乘法分配律，但是其实它也是我们今天要学习的单项式乘以多项式的运算规律。

师：同学们，现在我们一起来把这个运算规律用语言组织起来。单项式乘以多项式，就是把单项式乘以多项式中的每一项，再把所得的积相加起来。这也就是我们今天要学习的单项式乘以多项式的运算法则。（与学生一起得出单项式与单项式相乘的规律，这样不仅培养了学生的归纳能力，也让他们对所学知识有深刻认识）

……

教学赏析：该教学片段选自义务教育课程标准实验教科书八年级上册第十五章第一节。由于上两章学习的是实数和一次函数，所以学生已经接触了很多代数的知识。又由于代数不像几何那样有趣，学生容易对其产生枯燥感，所以教师应该在课堂上营造一种轻松有趣的学习氛围。因此，在教学过程中，教师通过营造超市买东西的情境，让学生主动参与到算钱问题上，以此吸引学生的注意力，这样能让学生快速去计算、去思考，然后通过教师的引导，得出了单项式乘以多项式的运算规律。如此，学生就能很自然地掌握单项式乘以多项式。

七、模型演示

模型是物体形状的三维表现，它能以简洁明了的线条展示物体的内部构造，有助于学生空间想象力的形成，常在几何教学中使用。模型演示是指教师通过展示模型，人为地突出事物的特点、揭示事物的本质或内部结构，帮助学生更好地掌握所学知识的教学技能。模型与实物不同，它不是实际物体的本身，而是根据教学需要，以实物作为原型，经过加工模拟制成的仿制品，它可以是原型的扩大，也可以是原型的缩小。从认识论的角度看，它不仅可以帮助学生揭示物体的内部结构，还可以从宏观和微观两个方面来表现物体，在帮助学生理解教学内容上具有特殊的作用。

案例展示

圆锥的体积

本节课是六年级下册第二章“圆柱和圆锥”第二节“圆锥”的第二课时，是在学生学习了立体图形——长方体、正方体、圆柱体，认识了圆柱和圆锥的特征，并会计算圆柱的表面积、体积的基础上进行教学的。

教学目标分析：

知识与技能目标：通过学生参与实验，从而推导出圆锥体积的计算公式，并运用公式计算圆锥的体积；解决一些有关圆锥体积的实际问题。**过程与方法目标：**通过实验推导圆锥体积公式，增强学生的实践操作能力，并培养学生观察、比较、分析、总结归纳的学习方法。**情感态度和价值观目标：**通过实验，引导学生探索知识的内在联系，渗透转化思想，并感受发现知识的快乐，激发学习的兴趣，感受数学与生活的密切联系，培养学数学、用数学的乐趣。

教学重、难点：

教学重点：理解和掌握公式，能正确运用公式解决实际问题。**教学难点：**圆锥体积公式的推导过程。**突破难点的关键：**引导学生在装沙的实验基础上进行公式推导；通过观察、比较、分析、推理、概括和抽象，自主发现圆锥的体积计算公式，进一步积累数学活动经验。

教学过程：

……

师：同学们，我们一起来观察一下老师手中这两个空心的圆柱体和圆锥体模型。你们看一下，这两个模型有什么共司之处呢？（教师把两个模型的底部叠在一起）首先来看看它们的底有什么关系。（如图4－8所示）

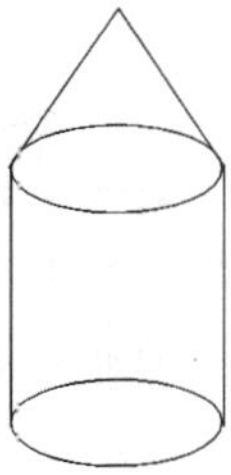

图4－8

生：一样大。

师：对，一样大，也就是这个圆锥的底跟这个圆柱的底是相等的。现在我们再来比比它们的高，这两个模型的高相等吗？（比较高）

生：相等。（如图4－9所示）

师：现在同学们跟着老师一起来做个实验，看看等底等高的圆锥和圆柱的体积有怎样的关系。老师先把水倒满整个圆锥，现在老师把这个圆锥的水倒进圆柱里面，看看要倒几次这个圆柱才能满呢？（倒三次后）现在圆柱满了吗？

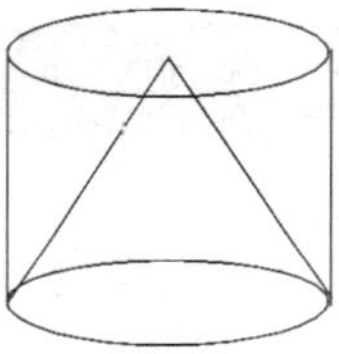

图4－9

生：满了。

师：我们刚刚倒了几次？

生：三次。

师：说明这个圆锥的体积跟这个圆柱的体积有什么关系呢？

生：圆锥的体积是圆柱体积的$\frac{1}{3}$。

师：我们知道圆柱的体积公式为：体积＝底×高。所以跟它等底等高的圆锥的体积公式应该是什么呢？

生：圆锥体积＝$\frac{1}{3}$×底×高。

师：这就是我们今天要学习的圆锥的体积公式。

……

教学赏析：该教学片段选自义务教育课程标准实验教科书六年级下册第二章第二节。六年级的学生对图形的空间认识还处于由形象到抽象的发展过程中，他们对新知识的生成充满好奇感，教师应多演示知识的生成过程，让他们感觉数学知识的背景并不神秘。因此，在教学过程中，教师先让学生观察两个空心的圆锥体和圆柱体模型，让学生知道这两个模型的特点是等底等高，再利用圆锥模型装满水倒进圆柱中进行实验。学生很容易发现，三次正好倒满。由此引导学生猜想：圆锥与圆柱的体积有怎样的关系呢？学生自然能想到圆锥的体积是圆柱体积的三分之一。在整个教学过程中，利用模型演示，很直观地演示了圆锥的体积公式的生成过程，让学生对圆锥体积公式印象更加深刻。

以上介绍了演示技能的各种类型，教师应熟练掌握各种类型，针对不同的教学内容及教学对象特征，采用有针对性的类型和方法进行教学，以此来提高数学课堂效率。

第四节 数学教学演示技能的应用策略与实训

一、优化数学教学演示技能的策略

为了发挥教学演示的作用，提高演示效果，教师在演示时，要注意以下四个实施策略：

1. 方式方法的确定

演示方案的设计要根据本节课的内容和重点来考虑所选择的类型与方法，同时还要考虑学生的认知特点和已有的知识水平。演示的类型要有助于突破重点和难点，演示的内容应该是教学内容所必需的、学生经验所缺乏的、学生易产生疑惑的抽象知识等。教师结合所讲课题，选择适当的教学媒体进行演示，考虑采用的教具和使用方式，如图表、模型、实物等。如在讲“勾股定理”时，可采用拼图、多媒体演示勾股定理的推导过程；在讲“正方体的再认识”时，可以展示各种模型，让学生观察、分析正方体的特点。

2. 演示要与讲授紧密配合

因为演示的目的是使学生由感性认识上升为理性认识，所以必须引导学生及时对观察演示所得到的直观印象进行思维整理，这就需要教师运用讲解、设问、讲述等讲授方式帮助学生抓住现象的本质。教师的语言不需多，但要起到“画龙点睛”的作用。学生以视听结合的方式理解并接受知识，对于提高他们的理解能力和巩固知识有重要作用。

3. 演示要适时适度

演示适时就是指要在恰当的时候进行演示。教师的演示总有其特殊的目的和特定的时机。教师应根据具体情况在适当的时机演示，不能提前也不能推后。演示适度就是指不能过分演示，以免耽误教学进度；也不能一带而过，使演示达不到效果。过度的演示，容易使学生产生疲惫感，不能专心听讲。

4. 演示素材的选取要能适度地刺激学生

在选择演示素材时，应该注意选取能给学生适当刺激效果的内容素材。太强烈的刺激会对学习产生不利影响，最好是选取既能激发学生的情感活动，又能引起学习兴趣的刺激强度的内容素材。如进行实物演示时，选择的演示物不能太小，如果太小可以分组处理或者进行投影；如果太大就不便于在课堂上展示，可课后组织学生观看。演示过程要尽量照顾每一个学生，使演示效果在教学上发挥最大作用。

二、数学教学演示技能的实训

受训者应熟练演示技能的目的、原则、类型、实施策略、实施要点等理论知识，能在头脑中生成演示技能的一整套理论体系。但仅仅掌握演示技能的理论知识是不够的，演示技能的理论知识要结合微格教学的反复实训才能为今后走好教师的道路打下坚实的基础。

1. 实训目标

（1）了解数学演示技能的概念、作用、要素和实施要点。

（2）掌握数学演示技能的各种类型。

（3）能根据教学内容，合理地设计演示技能的教学设计。

（4）能根据演示技能的教学设计熟练进行教学，并做到：①演示规范、演示准确；②讲解清楚、演示合理；③演示简明、重点突出；④演示有示范性和启发性。

2. 实训设计

首先，受训者必须对教学技能中的演示技能的理论知识有深刻的认识，并对其有自己独特的思考，结合自身的教学特点，形成一套适合自己的演示理论。在此基础上，多留意生活中的事物，并尝试思考能否利用身边的事物进行演示教学。在确定好演示技能的类型后，选择针对性强的教学内容，根据实训的目标和要求，结合演示技能类型的特点，应用数学课堂中演示技能的原则、优化策略以及评价表进行教学设计（即微格教案）。微格的时间限制为 5 ~ 10 分钟。

下面是选自七年级上册的“1.2.1 数轴”的微格教学设计表：

表 4－1　微格教学设计表

学科：　　执教者：　　年级：　　日期：　　指导教师：

教学课题	1.2.1 数轴			
教学目标	1. 了解数轴的概念，知道数轴的画法 2. 了解数轴的三要素 3. 知道任何一个有理数在数轴上都有唯一的点与之对应			
技能目标	实物演示技能			
时间分配	教师授课行为	教学技能要素	学生学习行为	教学设备与媒体
1 分钟	展示实物温度计	导入技能、实物演示技能	了解温度计可以测量温度	
2 分钟	用温度计测出不同温度的水的温度	实物演示技能	认真观察温度计表示不同的温度	投影仪
1 分钟	提问：温度计能测出 150℃的温度吗	提问技能	观察温度计，发现不能测出超过温度计的测量范围的温度	
2 分钟	设计可以测出 150℃的温度计的图纸	实物演示技能	学生开始设计，从设计图纸中学会画数轴	黑板、PPT
4 分钟	从设计的图纸中引出数轴的概念及三要素	讲解技能	认真听老师讲解	PPT

3. 微格训练

受训者一定要进行反复的微格训练。在进行微格技能训练中，受训者先要简要概述训练的演示技能的类型或方法以及教学内容的出处，之后进行微格教学，最后进行归纳小结。

4. 实训后评价

在观看微格教学录像后，可以针对教学设计和教学实施过程进行评价。数学课堂演示技能的评价，可采用以下评价表，如表 4－2 所示：

表 4－2　演示技能的等级评价表

讲课人		评课人		成绩			
课题				评价等级			
评价项目			权重	优	良	中	差
1. 内容符合教学目标以及学生的认知水平和认知需要			10%				
2. 演示的目的有助于体现教学内容，突出重点或突破难点			10%				
3. 形象鲜明，直观性强，激发学生兴趣，全体学生都能看得见			20%				
4. 操作规范、熟练、科学			20%				
5. 善于引导学生观察和思考，得出应有的结论			20%				
6. 演示与讲解结合恰当			20%				
整体评价及补充意见：							

注：其中优为 90～100 分，良为 75～89 分，中为 60～74 分，差为 60 分以下。

如针对“1. 2. 1 数轴”一课的教学设计，评价后得出如下结论，如表 4－3 所示：

表 4－3　演示技能的等级评价表

讲课人		评课人		成绩			
课题	1. 2. 1 数轴			评价等级		良	
评价项目			权重	优	良	中	差
1. 内容符合教学目标以及学生的认知水平和认知需要			10%	√			
2. 演示的目的有助于体现教学内容，突出重点或突破难点			10%		√		

（续上表）

评价项目	权重	优	良	中	差
3. 形象鲜明，直观性强，激发学生兴趣，全体学生都能看得见	20%		√		
4. 操作规范、熟练、科学	20%	√			
5. 善于引导学生观察和思考，得出应有的结论	20%	√			
6. 演示与讲解结合恰当	20%		√		
整体评价及补充意见： 让学生设计温度计图纸这一环节，值得提倡。但在测量水的温度这一过程中，演示需要准备很多东西，耗费很多时间，也不能很好地达到演示的目的，同时这样只能测出零上的温度，因此，可考虑利用多媒体来演示温度的测量。讲解三要素过程应与实物温度计紧密联系进行相关讲解，便于学生理解。					

5. 实训后反思

针对实训后评价，受训者应多与评论员进行经验交流，反思自身在教学设计和教学实施中的不足，进行优化改进。如针对表4－3的评价结果进行反思后，作出如下改进，如表4－4所示：

表4－4　微格教学设计表

学科：　　　执教者：　　　年级：　　　日期：　　　指导教师：

教学课题	1.2.1 数轴			
教学目标	1. 了解数轴的概念，知道数轴的画法 2. 了解数轴的三要素 3. 知道任何一个有理数在数轴上都有唯一的点与之对应			
技能目标	实物演示技能			
时间分配	教师授课行为	教学技能要素	学生学习行为	教学设备与媒体
1分钟	展示实物温度计，故事引入，一朋友带着这种温度计从广州出发，一路向北旅行	导入技能、实物演示技能	了解温度计可以测量温度	PPT

（续上表）

时间分配	教师授课行为	教学技能要素	学生学习行为	教学设备与媒体
2 分钟	用 PPT 表示不同地方温度计测出的不同温度，包括零上和零下的温度	实物演示技能	认真观察温度计表示不同地方的温度	PPT
1 分钟	提问：如果继续往北走，到了北极，温度是 -50℃，这时温度计能测出北极的温度吗	提问技能	观察温度计，发现不能测出超过温度计的测量范围的温度	PPT
2 分钟	设计可以测出 -50℃ 的温度计的图纸	实物演示技能	学生开始设计，从设计图纸中学会画数轴	黑板、PPT
4 分钟	从设计的图纸中引出数轴的概念及三要素	讲解技能	认真听老师讲解	PPT

6. 实训总结

通过微格教学的反复训练后，一定要及时评价、及时反思、及时对教学设计作出相应修改，这样才能不断完善整个教学过程。实训过程可以分小组进行，受训者要多与小组成员进行设计经验交流，总结经验，使演示技能的运用更熟练，在交流过程中不断形成对演示技能不同的新见解，丰富演示技能的使用技巧。

实践与思考

1. 谈谈随手教具演示应注意的问题。

2. 你能谈谈什么是多媒体教学技能吗？多媒体教学与传统教学相比有什么优点？

3. 在多媒体辅助数学教学的设计过程中要注意什么？

4. 以演示教学技能训练为主，编制一段初中“数学课教学”的教案，注意恰当地选择不同的数学软件，进行教学录像并作评价。

第五章
数学教学变化技能

对于很多学生而言，数学是一门枯燥的学科。传统数学教学大都采用灌输式教学模式，教师一板一眼地对教学内容进行讲解，填鸭式地对学生传递知识信息，这样的教学不仅让课堂显得枯燥，而且不利于学生更好地理解新知识。

例如，在“三角形内角和”（七年级下册第七章第二节）的教学片段中：

> 师：在小学的时候，我们已经知道了三角形内角和是180°，那么这个定理是怎么来的呢？请看证明。（教师展示课件上的证明过程）
>
> （学生安静地观看证明过程）
>
> 师：证明该定理后，现在再学习这个定理的应用。
>
> （教师“独立”的教学行为）

“三角形内角和”这节课的教学重点就在于让学生了解内角和定理和如何应用该定理，难点则在于如何启发学生去探索证明三角形内角和是180°这个结论，但是上述案例中教师直接展示出证明的过程，一方面会让整个数学课堂显得枯燥无味，降低学生的听课兴趣，不利于学生有效且深刻地掌握该定理；另一方面则不利于学生发散性思维能力的培养。相反地，教师在教学过程中可适当地变化教学方式，如让学生动手操作，拿纸板进行撕、剪、拼接等，这样的处理方式一方面能让学生在亲身体验中接触数学知识，激发学生的探索精神，另一方面也使得整个数学课堂充满趣味性。

因此，在数学教学当中，如果想要把教学信息准确并且生动有趣地传递给学生，激发学生学习数学的积极性，首先是要吸引学生的注意力，让学生爱上数学，这就要求教师在教学当中不能从头到尾保持教学方式一成不变，相反地，应该通过运用变化的教学方式来组织教学活动，阐述教材内容。

变化技能是每一位教师都应该掌握的基本教学技能。有国外的教育工作者认为变化是“兴趣之母”，因此，合理地使用变化技能进行教学可以使得课堂充满活力，激发学生的学习兴趣，进而有效地提高教学效果。

第一节 数学教学变化技能运用的目的

古希腊伟大的教育学家亚里士多德曾经说过：“思维起于惊讶。”苏联著名教育实践家和教育理论家苏霍姆林斯基也曾经说过：“新奇和惊讶之感便是思考的开端。”因此，假如学生较长时间在同一教学方式、同一教学氛围和同一教学媒体中活动，则他们的思维、灵感和注意的程度都会陷入低迷的状态。相反地，在数学教学中，运用变化技能，利用学生的多种感觉器官来传递数学教学信息，不但可以减轻学生的疲劳程度，刺激学生的大脑，使学生的注意力重新回到教学内容上，还可以更有效地强化信息的接收。所以，变化技能应当成为每一位教师必须掌握的基本技能。首先让我们来认识数学课堂中变化技能运用的目的。

一、激发并保持学生对数学教学活动的注意力

教学过程是学生有意注意与无意注意交替运用、共同发挥作用的认知过程。并且，对于中小学生来说，倘若只靠有意注意支撑学习会感到疲劳，难以持久。因此，教师通过运用相应的变化技能，可以营造出愉快轻松的学习氛围，调动学生参与数学教学活动的积极性，从而使学生长时间自觉地维持对数学教学活动的注意力。

例如，在“多项式”（七年级上册第二章第一节）的教学片段中：

如果教师在讲授多项式的次数以及多项式的项等概念的时候，一直以平平的语调，念经式地讲完所有的概念，没有顾及底下学生的反应，就会造成底下的学生注意力分散，他们的注意力可能早已不在老师身上，他们甚至会觉得这节课枯燥无味，丧失继续学习的欲望。

“多项式”这节课对于初一的学生来说，知识点是全新的，并且知识点容易与单项式的知识点产生混淆，而且概念性讲解课本身就带有枯燥性，因此，假如像上述案例中的这位教师一样，讲解过程中语调平平，没有语气轻重的变化，学生根本不知道这节课的重、难点是什么。相反，假如教师在讲课过程当中有抑扬顿挫的语调、松紧适中的节奏、富于变化的表情，配以指引性、加强性手势，自觉变化身体的朝向位置、视线以及与学生的空间距离等，则会对学生的情绪产生极大的暗示和感染力，使得学生的学习热情被激发，从而长时间高效地保持在教学活动上。

二、帮助学生建构新的数学知识结构

对于同样的一个数学知识点，每个人的观察点会有所不同，使用的方法当然也会有所不同。不仅仅师生之间对同一数学知识存在不同的看法，学生之间也会存在不同的看法。通过教学变化技能的运用，教师可以调动学生从不同的角度、用不同的方法来认识数学知识，使学生建构起自己的新的数学知识结构体系。而且通过这种方式建构起来的数学知识结构体系无疑是牢固的，因为它是建立在学生原有的知识结构基础之上的，且与原有知识结构紧密结合。

例如，在“轴对称图形”（八年级上册第十二章第一节）的教学片段中：

教师一开始就投影出几张轴对称图形的图片，然后根据这几张图片中图形的共同性质，直接归纳出轴对称图形的概念。

“轴对称图形”这节课的学习是建立在学生已经具备了一定的知识结构基础之上的，因此，教师不必直接给出轴对称图形的定义，相反地，可以先通过视觉通道展示图片，让学生观察图形，并且在观察的同时播放音乐来营造课堂气氛；再通过触觉通道，让学生动手画轴对称图形等使学生掌握轴对称图形的特点。在整个教学过程中，教师利用多种感觉器官循序渐进地帮助学生建构起新的数学知识结构体系，从真正意义上来学习轴对称图形。

三、激发学生学习数学的兴趣，营造良好的课堂气氛

心理学研究表明，在课堂中，学生的情绪变化是受教师行为制约的。教师的言行举止深刻地影响着学生对教学活动的参与和喜爱程度；同时，学生是否积极参与教学活动也直接影响着教师的言传身教。因此，教师在教学过程中应该进行各种教态、教学媒体、师生相互作用等的变化以及教学内容表现形式的变化等，从而刺激学生的思维，引起大脑兴奋中心的转移，引发无意注意，并使之转向有意注意，唤起学生的学习热情，从而营造出轻松愉快的课堂学习氛围，创造出良好的思维环境。

例如，在“认识几何图形”（七年级上册第四章第一节）的教学片段中：

教师通过身边的物体等教学道具，让学生参与到整个教学活动当中来。学生时而观察图片，时而观察周围的事物，并且还亲自触摸道具来感受几何图形的特点，多种感觉器官同时运用；教师则时而引导，时而让学生自主发挥，角色互换；教学媒体也在实物和多媒体中转换。一切都在不断变化，营造出轻松愉快的学习氛围。

上述教学情境中，教师将变化技能运用得淋漓尽致，依据教学内容应用相应的教学变化技能，使得课堂活跃轻松、生动有趣，学生的学习热情也被大大地激发出来，积极地参与到整个教学活动中。

四、为学生提供参与数学教学活动的机会

由于学生的数学知识基础以及认知水平有所不同，因此，教师必须首先对教学内容进行精心安排，并且根据学生的认知水平层次的不同和在课堂当中的实际需要，适时对教学内容作出调整，尽可能地照顾到每一位学生，调动起每一位学生参与数学教学活动的积极性和主动性，增强学生对数学学习的兴趣和信心，更好地发挥学生在课堂上的主体作用。接着，教师在向学生呈现教学内容、传递教学信息时，可通过运用变化技能有针对性地对不同水平的学生采取不同的表达方式，让更多的学生都参与到数学

教学活动中。

如在教学中，讲授涉及船顺水、逆水的列式问题时，教师在黑板上直接给出“①顺水：船的速度 = 船在静水中的速度 + 水流速度。②逆水：船的速度 = 船在静水中的速度 - 水流速度”两条公式，并且用口头语言对其进行简单的讲解。此时底下大部分学生反应冷淡，课后纷纷表示理解不了这两条公式。

涉及船只顺水逆水的题目对于学生来说本身具有一定的理解难度。简单的语言讲解的教学方式只适用于理解能力较好的学生，对于理解能力较差的学生，教师应该通过画图来启发他们思考顺水、逆水这两种情况。涉及有理解难度的题目，教师如果只是单纯地讲授，大部分学生的理解能力可能跟不上，此时教师应注意采用变化技能，及时停顿，留给学生思考时间，改变教学方式，必要时采用图文并茂的讲解形式来帮助学生理解。如此采用灵活变化的方式进行教学，才可以更好地调动更多的学生积极主动地参与课堂教学活动。

第二节 数学教学变化技能运用的原则

变化技能是一种在教学过程中信息传递、师生相互作用和各种教学媒体、资料相互转换的技能。其中变化是指对学生进行刺激，引起学生的兴趣，从而把无意注意过渡到有意注意的有效方式。教师要想合理运用教学变化技能，除明确其运用目的外，还必须准确把握以下四个基本原则：

一、针对性原则

教师运用变化技能要有明确的针对性。首先是针对教学内容，在教学设计时要考虑到为完成教学任务而将教学内容分为几个课时计划，分清楚教学的重点和难点，确定采用何种变化方式；其次是针对学生的实际情况，考虑学生的认知水平、兴趣特点以及学习过程当中的思维活动方式和特点；另外，在课堂上有时也会遇到一些突发情况，此时教师就应该以自身扎实的专业知识和敏捷的思维，针对出现的情况努力进行化解，以取得更好的效果。

例如，在“等式的性质”（七年级上册第三章第一节）的教学片段中：

教学的重点应该是等式性质的运用，但是如果教师一直在强调解方程的格式，还让学生当堂背诵并且默写等式的性质，同时采取奖励方式来调节课堂气氛，那么虽然使得整个教学呈现出一派“其乐融融”的氛围，但这位教师忽略了最基本的知识点的讲解和运用。

显然，上述这节课看似教师很用心、注重细节，结果却是失败的。因为整节课重、难点不分，变化技能运用不得当，一味要求学生朗读和默写，没有针对学生的认知水平和学生实际情况进行教学。

二、有效性原则

选择变化技能时要针对学生的能力、兴趣以及教学内容和学习任务的特点。教师在进行每一种教学技能的变化之前，必须充分考虑学生的能力、兴趣，教学内容和学习任务的特点，以及各种变化技能实施后的有效性。该变化技能的运用能否对真实的课堂实践教学活动产生有效作用，能否使学生积极主动地参与教学活动，能否让课堂的教学效果最佳等，都是教师运用时需要注意的。

例如，在“勾股定理”（八年级下册第十八章第一节）的教学片段中：

教师播放勾股定理的相关视频，内容如下：勾股定理是“人类最伟大的十个科学发现之一”，是初等几何中的一个基本定理。勾股定理还有其他叫法，如毕达哥拉斯定理、商高定理、百牛定理、驴桥定理和埃及三角形等。这个定理有十分悠久的历史，几乎所有文明古国（古希腊、中国、古埃及、古巴比伦），还有印度等国家，对此定理都有所研究。勾股定理在西方被称为毕达哥拉斯定理，相传是古希腊数学家兼哲学家毕达哥拉斯于公元前550年首先发现的。但毕达哥拉斯对勾股定理的证明方法已经失传。著名的希腊数学家欧几里得在巨著《几何原本》中给过一个很好的证明。中国古代对勾股定理的发现比毕达哥拉斯还早。大家知道商高这个人吗？他是公元前十一世纪的中国人……《周髀算经》上说：“故禹之所以治天下者，此数之所由生也。”“此数”指的是“勾三股四弦五”，这句话的意思就是说：勾三股四弦五这种关系是在大禹治水时发现的……

观看视频显然是能够引起学生们的兴趣的，但是同样地，对视频内容的选择也很重要，是否有利于激发学生的学习热情是考虑的重点。显然，这种念经式的讲述数学历史的视频是枯燥乏味的，无法引发学生的学习兴趣，假如上课的开头就播放这个视频，则反而会降低学生听课的热情。

三、适度性原则

变化技能是为了吸引学生注意力而采取的一种教学技能，它的应用要有分寸，不宜夸张。教师在课堂上的表现不同于戏剧表演，如果变化技能使用过多、幅度过大，就会喧宾夺主，影响教学效果。在引起学生的无意注意或有意注意之后，就进入教学过程，讲授内容的重、难点，这时候如果还运用变化技能，如身体的移动等，就会分散学生的注意力。因此，变化技能的使用要符合适度性原则。

例如，在“整式的加减”（七年级上册第二章第二节）讲解“去括号”的教学片段中：

师：大家来齐声朗读去括号的口诀：去括号，看符号；是“+”号，不变号；是“-”号，全变号。

生：去括号，看符号；是“+”号，不变号；是“-”号，全变号。（齐声朗读）

师：给大家三分钟时间背熟这个法则。

生：（在底下默背）

师：那接下来我们来看这个法则是如何运用的。请看这三道题目：

（1）$a+(b-c+d)$；（2）$a-(b+c-d)$；（3）$12-(12-999)$。

（教师板演题目后立刻进行讲解，语速没有快慢之分，身体不断移动）

对于初一的学生来说，去括号是“整式”这一章的教学难点，上述案例中的教师一味地让学生朗读背诵口诀，没有讲解该口诀该如何应用，进而直接讲解例题，并且在讲解去括号的关键步骤时还任意移动身体，分散了学生的注意力。在上述教学情境当中，该教师的变化技能运用得不恰当，过于夸张，分散了学生的注意力。因此，在运用变化技能的时候要注意，遇到关键知识点应该注意停顿，详细地进行讲解，留给学生足够的思考时间，而不是一直走动分散学生注意力。只有适度地运用变化技能才能取得理想的课堂教学效果。

四、流畅性原则

一般而言，教学课堂中不可能只运用一种教学技能，而是多种技能交替使用。因此，各种变化技能之间以及变化技能与其他技能之间的连接应该自然流畅、有连续性。尤其是由于变化技能的种类较多，所以在进行各种变化技能的操作过程中，必须做到衔接自然，灵活运用各种技能，将各项教学内容有机联系起来，潜移默化地使学生从无意注意转向有意注意，引导学生参与到教学活动中来，创造轻松活跃的教学氛围。变化技能的流畅性原则要求教师能够在极具变化的学生面前收放自如，游刃有余地应付各种突如其来的教学难题。

> 如在讲解题目的教学过程中，教师听到底下有学生突然大声地说："我不会。"此时教师应该迅速进行课堂突发情况判断，判断这名学生是故意而为，还是真正不能理解。针对不同情况运用不同的变化技能，游刃有余地应对该突发情况。如果发现学生是故意捣乱，那么这位学生一定是在寻求教师的注意，此时教师可以请这位学生上来回答问题，并且鼓励、肯定他；假如学生真的不能理解，同样可以请他站起来，教师重新认真讲解这道题目，讲解后再次询问他是否已经明白。

当课堂上出现这种状况，教师不能中了一些调皮学生的"陷阱"，被学生牵着鼻子走，而应该灵活运用变化技能。同时，教师应对突发状况时，应该在变化前铺垫好，使得变化的出现显得流畅自然，而不是突如其来。这样才能既可以引起学生的注意，又能保持教学活动的连续一致。

第二节　数学教学变化技能的类型与方法

通过前面的学习，我们知道在课堂变化技能的运用中，目的的明确性、原则的有效性显得至关重要。此外，由于数学知识类型的多样性以及教学对象的层次性，我们在具体的教学实施过程中，还要选择有针对性的变化技能类型与方法。因此，学习并掌握变化技能的类型与方法尤为重要。

实际课堂教学当中的变化是丰富多彩的，关于课堂教学变化技能的分类，仁者见仁，智者见智。一般地，我们将变化技能大致分为三类：教态的变化，信息传输通道及教学媒体的变化，师生相互作用的变化。

一、教态的变化

教态的变化是指教师在教学过程中的声音、教学的节奏、面部表情、使用的手势和身体的位置移动等变化。这些变化是教师教学热情以及情绪感染力的具体体现。教态变化的运用不需要借助其他工具就可以实现，因此是教师最基本、最常使用的变化技能。

1. 声音的变化

指教师讲话的语调、音量、节奏和速度的变化。

（1）语调。

在教学过程中，教师通常使用的音调是中上等强度的，但为了突出知识的重、难点，教师可以适当地提高音量；当需要表达自己的态度和情感的变化时可以适当地提高或降低声音。数学本身是一门带有枯燥性的理科，假如教师整节课的语调没有平仄起伏，学生容易产生疲劳感，不利于提高学生学习数学的兴趣。

例如，在“方程的认识”（五年级上册第四单元）的教学片段中：

教师先通过天平的演示使学生理解等式的概念，再通过课件的演示在屏幕上展现几个含有未知数的等式，要求学生通过观察黑板上的算式的特点来概括方程的定义。

学生回答：“含有未知数的算式叫方程。”

此时教师就要提高音量追问：“含有未知数的算式叫方程吗?”教师提高音量反问是在暗示学生回答得不够严谨，还有必要进行仔细的推敲。

这时学生稍加思考就会更正：“含有未知数的等式叫方程。”

此时教师可以放低音量说：“你答得太好了。”这样不但表达了对该学生的赞许和肯定，而且其余的学生也会更加明白方程的含义。

（2）语速。

语速的快慢在数学教学中至关重要，一节课下来，数学教师的语速应该随着课程的内容有所变化，而不是一成不变。在数学教学中重点处和关键性的词语上，语速的变化常常表现为音节的延长、讲解速度的放慢。这样会给学生更多思考的时间，引起学生的有意注意。

例如，在“不等式性质”（七年级下册第七章第一节）的教学片段中：

> 教师讲解不等式性质三“不等式两边同时乘以或除以同一个负数，不等号方向改变”。由于初学者在做题时总是会忘记改变不等号的方向，所以在这个知识点的讲解过程中，教师的语速一定要放慢，给学生留下充分的记忆时间。

（3）音量。

数学教学过程中，如果教师的音量过低，不仅无法刺激学生的听觉，而且无法激起学生神经系统的兴奋，学生就会处于一种抑制低迷的状态，甚至会打起瞌睡来。相反地，教师的音量过大，又会促使学生的神经兴奋过度，从而产生疲劳感。所以，教师的音量应该以使得教室里任何位置的学生都能毫不费力地听清并觉得舒服为宜。

> 如在讲授“等式的性质”（七年级上册第三章第一节）中的第二条性质“两边同时除以同一个不为0的数，等式结果仍然成立”时，教师就应该适当提高音量进行教学，引起学生的有意注意，让学生明白这是重点，是需要注意的地方，但是不要过于提高音量，这样的话反而会分散学生的注意力，弱化学生的学习效果。

2. 教学节奏的变化：停顿

一般地，教师在课堂教学中讲话的停顿时间以三秒为宜。当然，假如是讲解题目，教师出示完题目后，停顿的时间应该延长，留给学生充分的思考时间。停顿一般还分为以下四种类型：

（1）强调突出式停顿。

教师在表述概念、定理时，对其中的关键字词可运用停顿，一个词一个词分开进行讲解，停顿的使用可以加强语言的明晰度和表现力，产生一清二楚、字字千钧的效果。另外，每次下结论后也可以使用停顿，给人以斩钉截铁的感觉，增强语言的力度和肯定的意味。

如在“一元一次方程”（七年级上册第三章第一节）中一元一次方程概念的讲解过程中，教师通过大量的例子来讲解概念中的几个关键点：一元，指的是只有一个未知数，强调“只有一个”后作适当的停顿；一次，指的是该未知数的次数只有一次，同样地，适当停顿后举出例子加以说明；最后，方程，指的是含有未知数的等式，应停顿，并且举出反例加深学生对这个定义的印象。

（2）消化吸收式停顿。

教师在讲解完课堂内容的重、难点之后，宜停顿一段时间，以便学生对这些知识进行消化、吸收；此外，教师在自问自答时，也要留个间隔，让学生的大脑来得及作出反应。

例如，在“勾股定理”（八年级下册第十八章第一节）的教学片段中：

教师运用两种方法对勾股定理进行证明，此时两种方法之间应该停顿一定的时间，让学生对其进行消化和吸收，以便更好地掌握这两种证明方法。

（3）思考意会式停顿。

教师在阐述概念后，或出示题目后，或分析推理时，或提出问题后，宜稍作停顿，让学生有时间积极思考、探索结论，实现师生思维同步，以提高课堂效果。

例如，在“实际问题与一元一次方程”（七年级上册第三章）的教学片段中：

由于应用题对于七年级的学生来说有一定的理解难度，因此教师出示应用题目：“某校三年共购买计算机 140 台，去年购买数量是前年的 2 倍，今年购买数量又是去年的 2 倍，则前年这个学校购买了多少台计算机?”此时，教师不能立即讲解，应该停顿一段时间，让学生有时间审题思考或者进行小组讨论。

再例如，在“直线与圆的位置关系”（九年级上册第二十四章第二节）

的“导入”教学片段中：

师：同学们，今天早晨的太阳是从东边出来的吗？（停顿，引起学生注意，展开这节课的学习）

生：是。（学生在回答的同时又在思考“为什么老师今天要问这样一个问题呢？”）

师：我们将地平面抽象看成一条直线，同样太阳的最外一周抽象看作一个圆，那么太阳升起的过程中就蕴含了我们今天学习的数学知识内容……（引出主题）

（4）治理整顿式停顿。

教师站在讲台前不讲话，会使整个课堂气氛紧张起来，如果课堂纪律不好，有学生开小差，注意力不集中，那正在讲授的教师可暂停讲课，目光直视某个学生，使之紧张起来，这样不费口舌却能起到组织教学、整顿纪律的作用，而且还不会影响其他学生听讲。

例如，在“圆与圆的位置关系”（九年级上册第二十四章第三节）的教学片段中：

课堂将近结束，教师进行小结，总结圆与圆的位置关系的多种情况，归纳小结非常重要，有助于学生更好地对本节知识进行梳理。但是此时学生迫切想要下课，注意力开始分散，纪律松散，此时教师应该暂停讲授，目光直视破坏课堂纪律的学生，整顿纪律，引起学生的有意注意，从而起到调控课堂秩序的作用。

3. 目光接触

在数学教学过程中，教师与学生的目光接触尤为重要。教师在讲课时要面对全班学生，与每个学生都要有目光接触，这不但能够增加学生对教师的信任，引起学生的注意，并且从与学生的目光接触中教师可以获得相应的信息反馈，了解学生对讲解的内容是否感兴趣，是否在注意听讲以及听懂的程度如何。

当学生发言精彩的时候，教师应该用赞许的眼神去看他，这样会起到表扬鼓励的作用；当学生因为胆怯慌张而回答不畅甚至语无伦次的时候，教师应该用热切期待的眼神去看他，减少学生的紧张感。

如果教师站上讲台后，教室里仍乱哄哄地不能平静下来，这时，教师就可以站在讲台上，直视学生，或巡视全场，什么也不做，什么也不做，此时，学生很快就会发现老师在警告他们，从而迅速安静下来，起到整顿课堂纪律的良好效果。

例如，在“因式分解”（八年级上册第十五章第五节）的教学片段中：

> 教师讲授“提公因式法”时，由于其定义的文字描述很长，教师在讲解时如果不与学生目光接触，一味讲自己的内容，没有去注意底下学生的反应，那么学生难免会对黑板上一大段文字概念感到疑惑。

4. 面部表情

印度诗人泰戈尔曾经说过：“微笑，是世上最美丽的语言。当你微笑时，世界爱上了你。”教师的微笑是感染力很强的无声语言。微笑可以拉近学生与教师的距离，给学生以亲切温暖之感，并且可以调节课堂教学气氛，解除学生的烦躁情绪。假如教师在教学中面无表情，教学就会失去魅力，课堂的气氛会陷入低迷沉闷，学生也不能以一种愉悦的心情进行听讲。因此，在教学过程进行得顺利，底下学生反应热烈时，教师可以欣慰一笑，以示鼓励赞许；学生在学习进程中遇到挫折时，教师要用充满信心的笑进行鼓励；学生有好的表现时，教师要有赞扬的笑；学生学习遇到困难时，教师要给予关切、鼓励的笑容等。

当然，笑容保持的时间也是有一定要求的。研究表明：5 ~ 7 秒的笑是愉快的，2 ~ 3 秒的笑令人不得其意，时间太长的笑令旁观者难受。

> 有一名学生因为学习成绩差就特别喜欢扰乱班级纪律，被老师安排在特殊座位：一排一座。于是他也破罐子破摔，更加调皮。后来来了一位教数学的新班主任，他对这个“小捣蛋王”特别关爱，每次上课都喜欢对他笑一笑，摸摸这个学生的头。老师这不经意的一笑一摸，却给学生带来了自豪感、荣誉感。从此，他就对这位老师颇有好感，并爱屋及乌地喜欢上了数学。这个学生就是后来成了大数学家的陈景润。功成名就的他总会记起那温柔的微笑、欣赏的目光和那份特殊的关爱。

5. 头部动作和手势

（1）头部动作。

当学生有完整、正确的回答时，教师应该满意地点头加以肯定；当学生提出不合理的想法时，教师可以否定地摇头并且加以鼓励启发式的语言配合；当学生发表自己独特的想法时，教师可以摆出正在思考的侧头姿势。

（2）手势。

教师在教学过程中可以借助手势唤起学生的无意注意，引发学生参与教学活动。如在说带有鼓动性、号召性的话时，双手配合用力一挥，就会平添几分气势；倘若学生的注意力开始不集中了，这时除了采用幽默话语或创设一定的情境来吸引学生外，也可借用手势唤起学生的注意力：

①可以和学生一起做做拍手操，这样可以缓解学生的疲劳，也可以让课堂变得轻松。

②当学生在小组合作中交流讨论过于激烈时，教师可以用一个手势示意学生停下来，让教学有条不紊地进行下去。

③学生精彩发言之后，竖起一个大拇指称赞："你真棒!"

④当有学生在台上冥思苦想，下面的学生发出议论的声音时，为制止这种行为的干扰，又避免制止声音本身对台上同学的影响，食指与嘴唇靠近并垂直，眼睛睁大，发出"嘘"声，可表示"请安静"、"请不要说话"的意思。

⑤讲到重、难点时，教师同时伴以食指点动几下的手势，使学生集中精力，达到突出重、难点的目的。

⑥上课提问时缓缓伸出手，且手心向上，轻轻掀动一下或几下，犹如与朋友打招呼，这是一种心理暗示："你请!"通过手势辅助提问，可减少言语重复，节约教学时间，提高教学效率，这样也可以给学生一种平等感。

6. 身体的移动

教师在教室内身体位置的变化同样有助于师生情感的交流和信息传递，使课堂变得有生气。

如果教师总站在课堂的同一个位置，则整个课堂会显得单调、缺乏生机活力。相反地，教师恰当地运用身体移动能激发学生的兴趣，引起学生的无意注意，调动学生学习的积极性。

当然，教师的身体移动应该注意适度。在教学过程中，教师讲课总是边讲边慢慢地移动，这除了使全班均能听清所讲内容外，也很有可能造成学生听课注意力不集中，因此教师的身体移动应该适中，不能夸张运用。

在学生回答问题、做练习、讨论时，教师可以在学生中间走动。在走动中对学生进行个别辅导，解答疑难，检查和督促学生完成学习任务。这样做缩短了教师与学生之间的空间距离，使学生感到在心理上与教师接近。

例如，在“勾股定理”（八年级下册第十八章第一节）的教学过程中：

> 证明三角形勾股定理有多种方法，学生在课堂上通过对正方形、三角形进行拼接组合，可以得到证明的思路，在学生小组讨论过程中，教师可走到每个小组旁边，倾听学生的探索思路，间接参与学生的讨论。

二、信息传输通道及教学媒体的变化

人对客观事物的感知是通过五种感觉器官来完成的，外部世界的信息同样是经过感官传递给大脑。为了获得对客观事物的全面了解，这五种感官必须协同活动才能完成，任何一个感官都不可能单独完成对客观事物的全面认识。从信息传输理论上看，每一种信息传输通道（与人类感官相对应）传递信息的效率不同，容易疲劳的程度也不尽相同。所以，在教学中只有适当地变换信息传输通道，尽可能地使用学生不同的感官，才能全面、有效地向学生传递教学信息。一般来说，信息通道的类型分为以下三种：

1. 视觉通道和媒体变化

许多学生都误读了数学这一学科，认为数学枯燥无味，甚至在一些学生眼中，数学就是一堆公式叠起来的学科。然而，事实并非如此。在教学中，如果能够将视觉媒体应用于数学课堂中，学生会更容易喜欢上数学，体会到数学也能够十分有趣生动。

视觉教学媒体多种多样，有板书、图表、图片、投影片、模型、实物道具、演示实验、录像视频以及电脑软件等。视觉通道是各种感觉器官当中效率最高的，视觉媒体具有直观、形象、生动的特点，容易吸引学生的注意力，激发学生的学习兴趣。

例如，在“几何图形”（七年级上册第四章第一节）的导入教学片段中：

师：同学们知道吗，在我们现实世界中有着形态各异、丰富多彩的图形，比如现在映入大家眼帘的是上海的东方明珠塔。（从美丽的图片入手，能迅速吸引学生的注意，让学生尽快进入上课状态）

师：同学们，从塔上可以抽象出什么形状特征的几何图形呢？（简单提问，让学生调整状态）

生：球。（教师同时展示类似实物，如乒乓球等）

师：我们再来欣赏一下世界八大奇迹之一的意大利罗马圆形斗兽场，这个古老的斗兽场从外形上来看就像一个残缺的……（加重语气，让学生自然说出答案）

生：圆柱体。（齐声回答）（教师同时展示类似实物，如水杯等）

师：还有我们繁华的广州，看一下，一座又一座极具现代化的高楼大厦拔地而起，而这些高楼大厦，看起来，就像我们数学上一个又一个的……（加重语气，让学生自然说出答案）

生：长方体。（齐声回答）（教师同时展示类似实物，如茶叶盒等）

……

在上述教学情境中，教师让学生观察大量的图片和有针对性的类似实物，如茶叶盒、球等，以便学生更好地认识几何图形中的平面图形和立体图形。

2. 听觉通道和媒体变化

教师通过听觉通道传递教学信息，使学生不容易产生疲劳感，而且能够为学生留下无限的想象空间。听觉通道在教学过程中使用率最高，通常占据了课堂教学的70%。听觉媒体包括音乐、录音等。

例如，在“轴对称图形”（八年级上册第十二章第一节）的导入教学片段中：

师：同学们，我们先来欣赏课件上的图片，映入大家眼帘的是在花丛中翩翩起舞的彩蝶，寒冬中晶莹剔透的雪花，京剧中五颜六色的脸谱，工艺中精美绝伦的窗花。（展示图片的同时配以《天空之城》的音乐）

上述教学情境中，教师在展示美丽的轴对称图形的同时，配以优美动听的轻音乐，以婉转生动的描述性语言为学生制造了一个又一个精美绝伦的画面，从听觉通道上给学生强有力的听觉冲击，留下了无限的想象空间。

3. 触觉通道和媒体变化

在数学教学中，通过触觉通道传递教学信息主要体现在学生的动手操作上，尤其体现在立体几何教学中，让学生动手操作、剪切拼接等，亲身体验、感受数学知识的由来，这样的教学安排往往能够取得更好的教学效果。

例如，在“直线与圆的位置关系”（九年级下册第二十六章第五节）的教学片段中：

> 师：请同学们拿出桌上的笔或尺子，还有光盘或硬币，模拟直线和圆，看看能够摆出几种不同的位置关系来。
>
> （学生动手操作）

上述教学情境中，教师通过让学生动手摆放尺子或笔、光盘或硬币，从触觉通道上让学生亲身体验直线和圆的位置关系，这样的教学方式有助于学生深刻理解知识内容。

在实际数学教学过程中，教师通常不会单独运用一种感觉通道和教学媒体，而是多种通道相互转换变化，多种教学媒体相互结合使用，引起学生充分的注意，达到理想的课堂教学效果。

案例展示

勾股定理的证明

本节课是八年级下册第十八章“勾股定理”第一节的第二课时，勾股定理是在学生已经掌握了直角三角形的有关性质的基础上进行学习的，是中学数学几个重要定理之一。它揭示了一个直角三角形三条边之间的数量关系，是解直角三角形的主要根据之一，在实际生活中用途很大。勾股定理的发现、验证和应用蕴含着丰富的文化价值，它在理论上占有重要地位，学好本节至关重要。

教学目标分析：

知识与技能目标：了解勾股定理的文化背景，体验勾股定理的探索过程，能够灵活地运用勾股定理及其计算。**过程与方法目标：**让学生经历“观察—猜想—归纳—验证”的数学过程，并从中体会数形结合及从特殊到一般的数学思想；培养学生观察、比较、分析、推理的能力。**情感态度和价值观目标：**通过介绍我国古代在研究勾股定理方面取得的伟大成就，激发学生热爱祖国与热爱祖国悠久文化的思想感情，培养他们的民族自豪感，在探索问题的过程中，培养学生的合作交流意识和探索精神。

教学重、难点：

教学重点：勾股定理的发现、验证和应用。**教学难点：**用拼图方法、面积法证明勾股定理。**突破难点的关键：**采取引导探索法，由浅入深、由特殊到一般地提出问题；以导为主，采用设疑的形式，让学生通过观察、分析、讨论、操作、归纳，理解定理，提高学生动手操作能力以及分析问题和解决问题的能力；利用教具与多媒体进行教学。

教学过程：

……

师：前面，老师通过古希腊数学家毕达哥拉斯在地砖里发现了蕴含在直角三角形中的特殊的三边关系的故事，给大家介绍了勾股定理。那么大家还记得它的内容吗?

生：记得。直角三角形两直角边的平方和等于斜边的平方。

师：很好，对于任意一个直角三角形来说，都有两条直角边的平方和等于斜边的平方。注意了，我们的直角三角形是带有任意性的。也就是说勾股定理对于所有的直角三角形来说都是成立的。(稍微停顿)

师：那同学们会不会觉得毕达哥拉斯很厉害啊？从朋友家的一块小小地砖就发现了著名的勾股定理。想不想知道当时的毕达哥拉斯是怎样验证出这个定理的呢？今天老师就带领大家一起来探究一下勾股定理的验证过程，让大家也来当一回数学家。(板书：勾股定理)

师：老师昨天布置大家每个人要回家准备四个全等的直角三角形，现在请大家把它们拿出来，我们来玩一个拼图游戏，看看能不能用这四个全等的直角三角形拼成一个正方形。

生：(动手操作，小组讨论)**(触觉通道传输)**

师：有没有同学想向老师展示一下自己的作品呢？好，小明同学和小红同学。(两位学生展示作品)**(视觉通道传输)**同学们看一看这两个图形，这两位同学回家准备的直角三角形是不是一样大小啊?

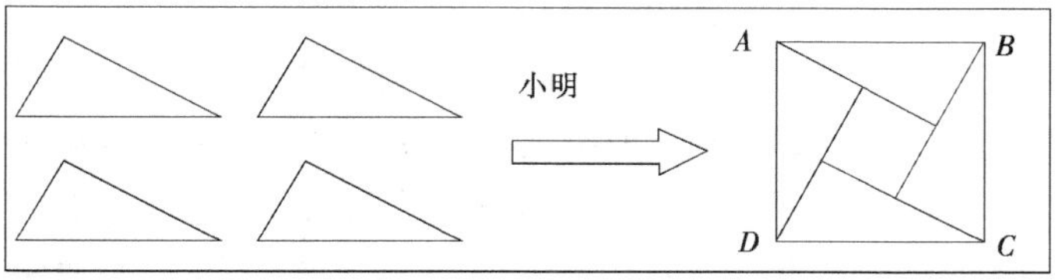

图 5－1

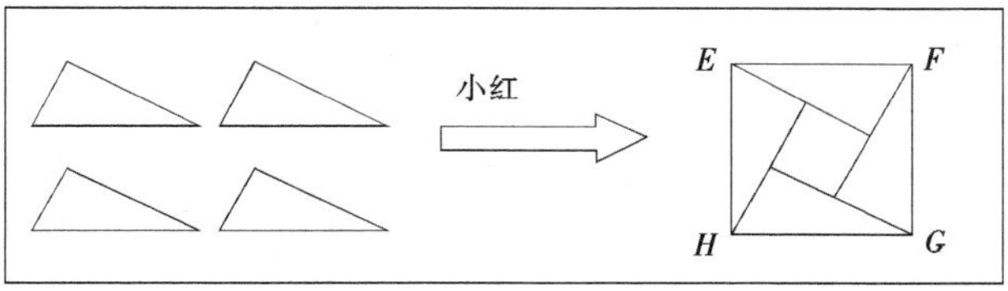

图 5－2

生：不一样。

师：但是我们可以看到无论直角三角形的大小怎样，最后他们都能把它拼成一个以直角三角形斜边为边的大正方形，这恰恰就说明了我们的直角三角形是具有任意性的。谢谢两位同学。那可能还有一些同学没有拼好，下面大家可以跟着老师的多媒体动画，我们再一次把这个过程操作一遍。**（视觉通道传输）**

（接下来和学生一起通过图像面积的关系推演出勾股定理的表达式）

……

教学赏析： 该教学片段选自八年级下册第十八章第一节第二课时。勾股定理是数学当中一个重要的定理，学生在学习勾股定理之前已经学习了三角形的相关性质和知识，并且经历了用面积探究数学规律的过程，因此本课采用触觉通道和视觉通道的转换，利用面积法的思想来验证该定理。通道的变化使用能够有效地引起学生的有意注意，从而达到一定的课堂教学效果。在教学过程中，教师先从触觉通道入手，引导学生动手拼图。但由于八年级学生的认知水平相对较低，所以在触觉通道的基础上，教师再从视觉通道入手，通过多媒体动画演示操作拼图的过程，加深学生的印象。最后再引导学生观察图形，启发学生利用面积法的思想得到定理的验证过程。整个教学过程遵循了学生的认知规律，通道的变化使得学生对勾股定理有了更深刻的理解，加强了对勾股定理的认识和记忆。

三、师生相互作用的变化

教育的三要素是：教师、学生和教学内容。在课堂上，这三者相互作用。随着时代的进步、教学观念的改变，当前教师与学生相互作用的方式也随之改变。传统的教学观念认为，上数学课就是教师讲、学生听，但是新课改理念下的师生相互作用的观念认为，数学课堂应该是师生之间的相互作用，不应该只是数学教师一味地讲解，学生被动地接受，学生也应该成为数学课堂教学的主体。因此，为了更好地对数学课堂进行教学分析，提高教学质量，一般将师生相互作用的变化分为以下两种：

1. 师生交流方式的变化

在课堂教学中教师应该采用多种方式与学生交流，了解学生的想法，以便获得全面的教学信息反馈。这些交流方式的主体有教师与全体学生、教师与个别学生、学生与学生、学生与教学内容。这看起来似乎很简单，但从我国目前的课堂教学实践来看，师生交流主要还是以教师与学生的方式进行的，这不符合新课程标准的基本理念。因此，教师应该采用多种与学生交流的方式。

案例展示

圆

本节课选自九年级上册第二十四章第一节“圆”的第一课时。圆是常见的几何图形之一，不仅日常生活中的许多物体是圆形的，而且在工农业生产、交通运输、土木建筑等方面都可以看到圆。第一节是在小学学过的一些圆的知识的基础上，系统地研究圆中的一些相关概念。圆的概念又是进一步研究圆和其他图形的位置、数量关系的依据，是全章的基础。

教学目标分析：

知识与技能目标：通过观察实验的操作，使学生理解圆的定义；结合图形理解弧、半圆、弦、直径、等圆、等弧、优弧、劣弧等有关概念。**过程与方法目标：**通过举出生活中常见圆的例子，经历观察画圆的过程，多角度体会和认识圆；在具体情景中，通过探究、交流、反思等活动获得圆的有关定义，体验探求规律的思想方法。**情感态度和价值观目标：**结合本课的教学特点，向学生进行爱国主义教育和美育教育，激发学生观察、探究、发现数学问题的兴趣和愿望。

教学重、难点：

教学重点：弧、半圆、弦、直径、等圆、等弧、优弧、劣弧等有关概念的理解。**教学难点：**圆、弦、直径、等圆、等弧、优弧、劣弧等有关概念的区别和联系。**突破难点的关键：**利用教具生动演示创设情境，多媒体课件辅助教学，深入浅出地把生活现象抽象为数学问题，让学生认识到数学与人类生活的密切联系；采用转化的策略，开展形式多样的课堂练习。

教学过程：

师：同学们，小明参加了学校的一个寻宝活动，主办方告诉小明从教学楼向东出发，到达第一棵树后打开手里的锦囊。小明到达第一棵树后打开了锦囊，得到这样一张纸条：宝物埋在距离你左脚3米处的地方。小明看后欣喜若狂，以为自己很快就能找到宝物，可是他东找找西找找，找了老半天就是找不到宝物，小明十分郁闷。同学们，你们说，这宝物有可能藏在哪里啊？

师：老师建议大家不要光思考，你们可以拿出一张白纸，在白纸上画上一个红点，这个点就代表小明的左脚，用一厘米代表一米，然后在纸上标示出宝物的位置。

师：好，你们觉得宝物有可能藏在哪里？（停顿）**（教师与学生做对话交流，充当引导者角色，提出问题）**

生1：在小明的左脚正右边的3米处。

生2：在小明的左脚正左方的3米处。

生3：在小明的一点钟方向的3米处。

生4：在小明的三点钟方向的3米处。

……

（学生是课堂主体，发表自己的见解）

师：非常好，同学们给出了宝物位置的多种可能性。按照刚才的分析，只要是距离小明的左脚3米的点都是有可能藏着宝物的，对吧？

生：对。

师：那这些点一共有几个啊？

生：无数个。

师：对了，有无数个。那我们能不能把这无数个点都在纸上给一一画出来呢？

生：不能。

师：那我们要怎样才能把这无数个点都给找出来呢？**（教师启发式提问，培养学生创造性思维）**

生：连线。

师：对，我们可以选择一条线把这些点通通都给连起来，大家看，这是一个什么图形啊？

生：圆。

师：对了，是一个圆。可是老师又有一个疑问了：我们仅凭一条线把这些点给连接起来就确定它是一个圆似乎不太严谨，那我们要如何来证明它是一个圆啊？我们知道小明的左脚和宝物之间的距离是一段 3 米的定长，而小明的左脚又可以看成是一个……

生：定点。

师：所以我们可以取一段 3 米的定长，再以小明的左脚为定点，绕着这个定点旋转一周，所构成的图形不就可以包含所有点了吗？那通过定点和定长这两个要素确定出来的图形是什么？

生：圆。

师：对了，圆(如图 5－3 所示)。非常好。那通过老师刚刚的描述，现在你们能够给出圆的准确定义了吗？

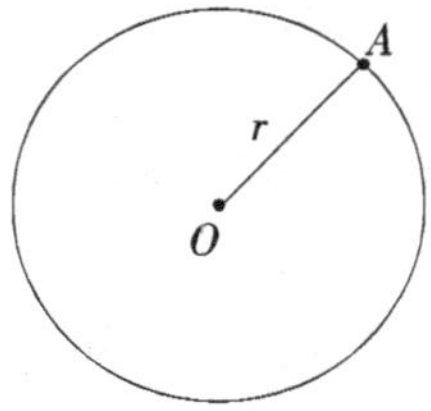

图 5－3

师：首先我们要找到一个？

生：定点。

师：再取一段？

生：定长。

师：定长的线段绕它固定的一个端点（定点）旋转一周所形成的图形叫作圆。其中定点是这个圆的中心，我们也叫它“圆心”。定长的线段我们就称之为“半径”。圆心和半径是圆的最基本的两个要素，只要确定了这两个要素，我们就能确定一个圆。那么现在大家用上这两个要素，告诉小明，宝物的具体位置是怎样的啊？

生：宝物在以小明的左脚为圆心、半径为 3 米的圆上。

师：非常好。同学们在刚刚的寻宝活动当中，不知不觉已经接触认识了一种新的几何图形——圆。那下面就让我们一起来走进圆的世界，更加深入地了解它吧！

……

教学赏析：该教学片段选自九年级上册第二十四章第一节第一课时。九年级学生的认知能力和理解能力相比于七、八年级的学生有了很大的提高，并且已经有了对几何图形初步的认知基础，且师生交流方式的改变有利于学生主导地位的体现。因此，在教学过程中，师生之间的交流方式是多样的，不只是教师一味地传授、学生被动地接受。教师通过与学生对话交流，时而作为引导者提出疑问，引导学生进行思考，回答问题；时而让学生积极发表自己的见解，培养其创造性思维。师生交流方式的变化能够让学生保持长时间的有意注意，有助于提高课堂教学效率！

2. 学生活动安排的变化

在数学教学中，理论的应用与实践尤为重要。教师应该根据教学需要安排一定的时间用于学生的个别学习、小组讨论或者数学活动等，激发学生参与教学活动的兴趣，让他们学习如何与他人合作，听取别人的意见，为学生的思想火花的碰撞提供机会。

第四节　数学教学变化技能的应用策略与实训

一、优化数学教学变化技能的策略

不同的教学手段有不同的教学特点，针对不同的教学目的和不同的教学内容，需要选择对应有效的变化类型和方法。为了有效地发挥变化技能的作用，营造最好的课堂教学效果，教师运用变化技能时，要注意以下四个实施策略：

1. 要针对不同的教学目标确立具体变化

不同的教学目标应该采用不同的变化技能，不能将一种变化技能运用于所有的教学活动中。要充分认识到教师的教态变化对学生有着潜移默化的教育作用，以及情感上的影响，因此，每一次的变化都应该有明确的目的，不能是为了变化而变化，将变化当成了终极的目标，这不但无法创造最好的教学效果，反而会事倍功半，本末倒置。

例如，在“平行四边形”（五年级上册第二单元）的教学过程中：

教师总结判定平行四边形的方法：

定理1：两组对边分别相等的四边形是平行四边形；

定理2：对角线相互平分的四边形是平行四边形；

定理3：两组对角分别相等的四边形是平行四边形；

定理4：一组对边平行且相等的四边形是平行四边形……

此时教师耐心地在黑板上认真细致地讲解四条定理所需要的条件，防止学生混淆，关键知识点提高语音语调引起学生注意，并且身体没有大幅度的移动。

上述教学情境中，教师很好地运用了适当的教态变化，使得知识点讲解到位，学生的注意力也始终保持在新课内容的讲解上，有利于学生深刻记住并学会应用。

2. 选择变化技能时要充分考虑学生的认知水平，针对学生的能力，了解他们的兴趣以及教学内容的特点

变化是引发学生动机、兴趣的武器。但是，并不是所有的变化技能都适用于所有的学生，所以必须要围绕学生的特点设计各种相对应的变化方式，针对不同的年龄层次选择不同的变化技能，且变化技能的运用必须清晰准确。只有让学生理解了所学知识，变化技能才算是产生了最大的效用。

例如，在“三角形内角和”（七年级下册第七章第二节）的教学过程中：

由于学生的认知水平相对较低，抽象逻辑思维能力较差，因此得出“三角形内角和是180°”的方法是用量角器去测量三个内角，单纯地使用触觉通道传输，并不算严谨地进行了证明；而八年级“三角形内角和”教学就不一样了，此时学生已经学习了平行线的有关知识，并且初步掌握了证明几何的一些方法，因此，他们既能够通过触觉通道，在动手操作图形的过程中自主探索出证明三角形内角和定理的方法，又能够通过视觉通道，观看教师的动画演示，从而确保严谨地证明出该定理。

3. 变化技能之间、变化技能与其他技能之间的连接要自然流畅

教学课堂中往往不能只运用一种教学技能，而是要多种技能交替使

用。因此，变化技能的设计使用需要其他技能的共同协助作用，这就需要做到各种变化技能之间以及变化技能与其他技能之间的连接自然、流畅、平滑，防止生硬的过渡给人带来突兀的感觉。

例如，在“平方差公式”（八年级上册第十五章第二节）的教学过程中：

师：在上课之前，我们来听这样一个故事：杨白劳在地主黄世仁那里租了一块正方形的土地去耕种，日出而作，日落而息，这日子倒也还过得下去。可是，这一天，黄世仁对杨白劳说：“我把这块地改为一边减少任意米数，相邻另一边增加相应同等米数的长方形，继续租给你，租金不变，算是给你最大的优惠好了，你意下如何，这可是一笔很划算的买卖，你肯定不会吃亏的。”杨老汉心想啊，这黄世仁肯定没安什么好心，无奈自己文化程度又不高，何况土地的边长还是个未知数，他根本就不知道如何来计算。**（故事导入技能）**那怎么办呢？同学们能帮帮忙吗？**（通过提问技能引发学生思考）**

（学生思考中）

师：老师现在想请大家用我们手中这些彩色的卡纸来抽象替代我们这块土地，大家动手操作一下，看看如果是按照黄世仁现在的方案，这笔买卖到底划不划算。好，我想请小明同学上台来操作一下。（学生上台操作）**（触觉通道传输）**

师：好，你解释一下，通过刚刚的操作，你发现它的面积增加了还是减少了？

小明：相比于原来的图形，它的面积是减少了。少了这么一块（如图 5－4 所示）。**（视觉通道传输）**

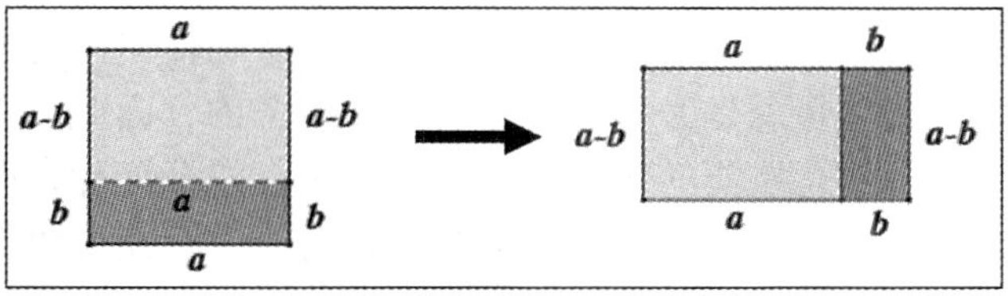

图 5－4

师：小明同学通过刚刚的操作纸板直观地得出了面积减少这样一

个结论。可是呢，我们虽然能够用纸板通过我们剪切或者拼接的方式来得出它的面积是减少的，可是在现实生活当中，土地那么大，我们总不能对一块土地也实行这样的操作吧？

生：嗯。（学生点头）

师：那我们要怎么办呢，如何用更一般的方法来证明它呢？刚刚说了，我们的土地边长是一个未知数。既然是未知数的话，就可以任意设它为 am. 此时这块正方形土地的面积是多少？

生：$a^2\text{m}^2$。

师：对了，那么按照黄世仁后来提出的方案，变为一个长方形，根据长方形面积计算公式，此时的面积是多少？

生：$(a+b)(a-b)$。

师：再经过我们上节课学习过的多项式与多项式相乘的法则，最后可以得到？

生：a^2-b^2。

师：既是 a^2-b^2（教师提高音量）**（教态变化）**，那我们就可以得到下面这样一个等式：$(a+b)(a-b)=a^2-b^2$。（板书）**（视觉通道传输）**

师：等号的左边是两个数的和乘上两个数的差，等号的右边是这两个数的平方差，像这种特殊的多项式展开形式我们就叫作平方差公式。

上述教学情境中，教师运用多种技能，且各种技能转换恰当，使得整节课呈现出最好的教学效果。

4. 变化技能的应用要适时适度，不能过分夸张，表演痕迹切忌太重

变化技能是引起学生注意的方式。适时是指要在恰当的时候运用变化技能。教师技能的变化总是为特定的教学目的服务的，因此应该在特定的时机采用。另外，变化技能的使用应该适度，不能过分变化，分散学生的注意力，以致耽误了教学进度。尤其是非语言行为的运用要繁简适度，过繁会弄得眼花缭乱，过简会显得呆板，都会影响课堂教学的效果。另外，在教学过程当中，情感的流露应该是自然而然的，比如，微笑、点头、身体动作等，这些教态不应该是通过表演，而应该是情不自禁地表现出来。如果一切变化都在设计中，那么整个教学过程将会变得生硬，缺乏感染力。

二、数学教学变化技能的实训

受训者应熟悉变化技能的目的、原则、类型、实施策略、实施要点等理论知识，能在头脑中生成变化技能的一整套理论体系。但仅仅掌握变化技能的理论知识是远远不够的，必须将这些理论反复运用于实训（微格教学形式）当中，在实训中检验这些理论的可行性，让变化技能在数学教学中发挥最大作用，为走好教师的道路打下坚实的基础。

1. 实训目标

（1）了解数学教学变化技能的概念、作用、要素和实施要点；

（2）掌握数学教学变化技能的各种类型；

（3）能根据教学内容，合理地设计变化技能的教学运用；

（4）能根据变化技能的教学设计熟练进行教学，并做到：①变化自然、准确规范；②变化合理、重点突出；③多样结合、营造气氛；④具有示范性和启发性。

2. 实训设计

首先，受训者必须对教学技能中变化技能的理论知识有深刻的认识，并对其有自己独特的思考，结合自身的教学特点，形成一套适合自己的变化理论。在此基础上，多多观摩真正的教师在课堂上是如何运用变化技能的，做好归纳，并尝试思考，进行变化技能的训练。在确定好变化技能的类型后，选择针对性强的教学内容，依据实训的目标和要求，结合变化技能类型的特点，应用数学课堂中变化技能的原则、优化策略以及评价表进行教学设计（即微格教案）。微格的时间限制为 5 ~ 10 分钟。

下面是选自七年级上册“18.1.2 勾股定理的证明”的微格教学设计表：

表 5－1　微格教学设计表

学科：　　执教者：　　年级：　　日期：　　指导教师：

教学课题	18.1.2 勾股定理的证明
教学目标	1. 了解勾股定理的证明 2. 掌握勾股定理的内容 3. 掌握勾股定理的证明方法，初步会用它进行相关的计算、作图和证明 4. 通过勾股定理的应用，培养方程的思想和逻辑推理能力

（续上表）

技能目标	变化技能			
时间分配	教师授课行为	教学技能要素	学生学习行为	教学设备与媒体
1分钟	复习勾股定理内容	导入技能	思考并且复述定理内容	
1分钟	引导学生思考，小组讨论证明勾股定理的方法	提问技能	认真思考 小组讨论	
2分钟	引导学生操作纸板，在拼图过程中探索证明方法	变化技能	独立操作纸板，探索证明方法	纸板
1分钟	动画演示证明过程	演示技能	观察教师证明过程	黑板、PPT
3分钟	讲解证明方法	讲解技能	认真听老师讲解	PPT

3. 微格训练

当变化技能的教学设计出来后，受训者一定要进行微格训练。在进行微格技能训练时，受训者先要简要概述训练的变化技能类型或方法，以及教学内容的出处，之后进行微格教学，最后是进行小结归纳。

4. 实训后评价

在观看微格录像后，评课者可以针对教学设计和教学实施过程进行评价。数学课堂变化技能的评价，可采用以下评价表：

表5－2　变化技能的评价记录表

讲课人		评课人		成绩			
课题				评价等级			
评价项目			权重	优	良	中	差
1. 内容符合教学目标以及学生的认知水平和认知需要			10%				
2. 音量、语音、语调、语速适中得当			10%				

（续上表）

评价项目	权重	优	良	中	差
3. 面部表情、手势、身体移动以及目光接触准确到位，配合自然，情感自然流露	20%				
4. 变化类型选择准确，运用不同的感觉通道，教学媒体使用及变化恰当合理	20%				
5. 变化技能中不同类型的技能衔接流畅，不同技能间转换自然	20%				
6. 师生相互作用的方式选择准确到位	10%				
7. 面对突发情况，应变自如	10%				
整体评价及补充意见：					

注：其中优为 91～100 分，良为 76～90 分，中为 61～75 分，差为 60 分以下。

针对“18.1.2 勾股定理的证明”一课的教学设计，评价后得出如下结论，如表 5－3 所示：

表 5－3 变化技能的等级评价表

讲课人		评课人		成绩	
课题	18.1.2 勾股定理的证明			评价等级	良
评价项目		权重	优	良	中	差
1. 内容符合教学目标以及学生的认知水平和认知需要		10%	√			
2. 音量、语音、语调、语速适中得当		10%		√		

（续上表）

评价项目	权重	优	良	中	差
3. 面部表情、手势、身体移动以及目光接触准确到位，配合自然，情感自然流露	20%		√		
4. 变化类型选择准确，运用不同的感觉通道，教学媒体使用及变化恰当合理	20%	√			
5. 变化技能中不同类型的技能衔接流畅，不同技能间转换自然	20%		√		
6. 师生相互作用的方式选择准确到位	10%		√		
7. 面对突发情况，应变自如	10%		√		
整体评价及补充意见： 在导入环节可以采用更为有趣生动的导入方式，可以利用动画演示来吸引学生的注意力；在学生的操作环节中，教师可让学生进行合作交流，互相讨论，教师巡视小组，听取学生意见；教师不要立刻打断学生的想法，应引导学生发表自己的独特见解。					

5. 实训后反思

受训者应多与评课人员进行经验交流，反思自身在教学设计和教学实践中的不足，进行优化改进。如针对表5－3的评价结果进行反思后，作出如下改进，如表5－4所示：

表5－4　微格教学设计表

学科：　　执教者：　　年级：　　日期：　　指导教师：

教学课题	18.1.2 勾股定理的证明
教学目标	1. 了解勾股定理的证明 2. 掌握勾股定理的内容 3. 掌握勾股定理的证明方法，初步会用它进行相关的计算、作图和证明 4. 通过勾股定理的应用，培养方程的思想和逻辑推理能力

（续上表）

技能目标	1. 导入技能 2. 变化技能 3. 讲解技能			
时间分配	教师授课行为	教学技能要素	学生学习行为	教学设备与媒体
1 分钟	毕达哥拉斯历史小故事导入	导入技能	了解勾股定理的历史背景 初步回忆勾股定理内容	PPT
1 分钟	引导学生思考，小组讨论证明勾股定理的方法	提问技能	认真思考 小组讨论	
2 分钟	引导学生操作纸板，小组合作交流，在拼图过程中探索证明方法，教师巡视，并且听取学生讨论的意见	变化技能	操作纸板，互相交流，探索证明方法	纸板
1 分钟	动画演示证明过程	演示技能	观察教师证明过程	黑板、PPT
3 分钟	讲解证明方法	讲解技能	认真听老师讲解	PPT

6. 实训总结

通过微格教学的反复训练后，一定要及时评价，作出反思，及时对教学设计作出相应修改，这样才能不断完善整个教学过程。实训过程可以分小组进行，向小组成员说明变化技能设计的目的、思路以及过程，然后一起讨论设计的可行性，并进行修改。然后进行微格教学，与小组成员一起观看微格录像，共同针对教学效果进行优化改进，逐步完善演示过程。

实践与思考

1. 变化技能的作用主要有哪些？包括哪几种类型？

2. 教态的变化主要表现在哪些方面？运用时要注意哪些问题？

3. 观察一位优秀教师的某节课，找出其变化技能的使用情况，并分析每个变化技能的使用对教学的作用。

4. 选择一个课题作为案例，分别设计三种以上的变化进行教学，比如教师讲解+多媒体演示+学生分组讨论，或者学生探究+教师引导+学生动手实践以检验结论的正确性，并比较一下哪种方式的变化更受学生欢迎。

第六章
数学教学板书技能

课堂板书一般分为两大板块，分别为主板书和辅助板书。主板书是教师在对教学内容进行概括的基础上，提纲挈领地反映教学内容的书面内容（包括讲授要点、内容分析、解题过程、概括总结），一般写在黑板的左部和中部。对于数学板书来说，由于板书容量大，又要体现数学知识的连贯性，所以主板书一般写在黑板的左边。主板书是一节课的重点知识的体现和学生做笔记的重要内容，一般作为教材内容的框架保留较长时间。

辅助板书，又称副板书，是教师在教学过程中为了引起学生的注意或解释上课时学生难以理解的问题，写在黑板右侧的书面内容。这一板块的灵活性大，一般只起到辅助和补充的作用，在达到了理解目的的同时，它的作用性也随之降低，故没有必要保存过长时间。一般来说，一节课应有一个完整的板书计划，讲课结束之后，黑板上应留下一个完整、美观的板书。

我国当代特级教师于漪曾说过："语言不是蜜，但是可以粘东西，教师的语言要锤炼，要准确生动、流畅优美，像磁石吸引学生的注意力。"而在数学课堂中，单单靠语言向学生讲授知识，则略显单薄，所以借助黑板这一教学用具，把口头语言和板书两者结合，一方面唤醒学生的听觉，另一方面调动学生的视觉，相得益彰，更能凸显教学课堂的立体感，达到更好的教学效果。因此，板书在教学的课堂中是提纯的金、琢成的玉。

相应地，板书技能是指在课堂教学中，教师运用平面媒介（包括黑板、投影仪、展示台等）准确、有效、灵活地书写文字、符号或作图等，将教学内容呈现出来，分析认识过程，使知识概括化和系统化，引导学生正确理解，加强记忆，提高教学效率的教学行为。

例如，在"正方形的定义和性质"（八年级下册第十九章第二节）的教学片段中：

……

师：学习完了正方形，我们来回顾一下，正方形有什么特征？（稍等片刻，学生思考）

生（齐声回答）：它的四条边相等，四个角都相等且都为90°。

师：（点头，接着提问）那它跟我们学习过的平行四边形、长方形、菱形之间有什么关系呢？

生（边思考边回答）：平行四边形的一个角是直角，且一组邻边相等可以形成正方形，长方形的一组邻边相等可以形成正方形，菱形的一个角为直角可以形成正方形……（教师板书）

19.2　正方形的定义和性质

正方形的特征：四条边相等、四个角都是直角

正方形：平行四边形有一个直角，且一组邻边相等可以形成正方形。

长方形的一组邻边相等可以形成正方形。

菱形的一个角为直角可以形成正方形。

图6－1

……

在该板书中，教师直接通过文字表达出正方形与其他图形之间的关系，大量的文字不仅造成学生的阅读障碍，也不符合数学中使用图形直观反映图形之间的关系的要求。相反，如果教师在分析平行四边形、长方形、菱形和正方形的关系时，采用以下板书则效果大不同。

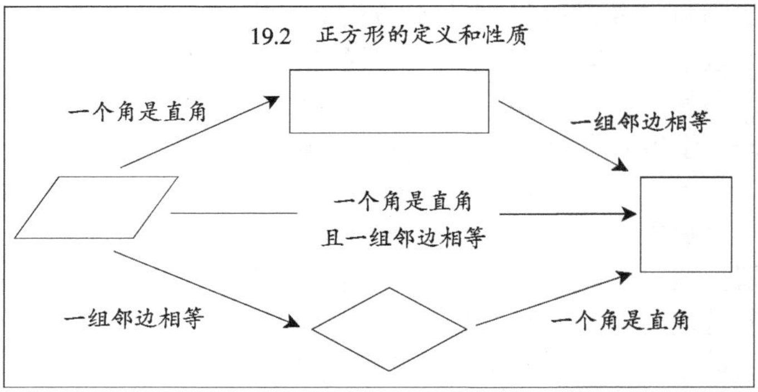

图6－2

上图运用图示式板书，利用文字和线条，将平行四边形、长方形、菱形和正方形四种图形的边、角等关系联系起来，形成一个图形之间的“关系结构图”。相比上一个板书烦冗的文字表达，图示式的板书能更直观地让学生理解四个图形之间的关系，提高学生对知识的迁移能力。

板书技能是课堂教学技能中的重要组成部分。我国当代著名教育家朱绍禹先生指出：“板书能点睛指要，给人以联想；形式多样，给人以丰富感；结构新颖，给人以美的享受。”好的板书作为一种形象的无声的书面语言，不仅能够调动学生的感觉器官，而且能够有效地加强数学语言的信息传递，创设课堂审美情境与和谐气氛，引起学生的审美心理体验。在数学的课堂中，教师必须根据教学目的、教学要求和教材重点等，通过精心构思的板书，反映整节课的教学思路，突破教学难点，达到一节课的教学目的。同时，板书的设计也渗透着一个教师的治学态度、教学风格，教师对教学内容理解的广度和深度，以及思维的严谨态度。所以板书技能不仅是数学教师必备的一项教学基本功，同时也是数学教师的教师素质的有效体现。

第一节　数学教学板书技能运用的目的

板书技能，是课堂教学中教师的重要手段，是一堂课教学内容的高度浓缩，是教师必须掌握的一项基本教学技能。教师一整节课的授课意图、教学思路往往能通过完整的板书很好地呈现出来，在传授知识的同时，留给学生一个直观、完整的印象。因此，优秀的板书设计浓缩体现了整个教学方案的精华，如果运用得当，会对整个教学过程起到事半功倍的作用。

全国板书学研究中心名誉主任钟为永认为，板书对提高教学效率有很大的功能；我国优秀教师王松泉概括了板书的七大作用，即体现教学意图、理清全文脉络、突出教学重点、强化直观形象、便于集中注意力、有利于巩固记忆、节省教学时间；学者胡云汉认为，板书可引导和控制思路，有助于知识结构的形成，显示不同的空间位置，引导学生由形象思维向抽象思维过渡，体现事物的从属关系和因果关系，体现事物的发展过程，化大为小以及变小为大，培养学生组织教材和控制教材的能力；全国现代教学艺术研究会副理事长李如密先生认为，教学板书是对教学内容的加工和提炼，是教师教学能力的综合体现，是学生有效学习的必要途径。

因此，正如英国牛津大学出版社出版的《教育学》中所强调的，教学板书几乎可以服务于无限的目的。

一、凸显教学重、难点，方便学生理解教材

数学课堂的每一节授课中，都有教师要完成的教学重点和难点。对于重点的概念、符号、注意点要反复进行强调，对教学难点需要板书解题过程、证明过程等。教师在讲授教材的同时，把教材重点、难点板书出来，并且利用圈圈点点，或用不同颜色的粉笔进行标注，唤起学生的注意，让学生紧随教师的思路掌握知识。因此，围绕教学中心，突出重、难点的板书，能再现知识的本质特征，深化教材的思想内容，有助于学生真正掌握教材所要求的教学目标。

例如，在“整式的加减”（七年级上册第二章第二节）复习课的教学片段中：

……

师：今天是“整式的加减”这一章的复习，我们先来梳理一下这一章学习了哪些知识？（学生陷入回忆，紧接着教师进一步引导）

师：我们首先学习了用字母来表示数（边讲边板书），然后学习了单项式和单项式的哪些相关概念？

生（思考后，大声回答）：学习了单项式的概念，单项式的系数和次数。（教师板书）

师：对了（投出赞赏的眼光），看来同学们记得很清楚，那还学习了另外一种式子是什么？（停顿片刻）

生（全体回答）：多项式。

师：我们学习了多项式的什么知识？

生（零散地回答）：多项式的项、次数，还有常数项。（教师板书）

师：不错（微笑），那我们把单项式和多项式统称为整式。（板书）接着学习了同类项、合并同类项，还学习了去括号的法则，这些都是为了进行整式的加减运算。好，那我们现在针对每一个概念进行详细回顾。

2.2 整式的加减

整式的加减
- 用字母表示数
- 整式
  - 单项式：系数、次数
  - 多项式：项、次数、常数项
- 同类项：定义
- 合并同类项：定义、法则、步骤
- 去括号：法则

图 6－3

……

给出“整式的加减”这一章的知识结构图（如图 6－3 所示），突出本章的教学重点和难点，方便学生构建本章节的知识体系框架。在每一个知识点的呈现中，也可让学生自己梳理本章的知识结构和检查自己的掌握程度。

二、揭示教材内在的联系，促进学生构建认知结构

初等数学中的知识结构都具有一定的联系性和逻辑性，教师在课堂中，利用板书的优势，将教材的内在条理清晰地呈现出来，将教材的要点及其内容的关系与联系加以概括提炼，易于揭示教材内在的联系，使学生突破表面知识，理解深层含义，提高学生对知识的迁移能力。同时将数学知识系统化和结构化，有助于学生强化知识脉络，形成一个完整的知识框架，从而促进学生主动构建知识与知识之间的认知结构体系。

例如，在“多边形的内角和”（七年级下册第七章第三节）的教学片段中，教师可以启发学生通过探讨将多边形分割成我们熟悉的三角形，利用三角形的个数和边数之间的关系，得出多边形的内角和的计算公式，在具体讲解的时候，教师以填表的方式，通过一问一答，列出如下板书：

表 6－1 多边形内角和计算公式板书

7.3 多边形的内角和

多边形的边数	图形	分割出的三角形个数	多边形的内角和
3	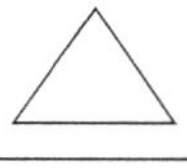	3－2＝1	（3－2）×180°

（续上表）

多边形的边数	图形	分割出的三角形个数	多边形的内角和
4	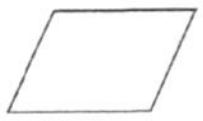	$4-2=2$	$(4-2)\times180°$
5	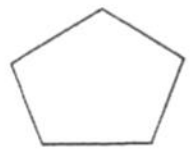	$5-2=3$	$(5-2)\times180°$
……	……	……	……
n	……	$n-2$	$(n-2)\times180°$

教师运用不完全归纳法，边提问边板书，让学生在回答中理清多边形内角和的推理思路，同时运用表格式板书能使教师的归纳更具有条理性，使学生对多边形内角和性质的认识更具规律性。

三、加大信息刺激的强度，优化学习效率

板书的视觉形象表达与口头语言的听觉相结合，加强了信息刺激的程度。利用图片、符号、文字等多样的形式丰富板书设计，突出教学信息的强化特征，不仅调动了学生选择性的注意和知觉，而且有利于记忆的双重编码思维的再加工处理，激发学生对数学知识学习的兴趣，大大促进了学生认知活动的效率。

对于中小学生来说，一节课四十五分钟的时间里，无法时刻保持高度的精神集中，所以利用板书的多样性，刺激他们接收信息，吸引学生的注意力，也可以进一步提高学生对知识接受的主动性。

例如，在“平方差公式”（八年级上册第十五章第二节）的教学片段中：

……

首先讲述小故事，狡猾的庄园主将原来正方形的土地，一边增加 b m，另一边减少 b m（板书左侧的图形），再次租给诚实的张老汉，接下来：

师：听完刚才的故事，同学们一起开动脑筋想一想，改变之后与改变之前的面积一样吗？（教师停顿，学生思考，进一步提问）有没有同学到黑板上用改变前后两块面积进行拼接或重合，直观地让同学们看出是不是有变化呢？

生：（纷纷举手，教师请小明到黑板上演示）小明（到黑板上演示）将阴影部分的图形覆盖在原来空白的正方形上面（如板书右侧图形）。

师：很好，（带头鼓掌）那现在我们看到了阴影部分有没有把空白的部分覆盖住？

生（大声回答）：没有！

师（进一步追问）：那我们一起看一下究竟空白部分比阴影部分多了多少呢？

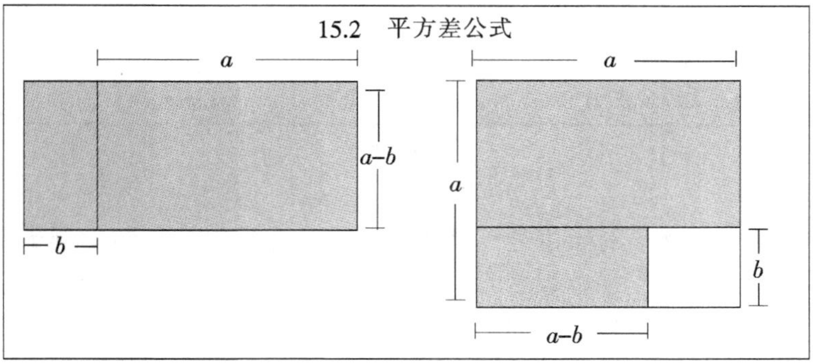

图 6－4

……

运用图形颜色的不同，让学生亲自进行图形的拼接，既刺激了学生的视觉，又激起学生对接下来的探索过程的兴趣。利用教学工具进行板书，加以语言的修饰，丰富板书的设计。

四、发展学生的抽象思维能力，启发学生的数学思维

好的板书，层次清晰，富有科学性和系统性，就像一幅引人入胜的

"导游图"。教师在传授知识时，一般是从具体到抽象，通过板书便能把整个讲解过程清晰地呈现在学生面前。因此，利用板书这个知识的"导游图"，可以使学生在形象思维的基础上比较牢固地掌握数学概念、定理、公式等，从而引导学生由形象思维过渡到抽象思维，并逐步培养学生思维的逻辑性、系统性和严密性，启发他们的数学思维能力。

例如，在"探究一元二次方程根与系数的关系"（九年级上册第二十三章第一节）的教学片段中，由于该教学点属于知识拓展的内容，课本中以 m 和 n 表示一元二次方程的系数，通过两个简单的式子的观察，让学生猜想系数 m 和 n 与两根的关系。学生对具体的式子过渡到抽象理解起来比较困难，所以教师在教学中，应精心设计板书，先由具体的一元二次方程两根之和和两根之积入手加以引导。板书如下：

23.1　探究一元二次方程根与系数的关系

方程	两根之和	两根之积
$x^2+6x-16=0$	$x_1+x_2=-6$	$x_1x_2=-16$
$x^2-x-2=0$	$x_1+x_2=1$	$x_1x_2=-2$
$x^2+3x+4=0$	$x_1+x_2=-3$	$x_1x_2=4$
$2x^2+4x+2=0$	$x_1+x_2=-2$	$x_1x_2=1$

图 6－5

通过简单的例子对学生进行启发性引导，让学生从具体的例子中找出规律，并自主推导用字母表示的一般形式的一元二次方程两个根和系数的关系，让学生体验从形象到抽象的思维转变过程，激起学生自主探索的学习精神，也启发学生的数学逻辑思维。

五、树立正确示范，促使学生形成良好的数学素养

在数学教学中，用大量的数学专业语言、符号、图形等数学基本工具，让学生掌握用规范的数学语言准确地表达数学知识和数学学科的特点，是学习数学的一个重要基础。所以在教学过程中，需要教师运用板书这个良好的平台，规范板书数学语言、符号和图形等，为学生提供正确书写和运用数学专业表达的示范。

数学语言和符号是描述数学中某一个概念的专业术语，具有严格的含义，既不能混淆，也不能随意乱用。数学教师在板书中规范使用数学语言

和符号，无疑会极大地促进学生良好的数学素养的形成。此外，严谨的示范会潜移默化地引导学生养成良好的数学用语习惯，这对学生的口头表述、书面表达和准确地运用知识等能力的培养也十分有益。

例如，在讲解完“三角形全等的条件”（八年级上册第十三章第二节）中的定理后，在接下来的教学片段中：

……

师：我们学习了 SSS 定理，那看一下例题 1（如图 6－6 所示），要怎样进行证明呢？我们先看一下题目要求的是什么。（用手指向黑板，引导学生看题）

生（眼睛看黑板，齐声回答）：求证 $\triangle ABD \cong \triangle ACD$。

师：那题目告诉了我们什么已知条件？（稍等片刻，学生再次看题，教师进一步引导）题目已知 $AB = AC$，且知道 AD 是 BC 的中线，（停顿一会，再次追问）我们看一下知道了什么？

生（大声回答）：$BD = CD$.

师（肯定地说）：很好，那还要已知什么条件，才能运用我们今天所学习的 SSS 来证明呢？

生（零散回答）：AD 是公共边。

师：对了，我们找到了三条边对应相等，就可以证明 $\triangle ABD \cong \triangle ACD$，那证明的过程要怎么规范来写呢？我们一起看一下。（教师板书，学生集中精神）

13.2　三角形全等的条件

例 1：如图所示，$\triangle ABC$ 中 $AB = AC$，AD 连接点 A 与 BC 中点 D，求证 $\triangle ABD \cong \triangle ACD$.

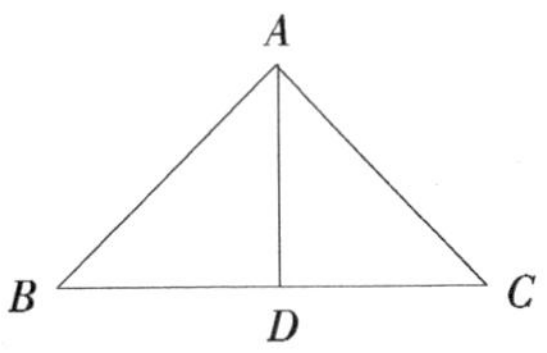

证明：∵ D 是 BC 的中点，

∴ $BD = CD$

在 $\triangle ABD$ 和 $\triangle ACD$ 中，

$$\begin{cases} AB = AC \\ BD = CD \\ AD = AD \end{cases}$$

∴ $\triangle ABD \cong \triangle ACD$（SSS）

图 6－6

……

本题是一道几何证明题，需要运用许多数学专业语言、符号、图形等进行证明。教师利用板书，给学生呈现一个规范的做题过程，起到规范化的作用，培养学生在做题中的规范性。

数学的教学课堂中，板书贯穿教学过程中的每一项教学活动，关系到教学目的的顺利完成和教学效果的好坏。因此，教师必须明确板书技能的目的，在设计板书时，将每个目的落实到位，才能真正发挥板书的最佳作用。

第二节　数学教学板书技能运用的原则

由于数学学科自身的特点，数学课堂的板书相对于其他学科的板书内容更为丰富。如在对定理、推论等进行证明时，不仅有大量的符号，还需要对图形进行分析说明；在新概念的学习中，时常引用数学文字进行表述；在师生互动中，板书是教师和学生共同参与的“作业”。所以，数学课堂中的板书不仅体现了教师的教学严谨性和逻辑性，而且是培养学生数学思维能力的重要工具。

板书不是课堂的一种装饰，好的板书是通过书面符号、文字有效地培养学生数学思维能力的工具。板书也不是一节课的上课提纲，它让学生通过课堂板书的关键和纲要性内容，联想到整个教学内容。而又由于板书受到上课时间、板书面积、学生的掌握情况等限制，所以课堂板书中要求教师遵循板书技能的原则，精心设计出一个灵活性强、少而精的板书，从而驾驭课堂，引导学生。

一、目的性和针对性原则

设计教学板书是为教师的教学目的服务的，所以要求教师不能舍本逐末，喧宾夺主。板书设计之前，教师要先对教材进行钻研，遵循新课改的教学目标，围绕教学目的，分析课程的重、难点，掌握整节课的教学主线，遵循形式为内容服务的原则，抓住三点——教学重点、教学难点和教材特点，突出三线——结构线、情感线和训练线，有目的地设计一节课的板书内容，同时还要求教师设计板书时要兼顾培养学生的情感态度和价值观。

而在数学课堂中，一节课的教学知识很多，教师在确定教学目的之后，要针对学科、教材编写、教学内容的特点，针对不同课型和不同学生的特点，从实际出发，做到因科制宜、因课制宜、因人制宜。

例如，在“整式的加减”（七年级上册第二章第二节）复习课的教学片段中：

……

师：（要求学生对概念空缺部分进行填空）现在我们一起回顾一下单项式和多项式的一些概念，请同学们认真完成黑板上概念的填空，待会请同学来回答。（学生查阅，认真完成，教师巡查）请小红同学来回答。（学生回答，教师板书）

2.2 整式的加减

1. 单项式：由数字和字母的________组成的式子叫作单项式，单独的一个数或字母也是单项式。

单项式的系数：单项式中的________叫作这个单项式的系数。

单项式的次数：一个单项式中，________________叫作这个单项式的次数。

2. 多项式：几个单项式的________叫作多项式。

多项式的次数：多项式里________的次数，叫作这个多项式的次数。

3. 整式：________和________统称整式。

图 6－7

……

采用提问学生、教师板书的形式，有目的性地实现学生对“整式的加减”这一章重要概念的回顾；同时利用填空式板书，有针对性地让学生重点关注空缺的部分，学生理解了空缺部分的内容也就基本上掌握了本节的教学重点。

二、科学性和示范性原则

数学课堂的板书是随着教师的讲授过程而逐步进行的，最后形成一个整体。教师在板书的过程中，要注意板书的科学性，板书表达的知识要正确，再现知识要运用准确，揭示的内容要客观。在证明例题的过程中，教师要从科学的理论出发进行证明，板书出有逻辑性的解题过程。在遇到大量文字的时候，教师的板书过程要简练，运用科学准确的语言表达。

全国现代教学艺术研究会副理事长李如密在《教学艺术论》中说："教学板书具有很强的示范性特点，好的板书对学生是一种艺术熏陶，起到潜移默化的作用。教师在板书时的字形字迹、书写笔顺、演算步骤、解题方法、制图技巧、板书的态度与作风、习惯动作与语言等，往往成为学生模仿的对象，留下深刻入微的影响。"因此，在板书时教师要充分认识到这一点，严格要求自己，规范数学语言符号的运用、解题与证明的格式步骤，且板书要力求书写规范、字迹工整、尺规作图，给予学生科学准确的示范，潜移默化地帮助学生建立良好的数学学习习惯。

例如，在讲授"三角形全等的条件"（八年级上册第十三章第二节）中运用定理证明三角形全等的教学片段时，如果教师呈现如下板书就不规范了：

13.2　三角形全等的条件

例 4：如图所示，$AC\perp BC$，$BD\perp AD$，$AC=BD$，求证 $BC=AD$.

$\because AC\perp BC$，$BD\perp AD$

$\therefore \angle C=\angle D=90°$

在$\triangle ABC$和$\triangle ABD$中，$\begin{cases}AB=BA\\ AC=BD\\ \angle C=\angle D=90°\end{cases}$

$\therefore \triangle ABC\cong\triangle ABD$（HL）　$\therefore BC=AD$

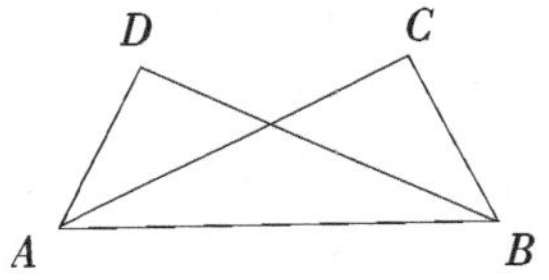

图 6－8

以上板书的整个证明过程的思路是正确的，但是教师板书中对运用定理的表达不规范，证明定理是对直角三角形适用的，应该在直角三角形中进行讨论，而且在解题的过程中格式很不规范，容易让学生有样学样，有诱导学生犯错的可能性。

三、系统性和条理性原则

在数学学科当中，教学知识内容循序渐进，具有很强的逻辑性、系统性。而在教学中扮演引导者角色的教师在进行板书时，必须层次分明、条理清晰，体现教学内容的顺序和逻辑关系。杂乱无章、随手涂画的板书不但使学生无法记录，而且会扰乱学生的思维，影响教学效果。所以，教师要真正理解教材，把教材的内容系统化、条理化，通过板书，反映教材的真实面目，揭示教材内在的逻辑结构。

要做到板书具有系统性和条理性，首先要将课本相同层次的内容排列整齐，其次对层次相同的内容进行编号，且编号运用规范一致、稳定。这样，教材的内在联系也就有规律地呈现出来，既方便学生做笔记，又体现教师一节课中的教学思路和教材的内在联系。

例如，在“圆的基本性质”（九年级上册第二十四章）的复习教学片段中，教师将板书书写如下：

24　圆的基本性质 一、圆的两种定义 （一）在一个平面内，线段 OA 绕它固定的一个端点 O 旋转一周，另一个端点 A 随之旋转所形成的图形叫作圆。 （二）圆是到定点的距离等于定长的点的集合。 二、圆的有关性质 （一）圆的对称性 （二）垂径定理及推理

图 6-9

教师运用提纲式编号板书，将“圆的基本性质”的知识要点有条理地呈现出来，让学生在上课的过程中可以清晰明了地理解教师的上课思路，掌握基本的知识结构，同时也方便学生记忆。

四、计划性和合理性原则

在实际的教学中，教师板书要有计划性，从而达到最佳的教学效果。在设计板书的时候，教师要根据黑板的大小，从板书的分块、板书的内容和顺序、配图的位置等方面进行合理设计。板书是随着教师讲解进行的，将讲解的内容合理地安排在黑板的位置上，能帮助学生理解教学内容，也让学生通过板书对整节课有一定的印象。

教师在设计板书时，要根据黑板的大小进行合理分块，要考虑是否需要配图、用什么工具画图、图要画在什么位置；哪些内容要进行保留，哪些内容可以适当擦去；哪个知识点需要用不同颜色的粉笔进行着重强调；哪些题目要适当让学生板书等等，根据教学要求全盘考虑，对板书设计进行合理布局，制订周密计划，确定板书的格式，规划板书的位置。

例如，在“平方差公式”（八年级上册第十五章第二节）的教学片段中，教师设计的板书如下：

15.2 平方差公式

平方差公式：	例题：(1) $(3x+2)(3x-2)$	练习题：
$(a-b)(a+b)=a^2-b^2$	(2) $(b+2a)(2a-b)$	(1) 98×102
两个数的和与这两个数的差的积，等于这两个数的平方差。	解：(1) 原式 $=(3x)^2-2^2$ $=9x^2-4$ (2) 原式 $=(2a+b)(2a-b)$ $=(2a)^2-b^2$ $=4a^2-b^2$	(2) $(y+2)(y-2)$

图 6－10

此板书作为一节课的完整板书，计划性好，架构清晰，布局合理。从板书的分块看，主要分成三个板块，每一板块的教学内容安排得当，符合教学规律，让学生对本节课的知识有足够深刻的印象。

五、多样性和启发性原则

板书的设计没有固定的模式，相同的教学内容会随着教学目标、教师的教学方法和教学风格、学生的情况等不同而呈现出不同的形式。教师可以根据自己的需要采用不同的教具，适当地选择符合学生的板书。所以，不同情境下的教学应采用不同的板书形式进行呈现，有利于吸引学生的注意力，激发其学习兴趣。

但是，任何形式的板书都是为教学内容服务的，所以，好的板书形式还需要以揭示教学基本内容为主，把握教材内容，由浅入深，揭示知识的内在规律，启发学生的思维。通过教师的教学，让学生感受到教学内容中所蕴含的数学思想和方法，提高学生的数学思维，让学生着实体会到数学思维的灵活性、逻辑性和严密性。

例如，在“全等三角形的性质和判定”（八年级上册第十三章第三节）的教学片段中，教师采用以下两种形式的板书将知识点展现给学生：

形式1：

13.3　全等三角形的性质和判定

1. 性质：全等三角形的对应边相等；

　　　　全等三角形的对应角相等。

2. 判定定理：

　　　　三边对应相等的两个三角形全等。(SSS)

　　　　两边和它们的夹角对应相等的两个三角形全等。(SAS)

　　　　两角和它们的夹边对应相等的两个三角形全等。(ASA)

　　　　两个角和其中一个角的对边对应相等的两个三角形全等。(AAS)

　　　　斜边和一条直角边对应相等的两个直角三角形全等。(HL)

图6－11（a）

形式2：

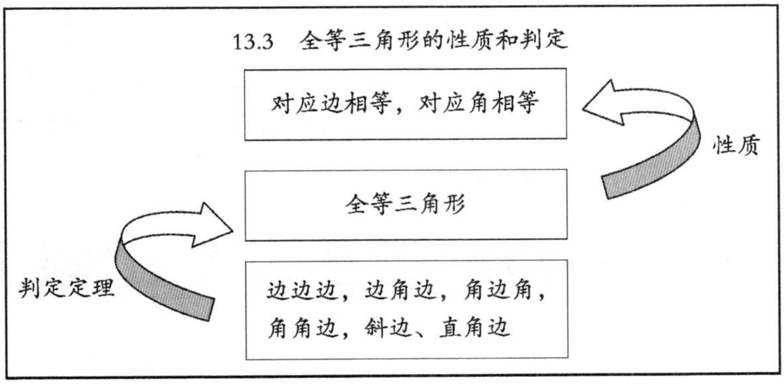

图6－11（b）

以上运用两种不同的形式板书全等三角形的性质和判定定理，形式1的板书运用文字和数学符号来表达，形式2则是用图示式的板书进行归纳，两者的形式不同，但都体现了相同的教学内容，揭示了相同教学内容的共同规律，启发了学生对数学的逻辑思维能力。

教师在板书技能原则规范下，设计出一幅完美的板书，自然而然地通过板书使教学内容在学生的头脑中留下鲜明且深刻的印象。倘若在教学过程中抛弃原则，随心所欲地板书，不但给学生留下较为混乱的印象，还会分散学生的注意力，在一定程度上弱化课堂教学效果。

第二节 数学教学板书技能的类型与方法

课堂板书要求根据教学目标、教学内容、学生的接受能力等进行适当设计。教师不仅要有条理地体现教学内容，同时也要注重板书的美观。利用主板书和副板书相互配合，设计出一幅形式优美、重点突出、高度概括的板书。板书的类型多种多样，基于板书对数学知识结构的表现形式不同，板书可分为提纲式板书、过程式板书、表格式板书、对比式板书和图示式板书五类。

一、提纲式板书

提纲式板书，是经过分析和综合后，把一节课的教学内容归纳为几个要点，用简明扼要的文字高度概括数学知识，反映教学的结构、重点和要点，并提纲式地呈现在板书中的方法。这种形式的板书条理清楚、重点突出，是数学课堂中常用的板书方法，尤其在小结课和复习课中会更多地使用到。使用提纲式板书，学生能更快地抓住要领，掌握学习内容的层次和结构，有利于分析和概括问题能力的发展。

案例展示

整　式

本节课是七年级上册第二章“整式法”第一节“整式”的第一课时，是一节概念课；在此之前学生已经学习了用字母表示数以及有理数运算，通过本节课的学习，学生对单项式、多项式、整式以及相关概念的认识会更加完整。

教学目标分析：

知识与技能目标：理解并掌握整式的有关概念，能够对一些整式进行分析。**过程与方法目标：**能从具体情景中抽象出数量关系和变化规律，使学生经历对具体问题的探索过程，培养符号感；能够正确判断单项式、多项式以及单项式的系数和次数、多项式的项数和次数等。**情感态度和价值观目标：**通过丰富有趣的现实情景，使学生从具体问题中抽象出数量关系，在解决问题中了解数学的价值，树立“用数学”的信心。

教学重、难点：

教学重点：单项式的系数、次数，多项式的项数、次数等概念。**教学难点：**对整式有关概念的理解。**突破难点的关键：**设置恰当情景，激发学生的探索欲望；通过丰富有趣的现实情景，使学生应用新的知识解决相关问题，加深对整式相关概念的理解。

教学过程：

……

师：什么是单项式？（抛出问题，引起学生思考）

生（思考片刻后，响亮回答）：数字或字母的积的式子叫单项式。（教师板书）

师：（手指向黑板）那什么是单项式的系数和次数？

生（齐声回答）：单项式中的数字因数叫作这个单项式的系数；（教师点头赞许，鼓励学生继续回答）一个单项式中，所有字母的指数的和叫作这个单项式的次数。（教师板书）

师（微笑地说）：很好，那我们能不能自己举几个单项式的例子？

生（继续大声回答）：……（教师板书）

2.1　整式

一、单项式

1. 单项式的概念：……

2. 单项式的系数概念：……

3. 单项式的次数概念：……

4. 例题：……

图 6－12

……

教学赏析：教学片段选自七年级上册第二章第一节。在此之前，学生已经学习了用字母表示数以及有理数运算，且七年级学生由于知识经验相对贫乏，以具体形象思维为主，往往只善于记忆事物的外部特征，掌握知识之间的外部联系。这样的心理发展水平决定了这个时期的学生在学习活动中，机械记忆仍占主导地位，更倾向于通过教师讲、自己听的方式进行学习，而且带有明显的机械成分，较多知其然而较少知其所以然。因此，在教学过程中，教师通过提纲式板书，将整式中单项式的概念及单项式涉及的相关概念、典型例题板书出来，使整节课条理清晰、知识结构层次分明、重点知识突出，有利于学生抓住本节课的关键，构建知识系统。同时，板书的结构很清晰，看上去很工整，所以有助于吸引学生模仿教师的板书认真做笔记，集中注意力听讲。

二、过程式板书

过程式板书是在数学课堂中一一体现教学内容的一种板书，主要运用在数学定理、公式的推导以及例题的证明等需要强调过程的课堂教学中。它浓缩了数学板书的精华，逻辑性极强。教师在数学课堂中运用该板书，主要是向学生揭示知识的产生过程，引发学生的认知过程，其中不仅体现了数学思想和方法，还有助于促进学生推理论证能力和运算求解能力的发展。

案例展示

解一元一次方程——去括号与去分母

本节课是七年级上册第三章“一元一次方程”第三节“去括号与去分母”，学生在上一节学习了合并同类项，能初步根据实际问题列方程。通过本节课的学习，学生对列方程解决实际问题以及用简便方法解方程会有进一步的认识和理解。

教学目标分析：

知识与技能目标：能够列方程解决实际问题；掌握去括号的符号法则；归纳、掌握解一元一次方程（含有分母和括号）的一般步骤。**过程与方法目标：**在解决问题的过程中体会解方程的一般步骤，并进行归纳，感受列方程对解决实际问题的作用；能够顺利解决有关含有分母和括号的一元一次方程；能够对一元一次方程的解法进行归纳和总结。**情感态度和价值观目标：**渗透方程思想，培养学生的方程意识。

教学重、难点：

教学重点：从实际问题中抽象出数学问题（列方程），总结解一元一次方程的一般步骤。**教学难点：**如何根据实际问题列出相应的方程；正确地去分母。**突破难点的关键：**设置恰当情景，激发学生的探索欲望；学生通过自主探究现实情景和教师引导，进一步体会列方程解决实际问题以及感受去分母方程的简便。

教学过程：

……

解方程：$\frac{3x-2}{4}-\frac{2x-4}{5}=1$

师：我们做解方程这种题目时，要先观察这个方程的特征（手指向黑板上的题目，引导学生看黑板），我们看到这个方程是有分母的，所以应该先？（作疑问状）

生（齐声回答）：去分母。

师：对了，要去分母（教师边讲边板书），我们要注意，（停顿，加重语气）去分母的时候不要漏乘不含字母的项，即方程右边的 1 要乘以 20。（接着板书）

师（进一步引导）：那接下来，观察到方程含有括号，所以下一步要？（放慢速度）

生（学生思考，回答）：去括号。

师：去括号的时候要注意括号前面是负号的话，（提高声调）去括号之后，括号内的每一项都要？

生：变号。

师：很好（投出赞赏的眼光），（鼓励学生一起回答）那大家一起说一下，方程应该变成？

生：$15x-10-8x+16=20$.（教师板书）

师（进一步抛出问题）：再通过移项，得到怎样的方程？

生：$15x-8x=20+10-16$。（教师板书，并用彩色粉笔标出要移的项）

师：之后要进行合并同类项，把系数化为 1，得到 $x=2$.（教师板书）

……

解方程：$\frac{3x-2}{4}-\frac{2x-4}{5}=1$

解：去分母，得 $5(3x-2)-4(2x-4)=20$

去括号，得 $15x-10-8x+16=20$

移项，得 $15x-8x=20+10-16$

合并同类项，得 $7x=14$

系数化为 1，得 $x=2$

图 6－13

教学赏析：教学片段选自七年级上册第三章第三节。学生在上一节学习了合并同类项，能初步根据实际问题列方程，且低年级学生以形象思维为主，抽象逻辑思维相对较弱，学生仍善于记忆具体形象的内容，不善于记忆公式、定理、法则等抽象材料。因此，在教学过程中，教师通过过程式板书，一步一步解出方程，边讲边板书，让学生体会到做题中的循序渐进，也体现数学解题的严谨性。教师通过在黑板上边讲边写的过程，给学生起到示范的作用，强调做题格式的规范，同时用不同的颜色标注，有助于吸引学生的注意力。

案例展示

圆的综合法证明题

本节课是九年级上册第二十四章“圆”第二节“与圆有关的位置关系”的第二课时，学生在已经了解圆以及与圆有关的位置关系的基础上，继续深入学习圆的综合法的证明方法。

教学目标分析：

知识与技能目标：掌握综合法的证明方法。**过程与方法目标：**提高学生用规范的数学语言表达论证过程的能力。**情感态度和价值观目标：**通过积极参与数学学习活动，对数学的证明产生好奇心和求知欲，培养学生合作交流的能力，以及独立思考的良好学习习惯。

教学重、难点：

教学重点：掌握综合法的证明方法。**教学难点：**掌握综合法的证明方法。**突破难点的关键：**设置恰当情景，激发学生的探索欲望；通过具体例子，使学生体会综合法的证明方法，再结合自主练习与小组合作来加深学生对综合法的证明方法的理解与掌握。

教学过程：

……

师：下面这个题目（图6－14）我们如何用综合法来证明呢？

师（停顿2分钟，进一步引导）：综合法。（板书）

师（教师巡堂，观察学生做题情况）：大家证明出来了吗？好，我们一起来。（学生停笔，看黑板）首先，我们已知了AB、CD为直径，相互垂直且相等。所以，我们可以得到在Rt$\triangle AME$中有？（手比画出图形）

例题：如图所示，已知圆 O 的两直径 AB 与 CD 相互垂直，E 为弧 AD 上任意一点，BN 垂直 CE 于 N，AM 垂直 CE 于 M，且 $CM=BN$.

求证：$S_{ACBE}=\frac{1}{2}CE^2$.

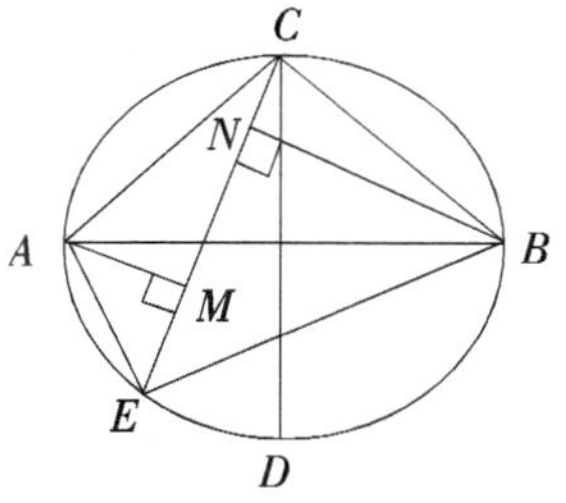

图 6－14

生（思考后，争先回答）：$\angle AEM=\angle EAM$，也就得到 $AM=EM$。（教师板书）

师（进一步追问）：这两条边相等又可以推出什么结论？

生（思考片刻，小声回答）：$CE=AM+BN$。（教师板书）

师（微笑并大声说）：很好！由这一步我们就很接近结论了。我们可以得到？

生（大部分学生回答）：$S_{ACBE}=\frac{1}{2}CE\cdot(AM+BN)$。

师：对了，就可以得到结论：$S_{ACBE}=\frac{1}{2}CE^2$。（教师板书）

……

综合法：

$\because$ AB、CD 为直径且相互垂直，

则在 $Rt\triangle AME$ 中，$\angle AEM=\angle EAM$，

$\therefore AM=EM$

$\therefore CE=AM+BN$

$\therefore S_{ACBE}=\frac{1}{2}CE\cdot(AM+BN)$

$\therefore S_{ACBE}=\frac{1}{2}CE^2$

图 6－15

教学赏析： 教学片段选自九年级上册第二十四章第二节。学生在前面已经学习了圆以及与圆有关的位置关系，本节课继续深入学习圆的综合法的证明方法。该学段的学生对几何图形已经具有一定的知识经验，抽象逻辑思维能力较强，但类比、归纳的思维能力较低，且教学对象对于证明题仍旧存在一定的恐惧心理，对于证明题如何从已知条件得到证明结论都无从下手。因此，在教学过程中，教师采用过程式板书，利用直径的性质和三角形中的相等关系，逐步推导，层层递进，揭示证明的过程，不仅让学生体会到三角形性质的实际运用，而且也让学生体会到数学证明的逻辑严谨性。运用此板书，向学生呈现逻辑可循的证明过程，帮助学生克服证明题无从下手的恐惧心理，提高对几何图形的分类和归纳能力。

三、表格式板书

表格式板书，是用表格的形式将教学内容表现在板书中的一种方法。它适用于教学中对各类相似的概念或信息归类的题目等进行观察和对比，利用表格分清类目，加强学生将数学知识记忆、分类、归纳和对比，培养学生把数学系统化的思维。一般地，教师在设计表格式板书时，将教学的主要内容呈现出来，提出具体问题，引导学生通过思考完成空格。

案例展示

分式方程

本节课是八年级上册第十六章“分式”第三节“分式方程”的第一课时，学生已在上一节学习了分式的运算，为这节课作了铺垫。通过本节课的学习，学生将学会根据实际问题列出分式方程。

教学目标分析：

知识与技能目标： 了解分式方程定义，理解分式方程的一般解法和分式方程可能产生增根的原因，掌握解分式方程验根的方法。**过程与方法目标：** 通过经历实际问题→列分式方程→探究解分式方程的过程，体会分式方程是一种有效描述现实世界的模型，发展学生分析问题、解决问题的能力，培养应用意识，渗透转化思想。**情感态度和价值观目标：** 强化用数学的意识，加强同学之间的配合，体验在数学活动中运用知识解决问题的成就感，树立学好数学的自信心。

教学重、难点：

教学重点：解分式方程的基本思路和解法。**教学难点**：理解分式方程可能产生增根的原因。**突破难点的关键**：设置恰当情景，激发学生的探索欲望。让学生通过自主探究现实情景，体会分式方程是一种有效描述现实世界的模型。在教师引导下，小组合作交流分析分式方程可能产生增根的原因。

教学过程：

……

师：我们来看一道信息量较大的应用题。我们一起来读一遍题目（见图 6－16）。

> 题目：某商场销售某种商品，第一个月将此商品的进价加价 20% 作为售价，共获利 6 000 元；第二个月商场搞促销活动，将商品进价加价 10% 作为售价，第二个月的销售量比第一个月增加 100 件，并且商场第二个月比第一个月多获利 2 000 元。请问此商品的进价是多少元？

图 6－16

生：（齐声读题）

师：题目中出现了哪些量？

生（零散地回答）：进价、售价、一件的利润、总利润、件数。

师（手指向图 6－16，进一步追问）：题目中还告诉了我们哪些重要的信息？

生（再次看题，寻找答案）：销售的时间按月计算，分别记为一月、二月。

师：题目中哪一句话可以找到等量关系呢？（作疑问状）

生（思考一会儿，大声回答）：二月比一月的利润多 2 000 元，件数比一月多 100 件。

师：老师现在用一个表格把所有的量都表示出来。（教师板书，学生仔细思考）

师：我们先来看一月份的情况。进价 x 元的话，它的售价可以怎么表示？

生（一两个学生回答）：$(1+20\%)$ x 元。（教师板书）

师（面带微笑地说）：很好！那一件的利润是 $0.2x$ 元，一月份的总利润为 6 000 元，件数又该怎么求？（教师板书，提问学生）

小红（自信地说）：用总利润除以每件的利润得到件数，即 $6\,000 \div 0.2x$.（教师板书）

师：（带头鼓掌）很好！接下来我们看二月份的情况。（学生陷入思考）

生（自己动手完成，再齐声回答）：进价为 x 元，为了促销，商家加价10%，售价可以表示为：$(1+10\%)x$；一件的利润为 $0.1x$；总利润为 $6\,000+2\,000=8\,000$ 元；件数为：$8\,000 \div 0.1x$.

师：非常好，看来同学们掌握得不错！对于复杂的实际问题，一般考虑用方程来解答。那么，首先是设未知数，再找等量关系，列出方程，最后求解。（提高声调，强调步骤）

师：大家已经找到了这个问题中的等量关系（教师板书），现在我们根据等量关系列出式子。下面，我们根据等量关系式来列方程求解。

	进价	售价	一件的利润	总利润	件数
一月	x	$(1+20\%)x$	$0.2x$	6 000	$\frac{6\,000}{0.2x}$
二月	x	$(1+10\%)x$	$0.1x$	8 000	$\frac{8\,000}{0.1x}$

等量关系：第二个月的件数－第一个月的件数＝100

解：设此商品的进价为 x 元，依题意得：

$$\frac{8\,000}{0.1x}-\frac{6\,000}{0.2x}=100$$ 解得 $x=500$

答：此商品的进价为500元。

图 6－17

……

教学赏析： 教学片段选自八年级上册第十六章第三节。学生已在上一节学习了分式的运算，八年级学生的发散思维能力较强，但收敛思维能力较弱，学生对知识的集中分析、综合概括的能力还有待提高，比如，学生在处理信息量比较大、关系比较复杂、贴近生活的实际问题时，往往很难理清其中的数量关系。因此，在教学过程中，教师采用表格式板书帮助学生理清复杂问题中的数量关系，将难懂的语言文字转化为直观的表格，不仅教会学生用表格来处理信息，而且提高学生分析问题、综合解决问题的能力。

四、对比式板书

对比式板书，是根据教学内容和学生已有的相关知识，在学生已有的知识经验的基础上，运用对比的方法，分析知识之间的异同之处，形成对比强烈的两个模块的板书。这种板书对比鲜明、条理清晰，有利于优化学生的知识结构，指导学生分清知识的共性与个性，体会数学的归纳思想和求异思想，训练学生的思维能力。

例如，在“三角形的内心和外心”（九年级上册第二十四章）的复习教学片段中：

……

师：我们学习了三角形的内心，它与我们之前学习的外心很相似，那究竟这两者有什么区别和联系呢？（稍微停顿，让学生思考）今天我们把内心和外心放在一起进行比较、梳理。（板书）

师：我们先来看内心的定义。大家还记得它是怎么表示的吗？（再次停顿）

生（零散地回答）：内心是三角形三条角平分线的交点。（教师板书）

师（追问）：我们学过它与圆有什么关系？

生（在纸上比画，零散地回答）：它是内切圆的圆心。（教师板书）

师（手敲一下黑板，提醒学生注意）：我们再来看外心的定义，它又是怎么表示的？

生（认真思考，大声回答）：外心是三角形三条垂直平分线的交点。（教师板书）

师（微笑地说）：很好！（再次追问）它与圆又有什么关系？

生（思考一会儿，小部分同学回答）：它是外接圆的圆心。（教师板书）

师：我们再来看内心具有怎样的性质？

生：内心到三角形三边的距离相等。（教师板书）

师：那外心又具有怎样的性质呢？

生：外心到三角形三顶点的距离相等。（教师板书）

师：很好！（展示 PPT）现在大家观察大屏幕上面的三个三角形（如图 6－18 所示），分别是钝角三角形、直角三角形和锐角三角形，那它们的内心和外心会在哪里呢？

生（不假思索）：内心始终在三角形的内部。

师：我们来看外心与三角形形状的关系，它是不是也始终在三角形的内部或者外部呢？

生（肯定地）：不是。

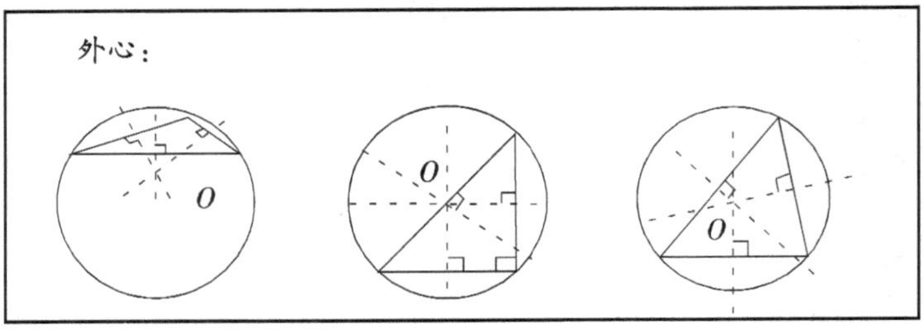

图 6－18

师（作疑问状）：一定不在外部吗？通过作图可以发现锐角三角形的外心在三角形的内部。而直角三角形的外心呢？（学生陷入思考）

师：（点击 PPT，进行画图操作）同学们看一下，直角三角形的外心在哪里呀？

生（观察后回答）：在直角三角形斜边的中点上。（教师板书）

师：那钝角三角形呢？（教师再次进行作图）

生（纷纷回答）：在钝角三角形的外部。（教师板书）

24. 2. 1　三角形的内心和外心	
内心	外心
1. 定义 内心是三角形三条角平分线的交点，它是内切圆的圆心。	外心是三角形三条垂直平分线的交点，它是外接圆的圆心。
2. 性质 内心到三角形三边的距离相等。	外心到三角形三个顶点的距离相等。
3. 圆心位置与三角形形状的关系 始终在三角形的内部。	在锐角三角形的内部。 在直角三角形的斜边的中点上。 在钝角三角形的外部。

图 6－19

……

随着年龄的增长，学生的理解记忆能力逐步发展，但机械记忆仍是学生记忆的主要方法。他们不善于理解记忆对象的内部本质，较难让记忆对象与已有知识建立联系，容易混淆两种或两种以上存在某些关系的相似知识；接受知识比较被动，不善于自己去发现知识之间的关系。比如在学习三角形的内切圆和外接圆时，大多数同学会混淆外心和内心的概念及性质，思维活动还需要教师给予直观感性经验的支持。因此，在教学过程中，教师采用对比式板书，使得三角形内心和外心的定义、性质、位置与三角形形状的关系形成直观鲜明的对比，给予学生直观性的引导，有利于学生对知识进行观察、对比和归纳，让学生学会自己主动去发现知识之间的关系，使知识有序化、系统化，同时提升学生类比归纳的抽象概括能力。

案例展示

分式的基本性质

本节课是八年级下册第十六章“分数”第一节的第二课时，学生在小学就掌握了分数的一些基本性质，通过本节课的学习，学生对分数的基本性质的认识会更加完整。

教学目标分析：

知识与技能目标：了解分式的基本性质，灵活运用“性质”进行分式的变形。**过程与方法目标：**通过类比探索分数的基本性质，探索分式的基本性质，初步掌握类比的思想方法，积累数学活动经验。**情感态度和价值观目标：**通过研究解决问题的过程，体验合作的快乐和成功，培养与他人交流的能力，增强合作交流的意识。

教学重、难点：

教学重点：理解分式的基本性质，对分式基本性质的掌握及初步运用。**教学难点：**灵活运用分式的基本性质，进行分式化简、变形。**突破难点的关键：**课堂教学采用了“问题—观察—思考—提高”的步骤，使学生在探索过程中经历观察、思考、归纳、类比和猜测，加深对分数基本性质的理解与掌握。

教学过程：

……

师（课前板书：如图 6 – 20 右侧）：在学习新的知识之前，我们先来复习分数的基本性质。（带领学生齐读）

16.1.2　分式的基本性质

分式的基本性质：	分数的基本性质：
分式的分子与分母同时乘以（或除以）同一个不为0的整式，分式的值不变。	分数的分子与分母同时乘以（或除以）同一个不为0的数，分数的值不变。
$\frac{B}{A}=\frac{B\times C}{A\times C}$（$C\neq 0$）	$\frac{b}{a}=\frac{b\times c}{a\times c}$（$c\neq 0$）
$\frac{B}{A}=\frac{B\div C}{A\div C}$（$C\neq 0$）	$\frac{b}{a}=\frac{b\div c}{a\div c}$（$c\neq 0$）
其中A，B，C是整式。	其中a，b，c是数。

图 6－20

生：（大声朗读）

师：（提高语调）这里有三处要注意的地方，（加强语气，用红色粉笔加标注）第一处是“同时”，第二处是“同一个数”，第三处要注意到“这个数不为零”。我们还可以用字母进行表示。分式的基本性质与分数的基本性质相似，同学们能不能通过分数的基本性质类比得到分式的基本性质？（稍作停顿，学生思考）

生（认真回答）：分式的分子与分母同时乘以或除以同一个不为零的整式，分式的值不变。（教师板书）

师（手指向黑板）：要注意的是，分式还是“数”吗？

生（肯定地回答）：不是，是整式。

师（再次追问）：这里是否也有地方需要注意呢？

生（纷纷说道）：同时，同一个整式，不为零。（教师用红色粉笔进行标注）

师（进一步引导）：还可以用其他的方式表示吗？

生（零散地回答）：用字母。

师：为了区别分式与分数，我们用大写字母A、B、C表示。用$\frac{B}{A}$表示一个分式，那么分子与分母同时乘以一个整式怎么表示？

生（边回答边记录）：$\frac{B}{A}=\frac{B\times C}{A\times C}$.（教师板书）

师（再次引导）：同时除以呢？

生（齐声回答）：$\frac{B}{A}=\frac{B\div C}{A\div C}$.（教师板书）

师（提高声音）：同样要求C不为零。（教师板书）

……

教学赏析：教学片段选自八年级上册第十六章第一节第二课时。教学对象存在松懈的学习态度，容易遗忘以前学过的知识（小学阶段学习过分数的一些基本性质），缺乏自己建构知识框架的能力。在学习中，他们对知识之间的迁移能力的掌握相对较弱。因此，在教学过程中，教师采用对比式板书，既复习了旧知识——分数的基本性质，又能探索、类比、归纳出分式的基本性质，充分发挥知识之间正向迁移的积极作用，也让学生体会到类比思想在数学中的广泛应用，从而牢固掌握分式的基本性质。

五、图示式板书

图示式板书，是利用文字、数字、符号、线条、框图等构成某种图形的板书方法。图示式板书的优点是形象生动、直观明了，图形的各种排列组合容易吸引学生的注意，能有效地对教学内容进行比较和分析，引导学生对知识产生联想和记忆。此类板书的应用范围比较广，在复习课或新授课都可使用，它通过线条的连接，将教学内容形成一个整体，体现其中的逻辑关系，是为学生建立知识体系的有效板书。

例如，在“四边形”（八年级下册第十九章）的复习教学中：

……

师：这一单元我们学习了各种各样的四边形，大家还记得吗？（提出问题，集中学生注意力）

生（争先回答）：学习了平行四边形、菱形、矩形、正方形，还有等腰梯形和直角梯形。

师（教师将图形板书）：由于这些图形具有相似性，很多同学在具体运用这些图形时，常常混淆了。为了理清它们之间的关系，我们先来回顾它们的定义。（手指向平行四边形）首先，平行四边形的定义是？

生（认真思考，举手回答）：两组对边分别平行。（教师板书）

师（指向图形，引导学生发现）：由平行四边形怎样得到菱形？

生：一组邻边相等的平行四边形。（教师板书）

师（再次追问）：正方形呢？它可以由菱形变化得到，还可以由什么图形变化得到？

生：一组邻边相等的矩形。（教师板书）

师（指向梯形）：我们再来看梯形的定义。

生（齐声回答）：只有一组对边平行的四边形。

师（再次引导）：如果梯形的一组腰相等，那就是？

生（大声说）：等腰梯形。

师：直角梯形呢？

生（齐声回答）：有一个角是直角的梯形。

师（敲一下黑板，提高音调）：以上是这些图形的定义。老师把这些图形分成了两类。大家说说老师是根据什么来分类的？（稍微停顿）

生（小部分同学回答）：按边的平行关系。

师：在第一类中，所有的图形都是平行四边形。平行四边形包括菱形、矩形和正方形。其中最特殊的是正方形，它是菱形、矩形，更是平行四边形。它具有前面图形的所有特征。

师（再次强调）：接下来，我们将梯形分成两类：一类是等腰梯形，一类是直角梯形。

师（手指向黑板）：从这个结构图中我们可以发现从左到右，图形包含的范围越来越小，图形所具有的特征越来越多。我们在具体运用的时候一定要弄清图形之间的从属关系，才不会用错。

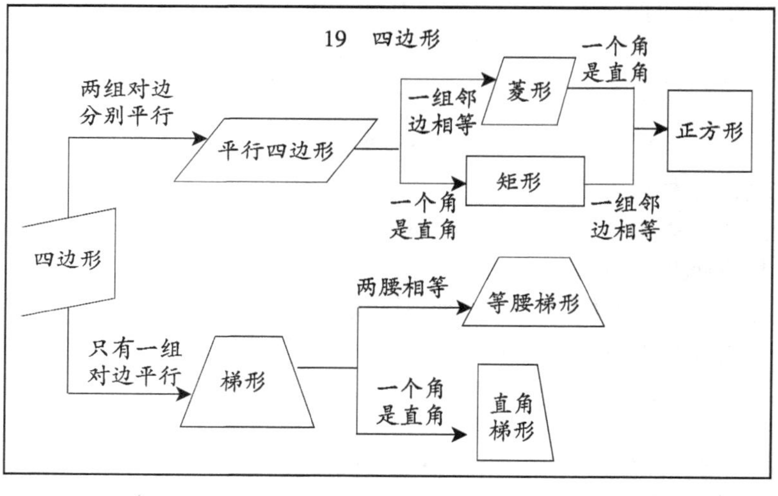

图 6－21

……

该学段的学生容易对那些种属交错、重叠的概念产生混淆，往往理不清这些概念的共性、特性及其从属关系，有时掌握了它们的特殊性质，却忽视了共同性质。采用图示式板书，使得各种四边形的从属关系一目了然，有利于学生分清概念的内涵与外延的反变关系，不仅让学生通过图示式板书掌握概念间复杂的关系，同时也提升了学生思维的条理性、深刻性、批判性。

案例展示

一元一次方程

本节课是七年级上册第三章“一元一次方程”第一节“从算式到方程”的第一课时，学生在小学已经初步接触过方程，了解方程及方程的解，并学会了用逆运算法解一些简单的方程。本节课将带领学生继续学习方程、一元一次方程等内容。

教学目标分析：

知识与技能目标： 理解方程、一元一次方程、方程的解等概念；通过处理实际问题，让学生体验从算术方法到代数方法是一种进步。**过程与方法目标：** 初步学会如何寻找问题的相等关系，列出方程；培养学生获取信息、分析问题、处理问题的能力。**情感态度和价值观目标：** 培养学生热爱数学、热爱生活的乐观的人生态度；体验用估算方法寻求方程的解的过程，培养学生求实的态度。

教学重、难点：

教学重点： 了解一元一次方程及其相关概念。**教学难点：** 寻找问题中的相等关系、列方程。**突破难点的关键：** 创设情境，使数学回到生活，鼓励学生思考，探索情境中所包含的数量关系；让学生在经历“建立方程模型”这一数学化的过程后，理解学习方程和一元一次方程的意义，培养他们的抽象概括等能力。

教学过程：

……

师（如图 6－22 所示）：通过解决上面这个工程问题，我们回过头来看看怎样解决实际问题。（稍微停顿）我们是把实际问题转化成我们熟悉的一元一次方程。（教师板书）

师（进一步引导）：那么我们又是怎样进行转化的？（学生认真听讲）

师（通过手的移动，引导学生观察每一步）：通过读题、审题，在审题的基础上找出关键信息，再在关键信息的启发下找到问题的等量关系。（教师板书）

例题：整理一批数据，由一个人做需要80小时，现在计划先由一些人做2小时，再增加5人做8小时，共完成这项工作的$\frac{3}{4}$，怎样安排参与的具体人数？

审：工作效率	工作时间：前2小时，	后8小时	完成的工作量
$\frac{1}{80}$	一些人×2	（一些人+5）×8	$\frac{3}{4}$

等量关系：工作效率×工作时间=工作总量

设：先由x人整理数据，依题意得：$\frac{1}{80}\left[2x+(x+5)\times 8\right]=\frac{3}{4}$

解：

验：

图6-22

师（提高音调）：转化成实际问题后，我们就要解决数学问题——解方程。大家还记得解一元一次方程有哪些步骤吗？（停顿一会）

生（掰着手指数，零散回答）：去分母、去括号、合并同类项、移项、化系数为1。（教师板书）

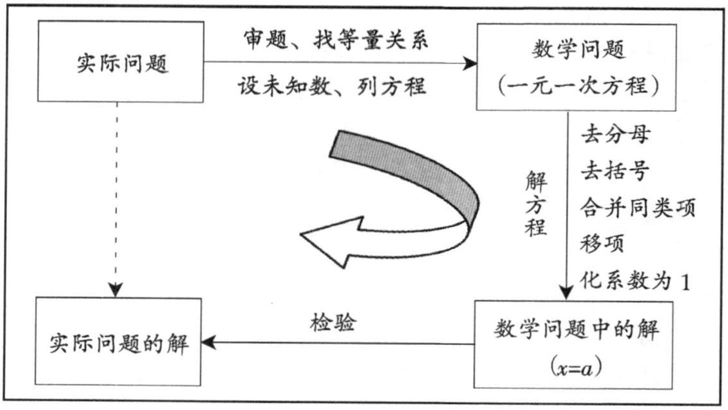

图6-23

师（再次强调，学生聚精会神地看）：得到方程的解，我们还要进行检验，看看方程的解是否符合实际，把不符合实际问题的解舍去。（教师板书）

师（引导学生看板书）：我们把一元一次方程整章的知识概括成这个知识框架图，我们也可以更加简练地概括成五个字：审、设、列、解、检。

……

教学赏析： 教学片段选自七年级上册第三章。学生在小学已经初步接触方程，了解方程及方程的解，并学会了用逆运算法解一些简单的方程。教学对象由于知识经验相对贫乏，以具体形象思维为主，往往只善于记忆事物的外部特征，掌握知识之间的外部联系，对将实际问题转化为数学语言难以下手，学生对题量大的应用题无法准确提取信息。因此，在教学过程中，该图示式板书采用箭头、方框等基本图形将一元一次方程这一章的知识有机地联系起来，既简洁明了、概括性强，又具体形象，体现了知识之间的联系性，有利于学生将分散的知识串联起来，使知识结构化、系统化，从而加深学生对信息量大的题目的理解，同时培养学生抽象概括的逻辑思维能力。

教师根据教学内容、教学目标等的不同，适当选择板书的形式。各种形式的板书都有各自的优势，教师在教学中要钻研教材，选取最能反映教学内容的板书，这样不仅给予学生视觉上的享受，同时使学生更好地理清教师教学的思路，从而更准确地把握本节课的知识内容。

第四节　数学教学板书技能的应用策略与实训

苏联著名教育家加里宁有一句话：“教育事业不仅是科学事业，而且是艺术事业。”成功的教学是高度的科学性和完美的艺术性的有机结合，所以坚持教学原则，使用艺术手法，优化教学过程，浇灌学生心田，是教师的一种高尚追求。板书技能是教学中的一种综合艺术，其实，设计板书也是一种艺术创作的过程。

课堂板书作为一门教学艺术，应该引起数学教师的高度重视。板书的设计反映的是教师对教材理解的深度，体现的是教师艺术修养的高度。板书设计得当、生动美观，彰显的是一个教师的教学态度和教学严谨性。所以，教师要摆正课堂教学与板书的关系，提高自己的板书技能，促进师生双方数学素养的形成。

一、优化数学教学板书技能的策略

1. 提纲挈领，条理清晰

在数学教学过程中，要有条不紊地实施教学计划，需要教师将讲解和板书两者进行灵活运用。教师在一讲一写的过程中，要将有关的教学内容加以概括，使得板书的脉络和层次与数学的专业语言和符号形成一个整体。如果一节课的板书凌乱不清，学生将无法集中精神跟随上课的节奏，上课的纪律也会受到影响，进而影响到学习效率。

要使板书条理清晰，可以将教学内容的层次进行划分，按照层次的不同对教学内容进行规范编号。按照规范的用法，各级提纲的编号体系为：

二级提纲	三级提纲	四级提纲	五级提纲
一、	一、	一、	一、
1.	（一）	（一）	（一）
	1.	1.	1.
		①	（1）
			①

图 6－24

2. 抓住要点，合理规划

在设计教学板书时要以教学内容和教学目的为板书的基础。但由于一节课的知识内容繁多，将它们面面俱到地呈现在黑板上是很不实际的，所以在设计板书时，要从教学目的出发，抓住教学内容的重、难点和关键之处，将这两点有机联系起来，以此来设计板书，这样在教学过程中能更好地发挥板书的作用。

教师在教学中要紧抓教学目标，根据教学内容的知识结构，合理规划板书的位置。在组织教学中，不仅要体现教学内容各部分之间的关系，更要体现学生的认知过程和思维过程。合理安排板书的结构，要全盘考虑，将主板书和副板书的作用最大限度地发挥出来，切忌随心所欲。

3. 适时出示，突出重点

数学课堂中，板书和讲解是一个不可分割的整体，两者的有机结合是完成一节课的重要手段。但是在讲与写的过程中，该如何配合才能更好地完成教学呢？结合的形式一般有先写后讲、先讲后写、边讲边写等几种。我们要根据教学的需要，适当选择符合课堂的形式。而在板书的展现过程中，何时出示标题，何时出示问题，何时出示结论，都要周密计划、精心设计，做到适时出示板书。板书的提前或滞后，都会破坏正常的教学节奏，影响教师和学生的思路。一般而言，板书结论性知识时，推理结束；对讲清个别字句、概念的板书解释后要及时擦去，不要滞留太久，防止分散学生的注意力。

在板书中，为突出重点，教师要注意字体的大小、粗细，还可以用不同颜色的粉笔进行适当标注，引起学生的重视。

4. 书写端正，作图规范

教师的板书是学生模仿的榜样，可起到示范性作用。所以，从板书的书写来说，教师的字迹必须是工整的，笔顺要正确，字体不能潦草，不要出现错别字，且字体的大小要适宜，板书的行间要错落有致。对数学中出现的专业语言和符号要符合标准书写，不要出现混乱不清的错误。作图要求必须用辅助工具，既准确又直观。不要贪图方便而随手做题，防止学生出现随手做题的坏习惯。同时，板书的书写速度也要与口头表达一致，从而加强教学的节奏感。

优秀的板书，应是字迹美观、数形并茂、布局合理、疏密有致、条理清晰的，不仅达到美观的效果，更是教师给学生树立的示范榜样。这也正说明教师身份的特殊性和示范性，通过言传身教，能用积极的态度影响学生的个性品质和思想。

5. 注意配合，提高效率

板书是教学中有机组成的一部分，要完成一整节课还需要将其与其他教学活动配合。灵活地将教师板书与其他教学活动结合起来，尤其是与讲解配合，可以很大程度地提高上课的教学效率。当然，在利用教学用具、绘制图形、演示媒体、分析讲解的过程中，要注意教学时间的分配。一般情况下，教师往往是边讲解、边书写、边引导学生，学生是边听课、边记录、边思考，讲解教学重、难点时，教师在板书的过程中要适时停顿，留给学生思考的时间，再进行分析讲解，直到板书结束。

板书是上课的重要教学手段。新课标提出，课堂要以学生为主体，所以教师在板书教学内容之余，为检查学生的接收情况，也可让学生到黑板上板书。在板书的过程中，教师可以透过学生板书的格式、板书的结果等即时了解学生的掌握程度，不仅能及时纠正学生的错误，而且能加强师生的合作，丰富课堂的形式。

二、数学教学板书技能的实训

仅仅掌握大量的理论知识，显得空泛肤浅。教学技能的培养，必须在学习理论知识的基础上，通过反复的实训（可采用微格教学的实训方式）来完成。

1. 实训目标

（1）了解数学教学板书技能的概念、作用、要素和应用要求。

（2）掌握数学板书技能的各种形式。

（3）能根据教学内容，合理地设计板书技能。

（4）能根据板书技能设计熟练进行教学，并做到：①书写规范，作图准确；②条理清楚，布局合理；③板书简明，重点突出；④板书有示范性和启发性；⑤讲解与板书配合得当。

2. 实训设计

首先，必须对教学技能中的板书技能的理论知识进行深入了解，掌握其真正含义。在此基础上，根据实训（微格教学）的目标和要求，选择合适的教学内容，再依据数学课堂中板书技能的目的、原则、优化策略以及评价表等进行教学设计（即微格教案）。微格的时间限制为5~10分钟。

3. 微格训练

在进行微格技能训练前，一定要先熟悉教案的内容。在进行微格技能训练中，先简要概述训练的板书技能的类型或方法，以及教学内容的出处，之后进行微格教学。

4. 实训后评价

板书设计的评价是教学评价的一部分。板书的好坏大体上从板书的示范性、直观性、启发性等方面进行评价。板书技能不仅通过板书的形式反映出来，更反映在板书的形成过程中。因此，板书的评价既要看形式，又要看过程。

数学课堂板书技能的评价，可采用等级评价法，如表6-2所示。

表6-2　板书技能的等级评价表

讲课人		评课人		成绩			
课题				评价等级			
评价项目			权重	优	良	中	差
1. 板书设计体现教学目标			15%				
2. 数学文字符号规范，图形准确无误			15%				
3. 布局合理、层次分明、条理清楚			15%				

（续上表）

评价项目	权重	优	良	中	差
4. 简明扼要，重点突出	15%				
5. 板书与讲解、演示配合得当，步调适当	10%				
6. 板书大小和笔画轻重合适	10%				
7. 板书过程能启发学生的思维	10%				
8. 强化手段（如彩色粉笔、下划线、方框等）运用恰当、合理	10%				
补充说明：					

注：其中优为 91 ~ 100 分，良为 76 ~ 90 分，中为 61 ~ 75 分，差为 60 分以下。

5. 实训后反思

实训后反思是实训的主体以自己的教育教学活动为思考对象，对自己所作出的教学行为、决策及产生的结果进行审视和分析。通过课堂上教学效果的反馈信息和自我感觉，自发进行思考，以促进执教者及时总结实训中的经验教训，从而更有效地处理和运用教材，逐步掌握教学规律，提高自身教学水平。

案例展示

1. 实训目标

（1）掌握数学教学板书中表格式板书的理论知识。

（2）了解数学教学板书中表格式板书使用时的注意事项。

（3）根据教学内容和表格式板书的特点设计板书。

2. 实训设计

首先，通过阅读板书类型的相关理论，深入了解表格式板书的目的、原则等相关理论知识，并根据微格实训的目标和要求，选择义务教育课程标准实验教科书八年级上册“14. 2. 2　一次函数”的内容，给出以下的微格教学设计表（如表 6 – 3 所示）。微格时间为 9 分钟。

表 6－3　微格教学设计表

教学课题	14.2.2　一次函数			
教学目标	1. 能画出一次函数的图像。 2. 掌握一次函数的图像与表达式中系数的关系。			
技能目标	表格式板书技能			
时间分配	教师授课行为	教学技能要素	学生学习行为	教学设备与媒体
2 分钟	引导学生回顾一次函数的表达式和一般图像	导入技能	回答一次函数的表达式为 $y=kx+b$ $(k\neq0)$，并注意 $k\neq0$，知道一次函数的图像是一条直线	PPT 演示 黑板
5 分钟	在直角坐标系中画出直线经过的不同象限，归纳概括出直线经过不同的象限与一次函数的表达式中 k 值和 b 值的关系	板书技能 讲解技能	认真观察教师的画法，学会作图，数形结合，跟随教师的节奏，理解一次函数的图像经过不同的象限与表达式中的 k、b 值有什么关系	黑板 直尺
2 分钟	利用数形结合总结一次函数性质与图像的关系	讲解技能 结束技能	认真听讲， 做笔记	黑板

其中的表格式板书设计

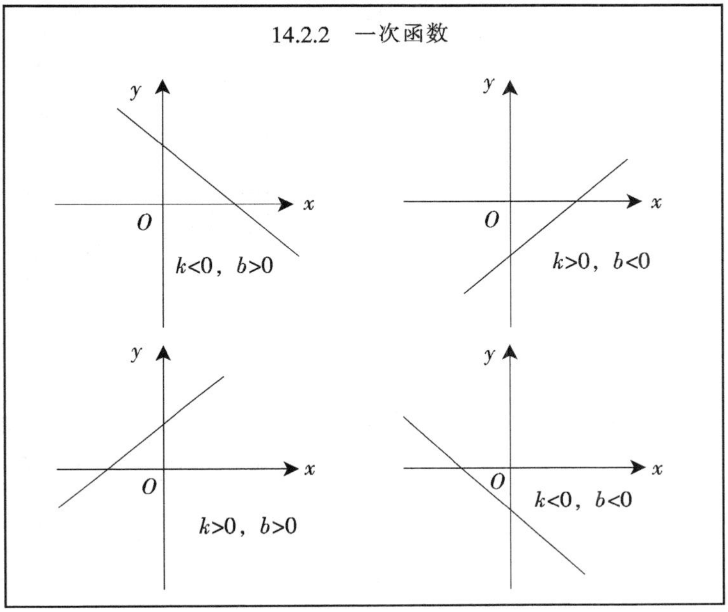

图 6－25

3. 微格实训

4. 实训后评价

通过观摩微格视频，评价结论为此板书的设计能具体体现本节课的教学目标，使用直尺规范作图，讲解的同时板书演示也比较得当，但是本次微格实训的重点是表格式板书，表格式板书最大的特点是将各类相似的概念或信息归类进行观察和对比，这节课的重点是让学生通过对比四个图像，总结出一次函数中 k、b 的关系，所以不符合板书技能的等级评价表（如表 6－2 所示）中“布局合理，重点突出”的要求，故通过修改，板书设计如图 6－26 所示。

14.2.2　一次函数

图像	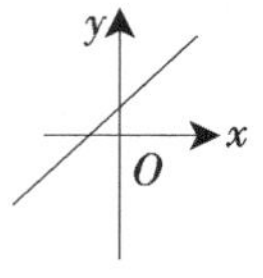	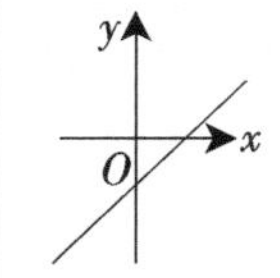	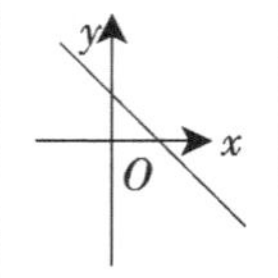	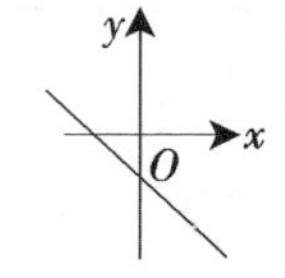
k 值	$k>0$	$k>0$	$k<0$	$k<0$
b 值	$b>0$	$b<0$	$b>0$	$b<0$

图 6－26

5. 实训后反思

通过整个微格实训后，从自己的教学内容上来看，采用讲授法进行教学，数形结合，让学生在图形的对比中得出一次函数的图像与表达式的关系，基本上达到教学要求。修改后的板书应用，更能突出表格式板书的特点，学生也能在对比中掌握知识，所以在今后的实训中要针对本节课的重点，通过对教材的适当处理来设计合适的板书，以此突破教学的难点。

实践与思考

1. 在课堂教学中，数学板书的作用体现在哪些方面？

2. 在课堂教学中，数学板书的应用有哪些要点？

3. 以中小学数学的一节课内容为例，进行针对性的板书设计，并运用于实践教学中，小组评议其效果。

4. 谈谈在中小学数学课堂教学中，板书与多媒体等教育技术手段如何整合运用。

第七章
数学教学提问技能

中国著名教育家叶圣陶先生说过："教师之为教，不在于全盘授予，而在循序诱导。"教师如何诱导呢？他认为一要提问，二要指点。提问，是教学语言中最重要的部分。好的提问，既能起到引导学生明确重点、指导学生突破难点、激发学生兴趣、巩固学生所学知识、启迪学生思维的作用，同时也是教师获取反馈信息、调控教学过程、驾驭教学航向的主要手段。然而，课堂教学中的提问是需要技巧的，有的提问能"一石激起千层浪"，而对于有的提问，学生却毫无反应。

例如，在"正比例函数的图像与性质"（八年级上册第十四章第二节）的教学片段中，学生刚刚学习了正比例函数的概念，还没接触其性质，如何从概念教学过渡到性质的教学，是教师需要注意的一个教学点。

……

师：学习完正比例函数的概念后，我们下面该研究什么内容？

生：（没有任何反应）

师：回忆已经学过的知识，你能猜出我们今天的研究内容吗？

生：应用正比例函数解决实际问题。

师：不对，再猜一猜？

生：（面面相觑，有的开始动手翻课本）

师：（眼看课堂陷入僵局）还是让老师告诉大家吧，我们今天研究正比例函数的图像与性质！

……

“课堂提问”，顾名思义，指在课堂教学活动中，为完成一定的教学任务，紧扣教学重点和教学难点而设计出的一系列问题。课堂的提问技能是教师运用提出问题的手段，针对学生的回答作出反应，以促进学生主动参与学习，使学生理解和掌握知识、发展能力的一类教学行为。因此教师科学地处理好何处提问、提什么问题、怎样提问等环节，可以帮助学生把握重点、化解难点，开启思维能力。从技能的角度分析，提问技能是一项综合性技能，它既体现出教师的个人素养，如语言的运用、人际关系的处理、因材施教的观念在课堂教学中的具体体现等，又反映了课堂教学观念：是教师“推着”学生学习还是“牵着学生鼻子走”？

第一节 数学教学提问技能运用的原则与目的

中国著名教育家陶行知说过，教学的艺术全在于如何恰当地提出问题和巧妙地引导学生回答问题，因此教师应当注重问题设置的质量和讲究课堂提问的艺术技巧。提问合理，问题获得解决，就能强化学生进一步学习的动机，激发他们学习的积极性，取得应有的课堂教学效果。为此，教师首先需要掌握提问技能运用的原则。

一、有效性原则

提问技能的有效性原则包括几个方面：问题要有导向性；问题要有启发性；提问方法要有有效性。

1. 问题要有导向性

这是指问题要有明确的目的，课堂要以教学目标为导向，为完成本节课的教学任务服务，不能脱离课本内容乱问；从学生的实际出发，设置问题要有针对性，针对学生的个体差异，使学生的思维趋向某一确定的方向，有利于解决当前研究的问题。

例如，在“一元二次方程”（九年级上册第二十二章第一节）的教学片段中：

……

（为了使学生注意一元二次方程概念中二次项系数不为零的条件）

师：在一元二次方程 $ax^2+bx+c=0$ 的定义中，还要限制 $a\neq0$，这多麻烦呀，咱们干脆把这个条件去掉吧，可以吗？

生：不可以。

师：为什么？

生：如果 $a=0$，$ax^2+bx+c=0$ 就变为 $bx+c=0$，此时就不是一元二次方程了。

师：很好，那如果 $(k-1)x^2+x-1=0$ 是关于 x 的一元二次方程，k 的取值范围是多少？

……

上述教学片段是在学生初学一元二次方程的概念的基础上进行的，此处教师的教学提问符合当前的教学要求和学生的认知水平。如果教师此时再追问"$bx+c=0$ 是什么方程"，则会冲淡此时的教学主题，影响学生对一元二次方程的概念的掌握。

2. 问题要有启发性

启发性的问题应能启发学生思维，激发学生提出疑问。启发是教学过程中的重要环节，教学过程的进展，在许多情况下是靠启发来进行的。有的教师往往把启发式误认为提问式，认为问题提得越多越好。其实，问题并不在多，而在于是否具有启发性，是否涉及关键性问题，是否能触及问题的本质，是否能引导学生深入思考。

例如，在"有理数—负数"（七年级上册第一章第一节）的教学片段中：

……

师：同学们，3 是负数吗？

生：不是。

师：那 3 是正数吗？

生：是。

师：-6 是正数吗？

生：不是。

师：那 -6 是负数吗？

生：是。

……

以上对话虽然由师生的问答组成，表面上看课堂气氛很活跃，但不能说是真正意义上的对话，因为这样的对话并不能实现规定的教学目标。师生间的问与答属于简单的、不和谐的问题，学生们可以不经思考就立刻回答。教师仅仅为了激发学生上课的“积极性”，而使整节课徒有繁荣的外表，华而不实，从而使得师生间的“对话”流于形式，而无启发性。

教师恰到好处的提问，不仅能激发学生强烈的求知欲望，还能促进其知识内化，唤醒学生对新旧知识的联系，激活学生主动思考的兴趣，点悟学生冲破迷雾的思路。

例如，在“全等三角形”（八年级上册第十一章第一节）综合练习的教学片段中，涉及证明一条线段等于两条线段的和的习题的教学过程，由于之前从未遇到此类问题，学生不具备解决问题的技巧和能力，因此在证明讲解之前教师提了 3 个问题。

例题：已知：如图，$\triangle ABC$ 中，E、G 在线段 AB 上，F、H 在线段 BC 上，$AC \parallel EF \parallel GH$，且 $AE=BG$。求证：$AC=EF+GH$。

问题 1：已知两条线段相等，你可以怎么利用呢？已知两条直线平行，又可以怎么利用呢？

问题 2：你能把这个问题转化为证明两条线段相等的问题吗？

问题 3：把长线段截短或把短线段补长是“证明一条线段等于两条线段的和”时常用的方法。这道题能用这种方法吗？

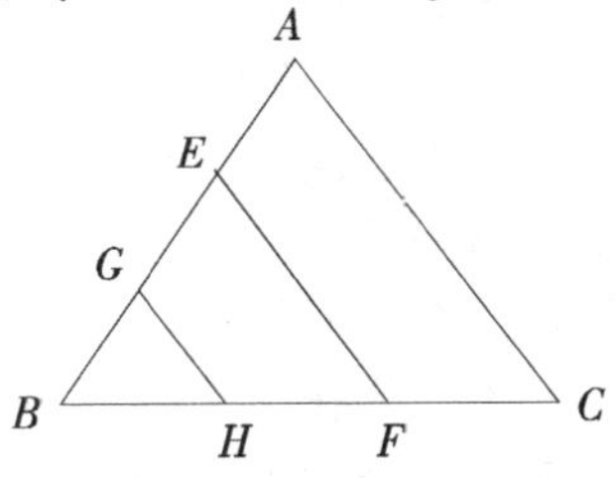

图 7－1

3. 提问方法要有有效性

在课堂上，只有获得真实信息反馈的提问才是有效的。我们经常看到一些教师热衷于追求课堂上的热烈气氛，常常提问：“是不是？”“对不对？”殊不知学生的齐声回答并非他们学习效果的真实反映，这样的提问往往是无效的，应尽量避免。

例如，在“轴对称”（八年级上册第十二章第一节）课后习题的教学片段中：

……

例题：如图，A 和 B 两地在一条河的两岸，现要在河上造一座桥 CD，桥造在何处才能使从 A 到 B 的路径最短？（假定河的两岸是两条平行的直线，桥要与河的两岸垂直）

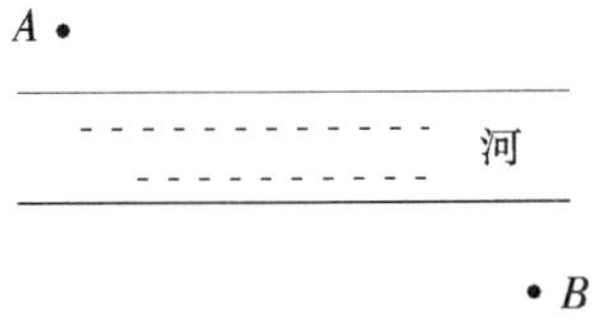

图 7－2

师：同学们，我们现在来看上面这道应用题，这道题要解决的是什么问题呢？

生：（学生在纸上试着画）AC、CD、DB 三条线段和最短。（学生成功地在老师的提问下，将实际问题转化为数学问题，拨开表面看本质）

师：观察这三条线段，问题还可以转化得更简单一些吗？

生：线段 CD 是定值，所以三条线段和最短可以转化为 AC、DB 两条线段和最短。

师：非常好，两条线段和最短问题的解决方法是什么？（在这里老师引导学生将新问题往已学过的知识转化、思考）

生：使两条线段共线。

师：如何能够使 AC、DB 共线就成了解决这个问题的关键。CD 定长但在 AC、BD 之间，成了共线的阻碍，我们怎么办？

生：把它移一下位置，将 B 点向上平移河宽 CD 个长度，标为 B' 点。

师：现在就转化为 A、B' 两点间距离最短问题。

生：连接 AB'，与河的一边 a 交点就是所求的点 C，过 C 作垂线，与河另一边 b 的交点就是所求的点 D。（如图 7－3 所示）

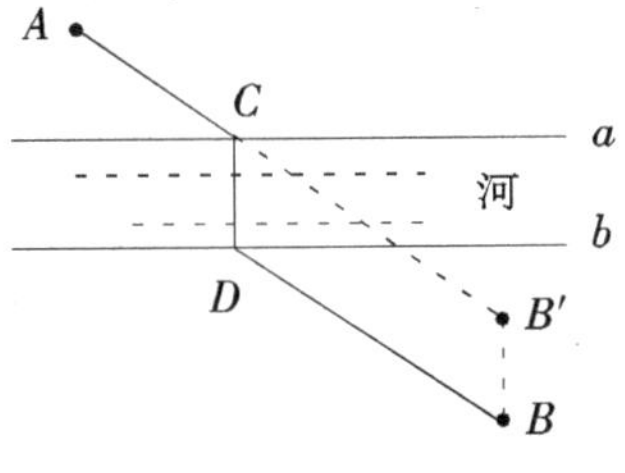

图 7－3

师：可以证明吗？

生：利用平行四边形的性质就能证明。

……

上述教学片段中，教师有效地利用提问技巧，启发学生独立思考问题的本质，从而顺利解决了问题，完成了教学目标的学习。

二、科学性原则

随着中小学数学课堂改革的不断深入，数学教师越来越重视课堂上以学生为中心的教学理念。而这种教学思路能否顺利地实施，课堂提问是一个关键，如教师的课堂提问设计是否科学合理、生动巧妙等，因此，教师应在备课时围绕教学目的作出科学的安排，做到心中有数。

1. 问题设计科学

科学的问题应该是信息量适中的合理问题，合理的问题经过学生的思考是可以回答的。比如：讲完确定圆的条件“不在一条直线上的三点可确定一个圆”后，老师立即提问：“不在同一条直线上的三个点可以确定几个圆？”显然信息量过小，学生无须思考就能回答“一个圆”。如果将此问题改为：“三个点可以确定几个圆？”这就成为合理的问题了，因为这个问题没有现成的答案，需要学生一定的思维量。此外，所提的问题的指向必须明确具体，不产生歧义，切忌含糊不清、模棱两可。

例如，在“二次函数的应用”（九年级上册第二十二章第一节）课后问题的教学片段中，以下面这道题为例，该阶段的大多数学生看完此问题后，一定会感觉到漫无边际，因为该问题中的矩形的面积为 $y = AB \cdot AD$，而从已知条件中能够看出的却只有 $AB = x$ m，设计的问题之间缺少过渡的逻辑，于是学生要解决问题的思路便陷入僵局，导致课堂氛围的不和谐。

……

例题：如图，在一个直角三角形的内部作一个矩形 $ABCD$，其中 AB 和 AD 分别在两直角边上。设矩形的一边 $AB = x$ m，矩形的面积为 y m^2，求 y 与 x 之间的函数关系式。

师：设矩形的一边 $AB = x$ m，同学们，你们能用 x 的代数式表示 AD 边的长度吗？可以怎么表示呢？

生：可以，用面积法。

师：那我们若设矩形的面积为 y m^2，现在你能表示 y 与 x 之间的函数关系式吗？

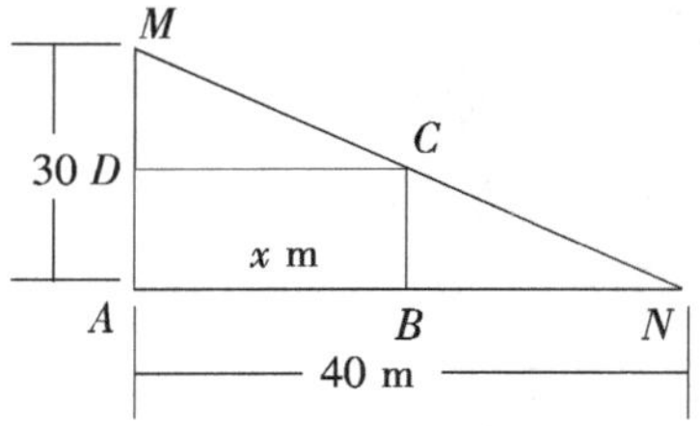

图 7－4

生：可以。

师：好，同学们现在就动手来解这道题。

……

教师的提问巧妙地化解了课堂的不和谐气氛，且从循序渐进的角度设计问题。从认知的角度上分析，全体学生都会想办法应用相似的知识将线段 AD 的长用含 x 的式子表示出来，然后教师将问题一环紧扣一环地连接起来，从而使学生的认识逐步深化。

2. 问题表述科学

教师的提问首先要将问题表达清楚，尤其是数学问题，有时一字之差就会得到截然不同的结果。比如高中阶段，在学习了圆柱和圆锥后，教师往往会问："圆锥和圆柱的体积有怎样的关系？"学生也往往作出"圆锥体积是圆柱体积的三分之一"这样令人满意的回答。但是只要稍加注意，就会发现老师的问题本身就存在问题，因为并非所有的圆柱和圆锥的体积都存在这样的关系，只有在同高同底的前提下才会有这样的结论。所以，提问应注意细枝末节，教师在提问时也要琢磨琢磨，稍有不注意，就会使内容发生非科学性的错误。

三、层次性原则

模式识别、知识回忆、形成联系之类的问题属于低层次的机械记忆问题，其主要特征是问题、答案局限于课本知识的范围内；综合理解、分析应用、总结评价类的问题属于高层次的认知问题，其根本特征是问题答案必须通过分析、比较、对照、总结、扩展、应用、重组或评价等，改变已知信息的形式或组织结构，这经过高级认知思维就可实现。

提问的深度取决于问题层次的高低，教师所设计的问题必须符合学生思维的形式与规律，设计出一系列由浅入深的问题，问题之间要有严密的逻辑性，然后一环紧扣一环地设问，从而使学生的认识逐步深化。

例如，在"正比例函数的图像与性质"（八年级上册第十四章第二节）课后问题的教学片段中，正比例函数是学生遇到的第一个初等基本函数，该阶段的学生对于教材中的函数内容体系不了解。

……

师：学习完正比例函数的概念后，我们下面该研究什么内容？

生：（没有任何反应）

师：回忆已经学过的知识，你能猜出我们今天的研究内容吗？

生：应用正比例函数解决实际问题。

师：不对，再猜一猜？

生：（面面相觑，有的开始动手翻课本）

师：(眼看课堂陷入僵局) 还是让老师告诉大家吧，我们今天研究正比例函数的图像与性质！

……

这个案例中教师的问题超出了学生的认知水平，问题的层次性过高，学生自然无法回答。同时，初中生对于“研究”一词，感觉很玄虚，高不可攀，因而对问题也产生了畏惧心理，从而造成了启而不发的结果。

四、主体性原则

数学教学应从学生实际出发，遵循新课标中“以学生为本”的宗旨。数学教学是师生的共同活动，而提问技能的运用首先要突出学生的主体地位，教师的一切活动都是为学生服务的，提问就是为了创设一种问题情境，利于引导学生积极思考，发展他们的个性特点和创造性。

初一学生具有活泼、好动、好奇的特点，在“一元一次方程”（七年级下册第六章第一节）课后问题的教学片段中，他们虽然认识到问题不能全面周到，但是个别学生思维活跃、想法独特，如果有学生提出独特的解法，教师应在教学中注意引导和启发他们。

……

师：如何解方程 $2x-2=-4(x-1)$？

生1：老师，我还没有开始计算，就已看出来了，$x=1$！

师：光看不行，要按要求算出来才算对。

生2：先两边同时除以2，再……

(被老师打断了)

师：你的想法是对的，但以后要注意，刚学新知识时，记住一定要按课本的格式和要求来解，这样才能打好基础……（教师表情严肃）

……

在这个案例中，教师提问时将学生新颖的回答中途打断，只满足单一的标准答案，一味强调机械套用解题的一般步骤和“通法”。殊不知，这两名学生的回答的确富有创造性，是不同于通法的奇思妙想。可惜的是，教师的做法不仅让学生偶尔闪现的创造性的思维火花被轻易地否定扼杀，更重要的是教师忽视了新课标要求的以学生为主、以教师为辅的宗旨，提问没得到有效的互动。

第二节　数学教学提问技能的类型与方法

数学课堂教学中，提问的方式很多，不同提问方式的选用也直接反映教师的教育素养。教学中，教师如何合理掌握提问的技能，如何掌控课堂的教学效率，这需要对提问的类型和方法进行规划，把握提问的表征方式主要有以下几种技能：

一、指导学生进行有效练习的提问技能

这类提问方法经常是在布置课堂练习或作业讲评时用到，目的是使学生自觉并正确地运用所学知识解决实际问题。这类提问的表现形式是提示、诱导和指导，创设发现情景，有意地减小问题的坡度和难度，以利于使学生跨上由知识掌握到应用的新台阶，不断提高分析问题、解决问题的能力。

案例展示

等边三角形

本节课是八年级上册第十二章“轴对称图形”中的第三节“等边三角形”。等边三角形是继等腰三角形之后重点研究的一项知识内容，在实际生活中总能找到等边三角形的影子。它不仅使我们的生活变得丰富多彩，让我们在生活中体验到特殊的对称美，而且为我们的数学研究提供了重要素材。这一课的内容不仅是等腰三角形的延续，而且为今后证明角相等、线段相等提供了重要的理论依据。

教学目标分析：

知识与技能目标：了解等边三角形与等腰三角形的关系；掌握等边三角形的性质与判定；灵活运用等边三角形的性质与判定解决相关的几何问题。**过程与方法目标：**经历“猜想—验证—总结归纳—应用拓展”的探究过程，采用自主探索与合作交流的方式，亲历“做数学”的过程，培养探究数学问题的能力。**情感态度和价值观目标：**体验数学充满着探索与创造，感受数学的严谨性，对数学产生强烈的好奇心和求知欲；在本节的学习中获得成功的体验，感受到数学学习的乐趣，建立自信心；体会数学源于生活而又反作用于生活，培养用数学的意识。

教学重、难点：

教学重点：等边三角形的性质和判定的形成与应用。**教学难点**：等边三角形性质与判定的应用。**突破难点的关键**：探究发现法，让学生充分交流，会利用已有的知识和技能进行探究；通过变形练习，调动学生学习数学的积极性，真正体现数学的“弹性”。

教学过程：

……

师：同学们，前面我们已经学习了等边三角形的一些性质内容和解题方法，那么下面我们就来看一道以等边三角形为条件的题目：已知$\triangle ABC$和$\triangle DCE$是等边三角形，B、C、E在同一条直线上，且$BC \neq CE$，求证：$AE = BD$. 同学们仔细看这道题，然后思考，我们要如何证得$AE = BD$呢？（直问）

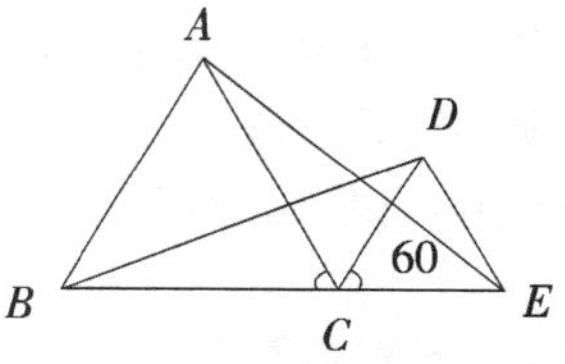

图7－5

生：$\triangle ABC$和$\triangle DCE$是等边三角形，$AB = BC = AC$，$DC = DE = CE$，$\angle ABC = \cdots\cdots$（零零碎碎开始说答案）

师：对了。但是我们这里求出来的边都不含有AE和BD，所以我们还需要往下证明，那是不是这些边和角都没有用呢？（提示式提问）

生：不是。

师：同学们想一下，根据得出的这些边和角，能够得到怎样的结论呢？（诱导式提问）

生：$BC = AC$，$DC = CE$，……

师：对了，有$BC = AC$，$DC = CE$，还有两个60°的角。而$\angle ACD$刚好是我们看到的两个大角$\angle BCD$和$\angle ACE$的公共角，那这样能得出三角形的什么关系呢？（诱导式提问）

生：$BC = AC$，$DC = CE$，$\angle BCD = \angle ACE$.

师：对了，两对边相等，夹角也相等。那这两个三角形？（诱导式提问）

生：全等。

师：是的，三角形全等！所以$AE = BD$。现在我们整理一下刚才的解题思路。

师：好，那我们再来看这道题目。题目里是说B、C、E在同一条直线上的，那么同学们思考一下，假如B、C、E不在同一条直线上呢？

AE 还会不会等于 BD 呢？甚至 DCE 绕点 C 旋转一周，在旋转过程中，$AE=BD$ 是否恒成立？（如图 7－6 所示）（诱导式提问）

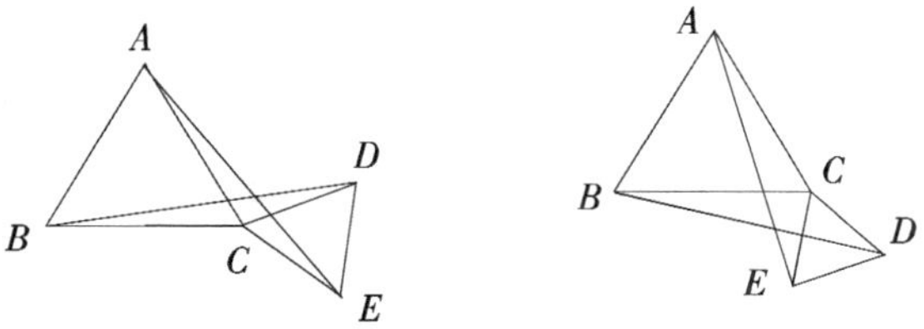

图 7－6

生：会。

师：来，小红同学。你是如何证得 $AE=BD$ 的呢？（直问）

小红：首先 $\triangle ABC$ 是一个等边三角形，所以 $BC=AC$，$DC=CE$，$\angle BCD=\angle ACE$，而且也是等于 $60°$ 的。

师：对。

小红：然后 $\angle ACD$ 又是 $\angle BCD$ 和 $\angle ACE$ 的一个公共角，所以 $\angle BCD=\angle ACE$，那么三角形就能够全等，运用的是两边夹一角。

师：哦，这里也是用到边角边的判定公式，那么全等就能得出？（停顿）

小红：$AE=BD$.

师：好，请坐。同学们注意了，这里运用到的解题方法和解题思路和刚刚原题也不会有太大的出入，都是先利用等边三角形得出相等的边和相等的角，进而构造全等图形得出结论。以后我们遇到像这种改变某个条件的变式题目，要学会找到题目里的关键信息，以不变应万变。

……

教学赏析：教学片段选自八年级上册第十二章第三节的课后问题。八年级学生基础知识较丰富，但理解记忆还没成为学生记忆的主要方法。他们不善于理解记忆对象的内部本质，不易让记忆对象与已有知识建立联系。因此，在教学过程中，教师选择了指导学生进行有效练习的提问技能来引导和帮助学生对问题进行思考，通过对学生进行有效提问，并加以补充、启发完善结论和证明过程。最后引入变式，化静为动，引导学生学会解类似的变式题目时要找准关键信息。教师有效地指导学生进行针对性练习，既激发了学生的兴趣和信心，同时又培养了学生的推理论证能力。

案例展示

有理数的乘法

本节课是七年级上册第一章“有理数的乘法”中的第四节“有理数的乘法”。有理数的乘法是在学生学完有理数的加法后学习的，它与有理数的加法运算一样，也是建立在小学算术的基础上的。有理数的乘法是有理数最基本的运算之一，因而它是进一步学习有理数运算的基础，也是今后学习实数运算、代数式的运算、解方程以及函数知识的基础。

教学目标分析：

知识与技能目标：使学生掌握有理数乘法法则，并初步了解有理数乘法法则的合理性；学生能够熟练地进行有理数乘法运算。**过程与方法目标：**通过对问题的交互探索，培养观察、分析、抽象、概括的能力；能够利用有理数的乘法法则进行简单计算；能够利用有理数的运算律进行简便计算。**情感态度和价值观目标：**培养学生积极思考和勇于探索的精神，使他们形成良好的学习习惯。

教学重、难点：

教学重点：能按有理数乘法法则进行有理数乘法运算。**教学难点：**对含有负因数的乘法法则的理解和运算。**突破难点的关键：**利用多媒体辅助教学，使教学内容直观形象化；探索新知，归纳法则。

教学过程：

……

师：同学们，我们小学学习过乘法运算，那今天我们来学习有理数的乘法。现在先请同学们回顾一下，有理数可以怎么分类呢？（直问）

生：正数、负数和零。

师：很好，今天我们学习的有理数的乘法就归为两类，一类是因数不含负数的乘法，这是我们小学学过的；另一类就是因数含有负数的乘法。那这两类乘法之间有什么关系呢？我们又要如何求含有负数的乘法呢？（指导式提问）

现在让我们先看四个式子，请同学们快速说出答案。

$3\times3=$____　$2\times3=$____　$1\times3=$____　$0\times3=$____

生：9，6，3，0.

师：很好，现在让我们观察这些式子，你们能不能找出它们的积是怎样随着因数的变化而变化的呢？（诱导式提问）大家有没有发现，在这四个式子当中，第二个因数是保持不变的，而第一个因数的变化是怎样的呢？同时它的积的变化又是怎样的呢？（提示式提问）

生：第一个因数逐渐减1，积逐次减3。

师：同学们可以仿效上面的式子而总结出相同的规律，有兴趣的同学可以课后自行证明。现在让我们利用这个规律，求出下面这三个式子的答案。（板书，停顿，候答）

$(-1)\times 3=$____　　$(-2)\times 3=$____　　$(-3)\times 3=$____

师：有没有哪位同学求出来了？（眼神观察并示意学生回答）好，请这位同学来回答，你求出来的结果是多少？

生1：-3，-6，-9.

师：可不可以解释一下，你是如何算的？（直问）

生1：对比了前面的式子$0\times 3=0$，我们会发现，0×3与$(-1)\times 3$之间，它的第二个因数是不变的，而第一个因数减少了1，根据规律它的积也减了3，所以$(-1)\times 3=-3$。而剩下的两个式子，同样地，可以推出-6和-9。

师：很好。现在来计算这样的四个式子，请同学们一起说出答案。

$3\times 3=$____　　$3\times 2=$____　　$3\times 1=$____　　$3\times 0=$____

生：9，6，3，0.

师：很好，那同学们，类似我们刚才发现的第一个规律，你们能不能找出在这四个式子当中它的积是怎样随着它的乘数的变化而变化的呢？（诱导式提问）

生：前一个因数保持不变时，随着后一个因数逐次减1，积逐次递减3。

师：嗯，很好。同学们根据自己的总结，可以得出这样的规律：前一个因数保持不变时，随着后一个因数逐次减1，则积逐次递减3。这个规律，其实对于所有的乘法也都是成立的。那现在，我们运用这个规律，再来推算下面三个式子，看能不能推出它的答案？

$3\times(-1)=$____　　$3\times(-2)=$____　　$3\times(-3)=$____

师：好，同学们，你们求出答案没有？请大声说出你们的答案。

生：-3，-6，-9.

师：同学们，现在我们可以得到这样的六个式子。我们来看一下这六个式子，你们有没有发现，在前面三个式子中，第一个因数都是负数，第二个因数都是什么呢？那么，它们的积呢？（直问）

$(-1)\times 3=-3$　$(-2)\times 3=-6$　$(-3)\times 3=-9$

$3\times(-1)=-3$　$3\times(-2)=-6$　$3\times(-3)=-9$

生：第二个因数是正数，它们的积也是负数。

师：那后面三个式子，第一个因数和第二个因数有什么特点？

生：正数和负数。

师：而它们的积呢？

生：积也是负数。

师：那对于后面三个式子，我们可以得出一个什么样的规律呢？（直问）

生：正数乘以负数等于负数。

师：（边板书）我们一起来看一下刚才六个式子，无论是正数乘以负数，还是负数乘以正数，都是属于异号相乘，它们的积都是负数，积的绝对值会等于各因数绝对值的积。所以我们可以得出这样的一个规律：两数相乘，异号得什么？

生：负。

师：异号得负，并把绝对值相乘。同学们，这就是我们今天要总结的有理数乘法其中的一个规律。

……

教学赏析：教学片段选自七年级上册第一章第四节“有理数的乘法”。初一学生在小学时已经学会了两个正数相乘，在前几节也学习了有理数的加减法，对负数的参与运算也有了一定的认识，但理解上仍有一定的困难，这时学生需要一个引导者。因此，在教学过程中，教师注重的是学生的思维，引导学生归纳出乘法的一些规律，并推出片段中的六个式子，进而归纳出有理数乘法其中的一个规律。这一过程不仅使学生学会了有理数乘法的运算规律，同时也发展了学生观察、归纳、猜测、概括等能力。

二、组织学生注意定向，进行集中和转移的提问

这类提问适用于新课或新教材教学的开始，或演示实验等，不一定要求学生回答。目的在于激发学生学习知识的兴趣，调动学生的学习积极性，使学生时时想着教学内容，注意力集中在每一个教学要点上，使学生的听与教师的讲协调一致。

案例展示

反比例函数

本节课的内容是八年级下册第十七章第一节“反比例函数”的第一课时，通过对具体情境的分析，概括出反比例函数的表达形式，明确反比例函数的概念。通过例题和列举的实例可以丰富对反比例函数的认识，理解反比例函数的意义。

教学目标分析：

知识与技能目标：从现实情境和已有的知识经验出发，讨论两个变量之间的相似关系，加深对函数概念的理解；经历抽象反比例函数概念的过程，领会反比例函数的意义，理解反比例函数的概念。**过程与方法目标**：结合具体情境体会反比例函数的意义，能根据已知条件确定反比例函数表达式。**情感态度和价值观目标**：结合实例引导学生了解所讨论的函数的表达形式，形成反比例函数概念的具体形象，这是一个从感性认识到理性认识的转化过程，发展学生的思维；同时体验数学活动与人类生活的密切联系及对人类历史发展的作用。

教学重、难点：

教学重点：经历抽象反比例函数概念的过程，领会反比例函数的意义，理解反比例函数的概念。**教学难点**：领会反比例函数的意义，理解反比例函数的概念。

教学过程：

……

师：同学们，上新课之前我们来看一道应用题。汽车从南京出发开往上海，全程约 300 千米，全程所用时间 t 随着速度 v 的变化而变化。下面有三个问题：第一问，用含有 v 的代数式表示 t，这样得出的结果是什么呢？（直问）

生：$t=\frac{300}{v}$。

师：很好。那再看第二问：利用 $t=\frac{300}{v}$ 这个关系式来完成下面这个表格，完成后大家互相讨论，这个表格反映了速度 v 和时间 t 的一种什么关系呢？（定向式提问）

表 7－1

v（km/h）	60	80	100	120	150
t（h）					

（停顿）同学们计算一下。

师：（给学生充分思考的时间）好，现在同学们按照表格顺序分别说出 t 的值。

生：5，3.75，3，2.5，2.

师：现在，通过刚才的观察和讨论，有没有同学发现 v 和 t 是成什么关系的？（集中式提问）

生：（似懂而未能懂，欲言而未能言）

师：表格中可以看到，当 v 增大时，时间 t 会增大还是减小呢？（定向式提问）

生：减小。

师：反过来，从右边往左看。当 v 减小时，t 会怎么变？（定向式提问）

生：增大。

师：那这是一种什么关系？（直问）

生：反比例关系。

师：对，反比例关系。这样，我们就可以下结论：当路程为定值时，速度和时间成反比例关系。我们再来观察，时间 t 是速度 v 的函数吗？（停顿）为什么？有哪位同学跟大家说说你的观点？（转移式提问）好，小红同学，你认为 t 是 v 的函数吗？为什么？（定向式提问）

小红：是。因为符合函数的定义。

师：它表示一个……（停顿）什么过程？t 和 v 是这个过程的什么量呢？（定向式提问）

小红：变化过程，t 和 v 是变量。

师：也就是说，$t=\frac{300}{v}$ 是一个函数，并且 t 和 v 是它的两个变量。数学中有很多这种类型特征的函数，我们能不能把它们归类为一种特殊的新的函数呢？同学们不妨猜一下，它们是什么函数呢？（集中式提问）

生：（思考）反比例函数。

师：哎，非常好。这就是我们这节课要学习的内容——反比例函数。（板书）

……

教学赏析：教学片段选自八年级下册第十七章第一节“反比例函数”。教学对象求知欲较强，但是抽象逻辑思维能力较差。在此前，学生已经学习了一次函数和正比例函数，这与本次的教学内容相关联。因此，在教学过程中，教师通过一个学生熟悉的情景，用“速度和时间”的问题讨论，引导学生思考和归纳，得出当两个变量的乘积为定值时，两个量成反比例关系的结论。此过程提高了学生的自我推理能力，加深了学生对知识网络的认知，达到了培养学生学习能力的目的。

三、启发学生掌握知识关键和本质的提问

这类提问在推导公式和法则之前运用，目的是使学生发现事物的本质，从而掌握解决问题的关键，为学生能够深刻理解进而推导法则、定理和公式服务。通过老师的点拨启迪，学生抓住了求证的关键，找到了解证的方法，同时也明确了“转化”这一数学思想方法，奠定了进一步学习数学的基础。

案例展示

点与圆的位置关系

本节课是九年级上册第二十四章第二节“与圆有关的位置关系”第一课时。本节是在学习了圆的相关基本概念的基础上进一步学习的，整节课都是以直观展示点与圆的位置关系为基点。这种推理学习的思路，为接下来的直线以及圆与圆的位置关系作好了铺垫。

教学目标分析：

知识与技能目标：掌握点与圆的位置关系及其数量关系之间的对应关系；形成解决问题的基本策略，体验解决问题策略的多样性，发展实践能力与创新精神，学会与人合作，并能与他人交流思维的过程和结果。**过程与方法目标：**让学生了解不在同一条直线上的三个点确定一个圆，及其作图方法，了解三角形的外接圆、外心等概念，经历探索过程，培养学生的探索能力，体会解决数学问题的策略。**情感态度和价值观目标：**让学生体验从身边得到数学规律的成就感，在解题中感受生活中数学的存在，体验数学充满探索性和创造性。通过研究解决问题的方法，培养学生合作交流意识与探究精神。通过学生欣赏、观察、归纳、比较、抽象图形等数学活动，让学生感受数学的严谨性、图形中蕴含的规律性，提高学生学习数学的热情及大胆探究新知识的创新能力。

教学重、难点：

教学重点：理解并掌握点与圆的三种位置关系及相应的数量关系。**教学难点：**利用点与圆的位置关系解决生活中的实际问题。**突破难点的**

关键：设置问题情境，激发学生的求知欲，从而提高学生的学习兴趣；让学生动手亲自操作，体验知识形成的过程，深化对知识的理解。

教学过程：

……

师：同学们，以前我们就学习了过两个点可以唯一确定一条直线，那你们猜猜，过几个点可以唯一确定一个圆呢？

生：三个。

师：我听到有同学说三个，到底是不是呢？接下来我们一起来探讨。根据以前的探索规律，我们一般是从几个点开始探究呢？（启发学生掌握知识关键的提问）

生：一个。

师：过一个点，你们能作几个圆呢？（直问）

生：无数个。

师：那我们之前学过，我们如何确定一个圆呢？（启发学生掌握知识本质的提问）

生：圆心和半径。

师：嗯。由于过一个点作圆的时候，它的圆心就有无数个，因此作出来的圆也有无数个。这样继续往下看：过两个点，你们能作几个圆呢？（追问）同学们来说说你们讨论出来的结果是什么？

生：无数个。

师：嗯。那同学们观察一下，它的圆心有什么共同特点呢？（启发学生掌握知识本质的提问）

生：圆心都在同一条直线上。

师：对了，都是在一条直线上（如图 7－7 所示）。那这条直线与 A、B 两点有什么样的关系呢？是不是它的垂直平分线呢？（启发学生掌握知识本质的提问）

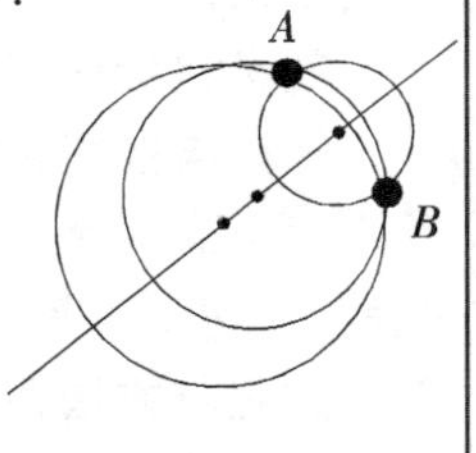

图 7－7

生：是。

师：那我们再继续往下看：过三个点，我们可以作几个圆呢？首先，我们要想想，三个点在平面上的排列有几种？

生：两种，同一直线上或不在同一条直线上。

师：所以我们先来看第一种情况，过同一条直线上的三个点，可以作几个圆呢？

生：没有。

师：对了，我们是画不出来的，也就是 0 个。那过不在同一直线上的三点，又可以作几个圆呢？请同学们先画一下。

生：一个。

师：那老师先问下，刚才你们是如何画圆的呢？

生：随手一画的。

师：我听到有同学说随手一画，可是这样画并不严谨。现在就让我们一起来画一个圆。我们要过 A、B、C 三点作一个圆，首先要找出它的圆心。可是，乍一看，过这三点找它圆心，似乎觉得很复杂，那该怎么办呢？我们是否可以先来看过两个点的情况？同学们，过 A、B 两点作圆时，它的圆心是在哪？（启发学生掌握知识关键的提问）

生：中垂线。

师：对了，这就是我们刚才所说的，在 A、B 两点的垂直平分线上。那过 A、C 两点呢？它的圆心的位置又是在哪呢？（启发学生掌握知识本质的提问）

生：AC 的中垂线上。

师：那同学们来看一下，你们能不能找出过 A、B、C 三点作圆时，它的圆心所在的位置呢？（启发学生掌握知识本质的提问）

生：中垂线的交点。

师：假使我们设圆心为 O。这就是圆心，那半径有哪些？（直问）

生：OA、OB 或 OC。

师：嗯，就是 OA、OB 或 OC。这样，我们就可以严谨地画出一个圆（如图 7－8 所示）。由于它的中垂线的交点只有一个，所以圆心只有一个，半径也是确定的。因此，画出来的圆也就只有一个。

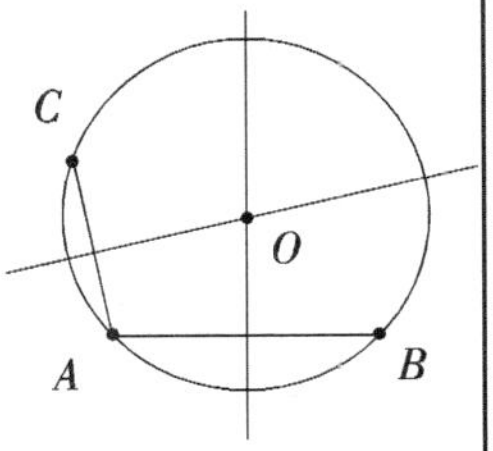

图 7－8

师：同学们，通过上面的讨论，我们就可以得出这样的一个结论：不在同一条直线上的三个点确定一个圆。

……

教学赏析：教学片段选自九年级上册第二十四章第二节第一课时。教学对象对新知识本质的探索既好奇又畏惧，因此，要想让学生了解其本质，必须要有一个引导者来引导；又鉴于学生抽象逻辑思维能力较强，故而教师在这里采用了启发学生掌握知识关键和本质的提问技能。在教学过程中，教师围绕主题提出了三个递进式的问题，让学生一步步讨论过一点、两点、三点作圆的情况。由于对学生来说，过三个点作圆有一定难度，因此，教师又通过提问，引导学生利用中垂线的知识来找圆心，进而得出结论。此过程不仅让学生学到了新的知识，更重要的是培养了学生的逻辑思维能力，加强了学生的自主探索意识，从而使学生对新知识本质的探索具有一种无畏的探索精神。

四、引导学生进行推理、归纳、概括的提问

这类提问用于例题讲授、课堂练习、探求新的解题方法、纠偏查错等教学环节，以使学生从局部的片面认识发展到完整全面的认识，由机械套用到深刻理解并熟练。通过教师的提问，给学生树立一些“路标”，启发学生循着“路标”前进，找到解题途径。

例如，在“二次函数的图像”（九年级下册第二十六章第一节）的习题教学片段中：

……

例题：要修建一个圆形喷水池，在池中心竖直安装一根水管，在水管的顶端安装一个喷水头，使喷出的抛物线形水柱在与池中心的水平距离为1m处达到最高，高度为3m，水柱落地处离池中心3m，水管应多长？（为了更好地帮助学生理解，老师给学生展示一张类似的喷泉图片）

师：喷泉喷出的水柱运动轨迹应该是什么性质啊？（引导学生推理的提问）

生：抛物线。

师：抛物线。因此我们想，是否可以建立一个数学模型，把这其中的问题转化为图像的问题来进行求解呢？那可以怎么做呢？

图7－9

生：建立坐标系。

师：对了，那为了待会计算方便，我们又该如何建立一个恰当的坐标系呢？结合题意可以知道，水管顶端喷水头的位置应该是在哪儿？

生：中间。

师：我们把中间这个位置设为 A 点标出来。则水管的长度就是 A 点到哪里的距离？（引导学生推理的提问）

生：地面。

师：因此，x 轴的位置应该是在哪儿？（引导学生推理的提问）

生：地面。

师：地面水平线处。这样子，水管的长度的值就是 A 点的纵坐标的值。现在 x 轴出来了，那 y 轴又该如何设呢？（引导学生推理的提问）

生：用手比画中间。

师：对了，就是经过 A 点的垂直于 x 轴的直线。那接下来，我们又该如何建立一个完整的图像呢？

生：描点。（如图 7－10 所示）（学生利用题目中已知条件，通过描点，在老师的提示下，结合上节课所学的知识，先列出二次函数的表达式，然后利用赋值法求出二次函数的表达式，从而求出水管的长度就是 2.25m）

师：同学们，我们来回顾一下刚才的解题过程。首先通过对问题进行分析，知道可以建立一个数学模型，则我们所做的第一个步骤是什么？（启发学生归纳的提问）

生：建立坐标系。

师：对，建立坐标系。接下来我们又是如何得到一个完整的函数图像呢？（启发学生归纳的提问）

生：描点画图。

师：那我们描点画图得出一个完整的函数图像之后，又是如何求出 A 点的坐标的呢？（启发学生归纳的提问）

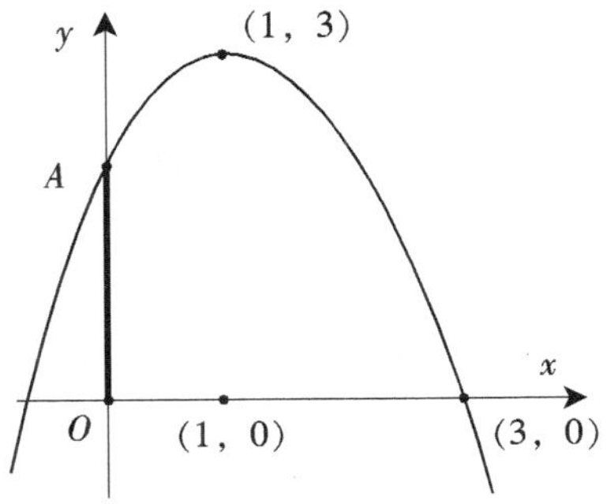

图 7－10

生：利用二次函数的知识。

师：对了，就是利用函数的知识来求。那同学们，这三个解题步骤，就蕴含着我们解这道题过程中所运用到的一种数学思想，有没有同学知道是什么呢？（启发学生概括的提问）

生：数形结合思想。

师：对，是数形结合思想。这也是我们解实际应用题当中常用到的一种数学思想。

……

学生到了高年级阶段，随着对学习方法和相应逻辑规则的掌握，他们对学习的自我监控能力有了明显的提高，不仅能根据学习活动的结果反思、调节自己的学习行为，而且能够在学习过程中对学习活动进行监控，以确保学习活动的顺利进行。而元认知的发展更增强了学生学习策略的应用水平，提高了学生学习的针对性和有效性。因此，教师在例题讲解中通过提问点拨学生，促进学生进行自主思考，有效地帮助了学生建立解题思维，提高了学生进行推理、归纳、概括的能力。

例如，在“乘方”（七年级上册第一章第五节）的习题教学片段中：

……

师：同学们，先看一下这道例题。（板书）

例：观察下列三行数：

−2,	4,	−8,	16,	−32,	64, …
0,	6,	−6,	18,	−30,	66, …
−1,	2,	−4,	8,	−16,	32, …

取每行第十个数，并计算这三个数的和。

师：好，同学们，这道例题求的是每行第十个数的和。首先，我们应该怎么做？（引导学生推理的提问）

生：先找出每行的第十个数。

师：那要如何求出每行的第十个数呢？

生：找规律，猜。

师：我听到同学有的说找规律，有的说猜。很好。因为在这里只知道每行的前六个数，后面的数是不知道的。要求它的第十个数，只能从前面六个数来猜出它的规律，进而推出第十个数。因此呢，现在分别来看这些已知的数。先来看第一行的，第一行的数是什么？

生：−2，4，−8，16，−32，64。

师：要找出这六个数的规律，那要怎么找呢？一起来看一下。对于第一行数，可以写成什么样的乘方形式呢？（引导学生推理的提问）

生：$(-2)^1$，2^2，$(-2)^3$，2^4，$(-2)^5$，2^6。

师：这六个数都可以写成乘方的形式。但我们要找出其中的共同形式。来看这六个数，它们的指数是不可能相同的，那它们的底数有

没有可能变成相同的呢？（引导学生推理的提问）

生：有。

师：怎么变？你是怎么想的呢？

生：把2变成−2，因为负数的偶次幂也是正数。

师：嗯，因为负数的偶次幂也是正数。只要它的绝对值不变，无论它是正是负，它的值也是不变的。因此这里就可以把2^2，2^4，2^6这三个数的底数分别改为−2。那看这六个数，你们能不能说出它们的规律？（引导学生归纳的提问）

生：$(-2)^n$。

师：这就是第一行的规律。接下来来看一下第二行的，第二行的数是什么？

生：0，6，−6，18，−30，66。

师：那同学们能不能仿照刚才的方法，把它们都写成乘方的形式呢？（引导学生归纳的提问）

生：不能。

师：因为它们是无法直接写成乘方的形式的。其实，题中的条件都是相互联系的。在这里我们已经求出了第一行的规律，那可否根据第一行的规律来求第二行的呢？（引导学生推理的提问）同学们所学过的运算规律无非加、减、乘、除、乘方，因此，我们可以把相对应的数字进行作和、作差、作积、作商，再来看能不能找出其中的共同点？（引导学生推理的提问）

生：第二行的数比第一行的数多2。

师：嗯，那现在把第一行的规律代进第二行，那这一行的数又该如何来表示呢？（引导学生归纳的提问）

生：$(-2)^n+2$。[在同样的提问方式下，老师引导学生观察第三行的规律，并指出第三行的第n个数可以表示为 $(-2)^n\times0.5$]

师：同学们，这三行的规律都求出来了，那每行的第十个数的和，你们会不会求？求一下。（引导学生概括的提问）

生：$(-2)^{10}\times2+2+(-2)^{10}\times0.5=2\,562$。

师：这样就把这道题解决了。我们来回顾一下刚才的解题过程，刚才找规律的时候，是对每行的数进行分析，然后把它们的数都写成相同的形式，进而推出了它们的规律。而像这种解题思想，在数学中被称为归纳思想。

……

教学对象刚进入初中不久，在学习上保持着一份积极的心态，具有好奇、好动的心理特征，此时是帮助他们建立数学思想的良好时机。而本节课是在学生学习了有理数的加、减、乘、除运算的基础上进行的，主要是对例题进行讲解。因此，教师在这里采用的是引导学生进行推理、归纳、概括的启发性提问技能来进行教学。在教学过程中，教师先让学生理清解题思路，接着通过提问引导学生对每行的数进行分析、猜想，进而归纳得出结论，并求出了结果。这样的方式，不仅让学生体验到成功解决问题的喜悦，增强了学好数学的自信心，同时也培养了他们观察、分析、归纳、概括的能力以及一定的数学归纳思想，为今后的学习打下了良好的基础。

第二节 数学教学提问技能的应用策略与实训

美国心理学家布鲁纳说："向学生提出挑战性的问题，可以引导学生发展智慧。"当然，课堂提问技能不能仅仅是纸上谈兵，要想把学到的理论知识应用到实际当中，转化为一种实用技能，还需要掌握课堂提问技能的运用策略，且进行充分的技能实训。

一、优化数学教学提问技能的策略

1. 提问要精准，明确数学课堂提问的针对性和导向性

"精"、"准"是指课堂提问要有明确的出发点和针对性，问题精要恰当，准确无误，精益求精。教师要明确提问的目的，提出的每一个问题不仅本身要经得起推敲，同时还得强调组合的最有效，每一个问题组成一个有机的、严密的整体。而在具体教学过程中，由于目的要求不同，教师可以提出不同类型的问题，例如，引导学生再现已有的知识，以利于他们知识迁移的回忆性问题；引导学生把已学过的知识叙述、比较、说明等理解性问题；引导学生运用学过的知识、技能解决一些简单问题的应用性问题。

2. 把握数学课堂提问的难度

从心理学的角度来看，人的认知水平可划分为三个层次："已知区"、"最临近发展区"和"未知区"。而人的认知水平，特别是中学生，就是在这三个层次之间循环往复，不断转化，螺旋式上升。课堂提问不宜停留在"已知区"与"未知区"，既不能太容易也不能太难，太容易不能促进学生

的思维活动，将导致思考力水平的下降；而太难就超越学生智力的范围太远，使他们丧失信心，无法保持持久不息的探索心理。我们提倡从发展学生的思维出发，根据学生的学习认知水平和数学学科的特点，采用深题浅问、浅题深问、直题曲问、曲题直问、逆向提问、一题多问等不同方式，开展多角度思维。

3. 瞄准数学课堂提问的时机

（1）在介绍新概念时的提问。

这是教学过程的主要环节，教学时从以下角度对学生进行提问：①概念中的关键词有哪些？②概念中有哪些规定和限制条件？它们和以前的什么知识有联系？③如果改变或者互换概念中的条件和结论，会产生什么样的结果？提问力求循循善诱，层层深入，引导学生抓住概念的本质特征。

例如，在“有理数—数轴”（七年级上册第一章第二节）的教学片段中，教学对象刚接触了有理数以及有理数中的负数，但是对于如何表示和区分正负数则需要利用数轴。在此，课堂上教师通过在新课引入提问，向学生提问旧知识的概念，从而引出新知识的概念，让学生不会有太大的陌生感。

师：有理数包括哪些数？0是正数还是负数？

生：有理数包括整数和分数，0既不是正数也不是负数。

师：温度计的用途是什么？类似于这种用带有刻度的物体表示数的还有哪些？

生：表示外界的温度，还有直尺、弹簧秤……

数轴的导入是应用复习旧课导入法——直接提问已学的概念。教师在新授课中应注意抓住新旧知识的某些联系，在提问旧知识时引导学生思考、联想、分析，使学生感受到新知识就是旧知识的引申和拓展，消除对新知识的恐惧和陌生心理，从而温故知新。

（2）在分析比较时的提问。

数学知识的内部存在千丝万缕的联系，也有许多知识存在形似神不似的差异。学习了一个新的知识点，就应当让学生把新旧知识作一个系统的归纳。学生掌握了一元一次方程和一元二次方程的定义后，有必要对这两个方程作一些比较，故可以提出以下问题：①说出两种方程的相同和不同之处？②它们的解又有何不同？这一环节在一定的情况下，需要教师作出适当的提示，设计问题的时候，要让学生各抒己见，发表自己的发现，强调学生的参与能力，培养学生的归纳分析、比较鉴别能力。

（3）在知识应用时的提问。

在数学教学课堂上，老师若只给出书面的练习，而没给予启发式的提问或引导，直接让学生应用刚学的知识解决问题，恐怕大多数学生会因为不理解而一头雾水。在知识应用时教师给予恰到好处的提问，不仅能让学生恍然大悟、印象深刻，同时也有利于课堂顺利地进行。

例如，在“一元二次方程”（九年级上册第二十二章第一节）的教学片段中，教学对象在此之前已经了解了一元二次方程的概念及解、一元二次方程的一般形式，下面通过练习让学生进行概念辨析，从而更好地从本质上、从不同角度上掌握一元二次方程及其特点。

问题1：同学们，我们已经学习了一元二次方程的概念，现在请你们判断下列方程是否是一元二次方程？

①$10x^2=9$；②$2(x-1)=3x$；③$2x^2-3x=1$；

问题2：现在请你们再来判断未知数的值 $x=-1$，$x=2$ 是不是方程 $x^2-2=x$ 的根；

问题3：我们来看下面这几道方程，请你们把下列方程化成一元二次方程的一般形式，并写出它的二次项系数、一次项系数、常数项：

$9x^2=5-4x$；$3y^2-1=3y$；$4x^2=5$；$(2-x)(3x+4)=3$。

（讲解时要讲清方程变形时，哪些属于代数式变形，运用了什么法则；哪些属于等式变形，依据什么性质）

一元二次方程的概念比较抽象，学生较难理解，因此教师通过从不同角度提问，给予学生适当的练习，让学生在提问中理清概念的组成要素和判定定理，从而有效达到教学目标。

（4）乘胜追问。

所谓追问，顾名思义就是追根求源地问，即教师要遵循中学生回答的思路采取递进式提问，从而获取解题关键所在，或使学生对问题作进一步的思考。追问的最大优点在于激发学生的潜能，激活他们的思维。数学课堂教学中，学生的回答经常是肤浅的，或者是不得要领的，所以教师要适时地启发学生，使他们朝着问题的正解进行思考并得以深入拓展，而追问无疑就是一种极有效的方法。

例如，在“三角形三边关系”（四年级下册第五章第二节）课例片段三的教学片段中，在四年级学生初步了解了三角形的定义的基础上，进一步深化理解三角形的组成特性，即“三角形任意两边的和大于第三边”。

师：同学们能不能根据题意画一个草图予以解决，使边的长度尽可能与题意中数值相同？（大部分同学可以得到周长为 23 厘米，因为学生习惯画出的是锐角三角形）

追问 1：只能这样画吗？（可能有较多同学又得到周长为 19 厘米）

追问 2：如果本题中的 5 厘米换成 4 厘米，这时的周长是多少？（有的同学会得到 22 厘米或 17 厘米，但也会有同学得到只有 22 厘米的结果）

追问 3：为什么这里只有一种结果呢？

生：以 4 厘米为腰不能构成三角形。

追问 4：考虑本题时有两种可能，但它的限制条件是什么呢？

生：构成三角形时必须满足条件“任意两边之和大于第三边”。

追问 5：还有没有类似这种有时有两个结果，有时只有一个结果的题目呢？

（让学生展开讨论，部分同学可能会想起同样在等腰三角形中的另一个问题“等腰三角形中有一个角为 80°，求另外两个角的度数”）

在这个教学片段中，教师通过不断追问，由此及彼，恰到好处，不仅使学生深刻地理解三角形性质的本质，且让学生养成演绎、归纳等数学思维品质。

4. 把握三“适”，重点突出

对问题的安排的时机把握也很有技巧性。对这个问题，主要从把握三“适”讲起：

第一要适度。应根据学生现有知识水平，提出符合学生智能水平的难易适度的问题。

第二要适时。古诗云：“好雨知时节。”提问也是如此，提问的时机要得当。孔子曾说：“不愤不启，不悱不发。”可见，只有当学生具备了“愤”、“悱”状态，即到了“心求通而未得”、“口欲言而未能”之时，才是对学生进行“开其心”和“达其辞”的最佳时机。

第三要适量。提问精简，直入重点。一堂课不能问个不停，应当重视提问的密度、节奏及与其他教学方式的结合，要紧紧围绕实现教学目标这个中心，突出教学的重点。

5. 设置从学生实际出发的问题情境

《新课标》指出：数学教学应从学生实际出发，创设有助于学生自主学习的问题情境，引导学生通过实践、思考、探索、交流而获得知识，形成技能，发展思维，学会学习，促使学生在教师的指导下生动活泼地、主动地、富有个性地学习。提问技能的运用首先要突出学生的主体地位，教师的一切活动是为学生服务的，提问就是为了创设一种问题情境，有利于引导学生积极思考，发展学生的个性特点和创造性。教师提问的机会要平均分配给每一个学生，好让全体学生共同思考，这样才会使全班整体的学习效果得到提高。

例如，在“三角形三边关系”（四年级下册第五章第二节）的教学片段中，该教学片段是在学生已经通过动手画图、度量及教师使用几何画板验证得出三角形三边关系后教师发起的“解题接力赛”活动。

每组下发一张印好下列题目的纸：

判断下面各组中的3条线段能不能构成三角形（单位：cm）

（1）2，5，3；（2）3，5，7；（3）17，20，39；（4）11，8，18；（5）10，15，23；（6）15，20，25；（7）305，206，500.

师：每组从第一个同学开始，每人选做一道题，不可多做，不可不做，但可选择做第几题，做完后立刻上交给老师，比一比看哪组做得又快又对。

（学生上交题目纸，教师带领学生共同探讨题目答案）

师：在验证三条线段能否构成三角形时，你是怎么检验的？做得特别快的同学你们有什么好的方法吗？

生：计算三个数据中最小的两个数据之和，和比最大的数据大就能构成三角形。

在这个案例中，教师的教学不仅以学生为主，以教师为辅，而且面向全班学生，分组探讨。对数学基础差的学生，教师提问的问题难度和信息量较小，而清晰度较高；对数学基础好的学生，也有提问一些难度和信息量较大的问题。提问的问题层次性明显，而且以学生为主，防止学生出现“吃不饱，吃不消”的现象。

6. 设置符合学生认知规律的问题情境

启发式教学是教师根据教学规律和学生的心理特点，通过呈现诱导材料或创设诱导环境，适时而又巧妙地给学生以引导、鼓舞、启迪，让他们积极通过自己的思维，创造性地进行学习。

例如，在“菱形”（八年级下册第三章第二节）的教学片段中，教学对象在小学时对于正多边形已经有了一定的认识，但是对正多边形满足的前提条件掌握不透彻。

师：你们知道什么是正多边形吗？
生：各边都相等的多边形叫正多边形。
师：那你们学过的菱形是正多边形吗？
生：不是，哦，还要各角都相等。

这个教学的引入部分教师采取直接抛出问题的形式，当学生只关注到“边”需满足的条件时，若教师提问“只有边相等就可以吗”，这个问题就显得太过直接了，在缺少思维量的同时，也启发得太过深入。而教师举了个初二学过的菱形的例子，由学生对比自己发现欠缺的是“角”的条件，就更加有启发的效果了。

7. 设置具有层次性的问题情境

问题的设计要按照课程的逻辑顺序循序渐进，由浅入深；要考虑学生的认知程序，循序而问，步步深入，使学生积极思考，逐步得出正确结论。前后颠倒、信口提问，只会扰乱学生的思维顺序。

例如，在“坐标平面内的图形变换”（八年级上册第六章第三节）复习例题的教学片段中，教学对象已经熟悉了坐标平面图形变换的内容，对于整点等概念也已掌握清楚，针对学生的复习课，教师以提问的方式，精心设计从简单到复杂的问题，循循善诱。

已知点 M（$3a-9$，$1-a$），请根据下列条件分别求出 a 的值。

问题1：点 M 与点 N（b，2）关于 x 轴对称，求出 a 的值。

问题2：点 M 向右平移3个单位后落在 y 轴上，求出 a 的值。

问题3：点 M 在第三象限的角平分线上时，求出 a 的值。

问题4：若点 M（$3a-9$，$1-a$）是第三象限的整点，求出 a 的值。

在设计时，教师安排了四个提问，从易到难，逐步应用本章的有关知识点以达到复习的目的。教师从问题的提问中，让学生深入复习知识点，梳理知识点，一举两得。在这节课上，教师的提问问题设计非常成功，学生兴趣高涨。

8. 提问要灵活处理，留空思考

课堂教学是师生双方交互式的动态过程，因而在互动过程中会出现一些事先未曾预料的情况，这就要求教师在实际的教学过程中根据需要，抓住时机，灵活设计一些提问，调整和优化教学活动。提问要特别注意把握好时机，提问的最佳时机是在学生已开动脑筋、正在生疑、质疑但未能释疑之时。若学生对某个问题已经明白了，再去提问就没有意义了。

要是在提问时没有学生举手或者只有一两个学生举手怎么办？这时教师首先要沉住气，可以把问题换个角度再复述一遍，并给予恰当提示，给学生一些时间思考。若发现个别学生有了想法，就鼓励他们大胆说出来；还可以考虑降低问题的难度，激励学生积极开动脑筋。处理应灵活一些，不必拘泥于事先设计的教案。

学生对老师提出的问题，总有个思考的过程，故提出问题后要有一个适当的停顿。至于停顿的长短，一般可根据问题的难易和学生的反应情况而定。学生答完问题后再停顿数秒时间，往往可引出他本人或其他同学更完整、更确切的补充，几秒钟的等待可以体现学生的主体地位，不可掉以轻心。

9. 提问后的有效性评价

课堂上，对回答正确或有创造性的学生，教师应该充分肯定，可继续追问学生是否还有更好的方法；对回答不完全正确的学生，应肯定其正确的部分，并提供线索继续补问使其完善；对回答错误的学生，应找到其错误的思路，暂时延缓评价，可转问其他学生，再评价其各自优点及错误之处。最后，教师和学生共同对问题进行再组织。学生思维活跃，有时会提出古怪的问题与回答，教师切勿批评学生，而应加以引导和解答。

二、数学教学提问技能的实训

前面认识和掌握了课堂提问技能的理论知识、优化策略及实施要点。但是，仅仅有丰富的理论知识是不够的，实践才是检验真理的唯一标准。因此，接下来将从实训目标、实训设计、微格训练、实训后评价和实训后反思这五个方面展开对数学课堂提问技能的微格实训探讨。

1. 实训目标

（1）理解数学课堂提问技能的作用和原则。

（2）迅速、准确识别和熟悉掌握数学课堂提问的类型和方法。

（3）应用优化课堂提问的策略，发展数学课堂提问的艺术，提升数学教学的信心。

（4）通过实训后评价和反思，不断改进优化提问技能的策略，以更好地应用到课堂当中。

2. 实训设计

在实训前，受训者需要对提问技能的理论知识有充分的理解和掌握，并在此基础上，选择自己熟知的数学内容，严格按照实训目标和要求，应用数学课堂提问原则、优化策略和评价表进行教学设计（即微格教案）。微格的一般时间是 5 ~ 10 分钟。

3. 微格训练

根据前面的提问设计，受训者在充分准备好后到微格室，身体力行地进行微格实训，达到知行合一的效果。在微格训练过程中，受训者要先介绍训练的提问技能的类型，然后根据实训设计内容开始教学实施。

4. 实训后评价

在数学课堂提问技能实训后要进行评价，充分整合其他同学或老师的见解和意见，在此基础上对自己的实训评分，分析自己对这个技能的掌握程度和不足，从而再接再厉，不断摸索。实训后评价，可以采用定性和定量相结合的等级评价方法，表 7 - 2 是提问技能训练的评价表。

表 7－2　数学提问技能训练的评价表

<table>
<tr><td>讲课人</td><td></td><td>评课者</td><td colspan="2"></td><td>成绩</td><td></td></tr>
<tr><td>课题</td><td colspan="4"></td><td>评价等级</td><td></td></tr>
<tr><td colspan="4">评价项目</td><td>分数</td><td>得分</td><td>说明</td></tr>
<tr><td colspan="4">（1）提问以学生为主，目的明确，有效提问，富有启发性</td><td>2</td><td></td><td></td></tr>
<tr><td colspan="4">（2）提问把握了三“适”：适度、适时、适量，重点突出</td><td>3</td><td></td><td></td></tr>
<tr><td colspan="4">（3）提问有序，逻辑严谨，由浅入深，循序渐进，内容有梯度</td><td>3</td><td></td><td></td></tr>
<tr><td colspan="4">（4）提问抓住时机，灵活处理，留有空间思考，等待合理</td><td>2</td><td></td><td></td></tr>
<tr><td colspan="4">总分</td><td>10</td><td></td><td></td></tr>
<tr><td colspan="4">1. 教师提问运用什么方法？提问过程的亮点是什么？为什么？</td><td colspan="3"></td></tr>
<tr><td colspan="4">2. 教师提问技能最需要改善的地方是什么？为什么？如何改善？</td><td colspan="3"></td></tr>
</table>

注：其中优为 9.1～10 分，良为 7.6～9 分，中为 6～7.5 分，差为 6 分以下。

5. 实训后反思

无论是上课还是微格训练，在走下讲台后，受训者都要对自己的微格表现进行反思。针对提问教学技能，受训者要反思课堂设计的提问的意图是否明确、表述是否清楚、主题是否得当、难易程度是否适中、问法是否有启发性、时间及提示是否合理、是否能正确把握时间与对象等。

一般地，实训后的反思可以从三方面来阐述：提问技能选择的方式，提问技能实训的材料（即课本内容），提问技能的具体操作以及优、缺点。

案例展示

1. 实训目标

(1) 掌握启发学生掌握知识关键和本质的提问技能的理论知识。

(2) 应用优化课堂提问的策略，发展数学课堂提问的艺术，提升数学教学的信心。

(3) 通过实训后评价和反思，不断改进优化启发学生掌握知识关键和本质的提问技能的策略，以更好地应用到课堂当中。

2. 实训设计

在实训前，受训者通过阅读提问类型的相关资料，深入了解启发学生掌握知识关键和本质的提问技能的目的、原则等相关理论知识，严格按照微格实训的目标和要求，选择义务教育课程标准实验教科书七年级下册“7.3.2　多边形的内角和”的内容，应用该提问原则以及优化策略和评价表进行微格设计（如表7－3所示），微格时间为7分钟。

3. 微格实训

表7－3　微格教学设计表

学科：　　　执教者：　　　年级：　　　日期：　　　指导教师：

教学课题	7.3.2　多边形的内角和			
教学目标	1. 通过提问技能引导学生探究并掌握多边形的内角和 2. 通过提问，激发学生的迁移与归纳能力			
技能目标	启发学生掌握知识关键和本质的提问技能			
时间分配	教师授课行为	教学技能要素	学生学习行为	教学设备与媒体
1分钟	复习如何求三角形的内角和	导入技能	观看多媒体的PPT演示方法	黑板 PPT演示
5分钟	通过表格，启发学生从特殊到一般的类比、归纳，探究多边形的内角和公式	提问技能 讲解技能	思考并回答老师的问题，动手解答题目	PPT演示 卡纸展示
1分钟	总结多边形内角和	结束技能	认真听讲， 笔记记录	黑板 PPT演示

4. 实训后评价

通过现场观摩该受训者的微格，评价结论为：此提问技能的微格设计基本符合启发学生掌握知识关键和本质的提问技能的原则与目的，该受训者在实训中也很好地运用了从特殊到一般的类比教学方法，再用由易到难的问题串引导学生一步一步探究问题中的规律。但是，该受训者可以做得更好，比如，对于从具体多边形的内角和到归纳多边形内角和的教学过渡，该受训者可以设计小组探讨的教学方法，这样使得提问留有空间，灵活处理。当然，这个教学过渡也就需要更多时间；在教学最后总结时，该受训者可以通过提问方式，引导学生说出并总结探究规律的方法，让课堂的教学得到升华。因此，通过修改，微格设计表如表7－4所示。

表7－4　微格教学设计表

学科：　　执教者：　　年级：　　日期：　　指导教师：

教学课题	7.3.2　多边形的内角和			
教学目标	1. 通过提问技能引导学生探究并掌握多边形的内角和 2. 通过提问，激发学生的迁移与归纳能力 3. 通过提问，培养学生的探究精神和合作意识			
技能目标	启发学生掌握知识关键和本质的提问技能			
时间分配	教师授课行为	教学技能要素	学生学习行为	教学设备与媒体
1分钟	复习如何求三角形的内角和	导入技能	观看多媒体的PPT演示方法	黑板 PPT演示
6分钟	通过表格，启发学生从特殊到一般的类比、归纳，探究多边形的内角和公式	提问技能 讲解技能	思考并回答老师的问题，小组讨论探究规律	PPT演示 卡纸展示
2分钟	总结多边形内角和公式和探究规律的方法	结束技能	认真听讲， 思考总结， 笔记记录	黑板 PPT演示

5. 实训后反思

该受训者通过提问，引导学生将三角形内角和中的转化思维迁移到多边形当中，然后再求出了几个特定图形的内角和并集中填制在一个表格中。由于表格简单明了，易于归纳，学生便能自主探求出其中的规律，并写出 n 边形的内角和，从而达到教学的目的。而通过教学设计修改后，教学中的提问逻辑更加严谨，教学更加灵活，而且整个教学过程将发现教学贯穿其中，通过小组探究，培养学生的探究精神和合作意识。

提问在教学过程中具有特殊的意义和作用，必须引起广大教师的高度重视。在整个教学过程中，教师作为一个解疑者、组织者，要诚心诚意地把学生当作学习的主人，精心设计对学生理解和掌握有关知识起重要作用的问题，激发学生的参与动机，引导学生参与整个学习过程，充分地发挥他们的主体作用。

实践与思考

1. 常见的数学课的提问方法有哪些？实施这些提问技能时应该注意哪些问题？

2. 数学课堂教学提问技能的常见类型有哪几种？

3. 就你的某个数学课堂教学内容设计三种层次的提问：

(1) 数学事实的确认；

(2) 数学原理的推导；

(3) 数学技能的探索。

4. 学习本章你有哪些心得体会？试着与你的同行交流你的想法。

第八章 数学教学讲解技能

讲解是教学最基本的手段，是教师运用简明、生动的教学语言，辅以各种教学媒体，通过叙述、描绘、解释、推理论证等方式将知识、经验及其形成过程呈现给学生，帮助学生了解掌握的一种技能。

从两千多年前孔子的“私学”、唐代教育家韩愈《师说》中的“师者，所以传道授业解惑也”和柏拉图的“学园”到现在新课标所提倡的“素质教育”，主要都是用讲解这一最基本的方式进行教学的。我们可以看到，从古至今，讲解在课堂教学中以其独有的优点使教师对其十分偏爱。首先，教师利用语言，可以在比较短的时间内将所思所想大量且有序地传授给学生，帮助学生理解和掌握知识；其次，教材中的微观、抽象的内容，可通过教师的分析、归纳、推理等一系列的教学活动，揭示知识的内在联系、形成过程，使学生得到正确的思维训练；最后，教师可以通过语言表达自己的情感，与学生进行情感交流，渗透数学文化价值，培养学习兴趣。

例如，在“无理数”（八年级上册第十三章）的教学片段中：

……

师：同学们，我们来回忆一下，我们之前学习的数有哪一些呢？

生：自然数、整数、分数、有理数……

师：这些都是我们小学就学习了的，同学们来回忆一下，什么叫作有理数？

生：有限小数或者无限循环小数。

师：现在老师写两个数：π，1.010 010 001 000 01…这两个数又是什么数呢？

生：……

师：观察一下，首先他们是小数，那是有限小数吗？

生：不是。

师：那就是无限小数了，是无限循环小数吗？

生：不是。

师：那把它综合起来就是……

生：是无限不循环小数。

师：是的，在数学上，我们把这种无限不循环小数称为无理数。

……

通常情况下，“无理数”概念的讲解会比较枯燥乏味（如以上案例），其教学过程就是简单的一问一答，教师很单调地引导学生知道“我们还存在一种数叫无理数”。对于七年级的学生来说，他们的思维比较跳跃，接受知识的效果就会没那么好，尤其是对于基础一般的学生来说，需要花很多时间去理解，这就使得他们很难跟上教师的节奏，也就难以达到相应的教学效果。相反，如果这样：

师（教师以一骰子作为教具）：同学们，这是什么？

生：骰子。

师：那它有什么用处？

生：玩飞行棋的时候要用到它，打麻将的时候……

师：是的，骰子我们经常会用到，那这节课老师带它来做什么呢？

生：……

（此时，面对学生的沉默，教师没有立即给予回答。他请两位同学上台，让一位同学在讲台上掷骰子，另一位同学在小数点的后面记录骰子掷出的点数。所有的同学都聚精会神地看他俩表演。随着骰子的一次次投掷，点数一点点记录，黑板上出现了一个不断延伸的小数：0.315 426 512 3……）

师：好！暂停！同学们，如果骰子不断掷下去，那么我们黑板上得到的是一个什么样的小数呢？它有多少位呢？

生：能够得到一个有无限多位的小数。

师：是无限循环小数吗？

生：不是。

师：为什么？

生：点数是掷出来的，没有什么规律。

师：没错，这样得到的小数，一般是一个无限不循环小数。这种无限不循环的小数，与我们已经学过的有限小数和无限循环小数不同，是一类新的数，我们称它为“无理数”。

……

在上述修正案例中，教师首先演示事先制作的教具，然后让学生上台自己动手操作，整个教学过程比较活跃、有趣味性，容易吸引学生的注意力；相反，一味地灌输很难调动学生学习的积极性和主动性，容易产生“满堂灌”、“注入式”等问题。所以对于这些内容比较抽象的数学概念，在课堂教学中就应当特别注意学生的能动性，只要改变一下讲解方式，就会产生不一样的教学效果。

第一节 数学教学讲解技能运用的目的

讲解的目的是通过客观事物的本质属性、本质特点的揭示，使学生准确地掌握作为教学重点、难点的事实、概念、原理、法则、定律、规律等基础知识、基本理论。因此讲解是课堂教学和教育活动不可缺少的手段。俗话说：“授人以鱼，不如授人以渔。”数学的讲解以数学语言（符号语言）为载体，其实质在于揭示知识结构及要素，阐述数学概念的内涵和外延，以便学生理解、接受、保持、记忆、掌握和运用数学知识。

一、讲解的首要目的是传授知识，使学生了解、理解、记忆和掌握所学的知识

讲解的目的与教学大纲的目的和课程的目标体系、课堂教学目标都是一致的，体现了讲解教学活动的教学方向。要知道讲解为教师提供了主动权、控制权，教师可根据设计意图，逐步将思考过程和结果展示给大家，根据学生接受知识的情况，调节讲解的步调和速度，对关键点的刻意雕

琢、对疑难点的刻意停顿，可以使学生少走弯路，实现课堂教学时间的有效利用。

例如，在“反比例函数的图像与性质”（八年级下册第十七章）的教学片段中：

师：同学们，我们来回顾一下什么是正比例函数，并且画出它们的图像。（学生活动）上节课，我们又学习了反比例函数，同学们知道反比例函数的图像怎么画吗？

生：（摇头）

师：如果老师写一个反比例函数 $y=\dfrac{1}{x}$，同学们知道怎么画它的图像吗？

生：列表、描点、连线。

师：既然都已经有目标了，就按照你所想的做吧。（学生画出图像，教师示范正确画图）

师：好的，看到我们所画的图像，观察一下该怎样对它的性质进行讨论？提示一下，可以把定义区间分为 $\begin{cases}0<x<1\\ x\geqslant 1\\ -1<x<0\\ x\leqslant -1\end{cases}$ 四个部分进行讨论。（在学生得到大致框架后，可以给他们一点时间稍加消化）……（最后总结函数图像及其性质）

在上述教学片段中，教师引导学生从正比例函数图像延伸到反比例函数图像，再从图像理解了反比例函数的性质，整个过程教师起到了宏观调控的作用，学生自己画图，总结性质，进而更好地理解了反比例函数图像的特点。

二、培养数学思维，渗透创新意识

新课标要求数学教学要从生活实际出发，寻找数学与生活的连接点，通过分析、对比和概括的方法，启发学生的思维，并传授解题的方法，剖析数学知识的来源、形成和结构，从而为提高学生提出问题、分析问题和解决问题的能力创造条件。同时，这对发展智力和培养创新意识具有基础性的作用。

例如，在“实际问题与一元二次方程”（九年级上册第二十二章）的教学片段中：

……

师：我们来看一道探究题：有一人患流感，经过两轮传染后共有121人患流感，每轮传染中平均一个人传染了几个人？（学生读题，思考）既然我们已经学习了一元二次方程，那我们就尝试着用列方程的形式解这道题。首先要设未知数。从问题出发，我们可以先设：每轮传染中平均一个人传染了 x 个人（板书）；接着我们开始有1个人患流感，他传染了 x 人，用代数式表示，第一轮就有多少人患流感？

生：$1+x$.（教师板书）

师：第二轮中，这些人每个人又传染了 x 人，用代数式表示，第二轮后，共有多少人患流感呢？

生：$1+x+x(1+x)$.（教师板书）

师：我们就用带 x 的形式得到了两轮过后患流感的总人数，从题目中我们就可以知道：经过两轮传染后共有121人患流感，那我们是不是就能找到一个可以列方程的重要等量关系了呢？

生：是。

师：那同学们按照老师刚刚分析的思路，尝试着把这道题的解题步骤列出来。（停顿）我看到有同学很快地解出结果了，请这位同学把你的解题过程告诉大家。

生A：解：每轮传染中平均一个人传染了 x 个人，

由题意，得：$1+x+x(1+x)=121$

整理，得：$(1+x)^2=121$

解得：$x_1=10 \quad x_2=-12$

师：这样结束了吗？

生：还要检验，因为是人数，所以最后的解不能为负数，所以 $x_2=-12$ 要舍去。最后，答：所以每轮传染中平均一个人传染了10个人。

师：好，同学们，做完这道题，我们回忆一下这道题的解题过程，能不能总结出做这道题的解题思路呢？

……

方程类应用题，阅读量大，学生有时候很难提取出主要信息，久而久之，很多人就会对做这一类的题目失去信心。对一元二次方程应用题的讲解，主要是传达给学生一个信息，就是对于这一类的题目我们可以怎样解，通过分析概括，让学生形成解题的思维，发展解题的思维。

三、激发学生学习数学的兴趣

通过生动、活泼和有效地讲解，使学生产生学习的兴趣进而形成志趣，并通过讲解内容的思想性来影响学生的思想。俗话说，兴趣是最好的老师，只有让学生感受到学习知识的意义，才能真正让学生学有所用，学会理论联系实际。

例如，在“有序数对”（七年级上册第六章）的教学片段中：

> 教学活动一：问学生来到教室后是怎样找到自己的位置的，（引导学生用数学语言表示自己的位置，例如第几行，第几列）接着教师提问：怎样才能确定一位同学的具体位置？然后组织学生玩游戏——找座位。
>
> 教学活动二：去电影院你怎样找到你的座位呢？（归纳共同点：用两个数表示位置）接着得出数对的定义：由两个数组成的，表示某一具体位置。然后问学生：（13，26）和（26，13）他们有什么不一样的呢？［引导学生发现，数对（a，b）和（b，a），即使数字相同，如果顺序不同，表示的数对含义也不同，因为它们确定的位置不同］得到结论：数对是有顺序的。（引入课题——有序数对）

平面直角坐标系是初中数学教学的重点，有序数对是平面直角坐标系的基础，如果只是很平淡地告诉学生“由两个数组成的，表示某一具体位置的我们称为数对”的话，学生只能知其然而不知其所以然。而案例中教师先讲教室的座位、电影院的位置，接着让学生做游戏——找座位，再引入有序数对，在这一系列的过程中，学生的学习从身边的认识入手，从直观认识到总结共同点，知道描述某一确切位置需要两个条件，在游戏中得到本节课需要掌握的知识，大大提高了对学习的兴趣。

《新课程标准》指出：数学课程应强调从学生已有的生活经验出发，让学生亲身经历将实际问题抽象成数学模型并进行解释与应用的过程，进而使学生获得对数学理解的同时，在思维能力、情感态度与价值观等多方面也得到进步和发展。从这点上来讲，明确讲解技能的目的，遵循学生的认知规律与教材的编排特点，不仅能使学生准确掌握并理解所学的知识点，还能发展学生的学习经验，更好地发展学生的思维。

第二节 数学教学讲解技能运用的原则

美国当代数学教育家保罗·哈尔莫斯（Paul Richard Halmos，1916.3.3—2006.10.2）在谈及“如何讲数学”这一问题时说过：“我的意见归纳起来就是要平易，有条理，短小。使你的讲演简明易懂（有特点、具体）；一定要论证一点东西，提一点问题，要精心准备；组织好内容，并使之适合听众的水平，一定保持简短；准备做到灵活应变。记住，你是为了将听众吸引到你的课题上来并向他们提供关于该课题的信息才作讲演的；还要记住少即是多。”

讲解让教师在课堂中起到了主导的作用，不同的讲解风格造就了讲解技能的艺术性和创造性，不同的讲解方法体现了讲解技能的灵活性和选择性。教师是课堂的导演，但不是主角。但在我们的日常教学讲解过程中，有时教师会把自己放在主角的位子上，将学生变成了配角，将知识告诉学生，不注重启发学生的思维，课堂也因此会变成枯燥与乏味的模式：讲书本、背公式、做题。这样的教学不利于发挥学生的主观能动性，使教学僵化，所以在实际课堂教学的设计中，讲解技能的运用需要遵循一些原则。

一、目的性原则

一节课的讲解要达到什么样的目的，这是备课老师首先要考虑的问题。课堂的整个教学过程都是为教学目的服务的，抓住教学目的，突出教学重、难点，围绕教学内容，设计出符合学生认知规律的讲解，讲解明确、具体、有价值，不一定要做到面面俱到，但内容一定要完整。通过讲解，学生在多大程度上了解和掌握了所讲的内容，对没有达到目标的学生，教师还应采取怎样的补救措施，这些都是教师在讲解的过程中所应关注的问题。

例如，在“一元一次方程的解法”（七年级下册第八章）的教学片段中：

教学活动一：教师首先提出两个问题：①什么是方程的解？$x=4$是方程$7x=6x-4$的解吗？②方程$x=5$的解是什么？方程$3x=2$的解又是什么？（引导学生讨论，并得到结果）教师再明确指出：像$x=5$这样的方程，很显然，它有唯一解5. 对于$3x=2$这样的方程，通过观察可以得到$x=\frac{2}{3}$，因此，形如$x=a$（a为常数），这样形式的方程称为“方程的解”。

教学活动二：教师接着指出：用观察法指出下列方程的解：③$7x+2=4x-3$. 很明显这道题用观察法能得到最终结果，（教师分析）但我们知道我们的最终目标就是$x=a$，对比它们的差异，我们就要消除它们的差异，将原方程中含有x的项移到方程的左边，把常数项移到方程的右边，再合并同类项得最简方程，然后再将系数化为1就可以了。（要求学生自行解答）再由教师总结：对于不含有分母和括号的一元一次方程，只要对原方程采取移项、合并同类项、系数化为1等步骤就可以求得原方程的解。

在上述教学片段中，教师的目的就是引导学生学会解一元一次方程的步骤。围绕这一重点，通过循循善诱，让学生学会解一元一次方程并且总结出步骤。这样的讲解可以让学生知道自己在学什么，以后遇到这种题该怎样做，进而达到高效的学习效果。

二、准确性与科学性相统一原则

讲解的特点就是用语言传递教学信息。众所周知，数学是一门偏重于理性知识传授的学科，它具有科学而严谨的知识体系、抽象而简洁的表达形式。准确性要求讲解的过程无论是数学用语还是口头语言的表达都要准确无误；科学性即传授给学生的知识必须是科学的，对于每一节课的教学，都要有一个科学的教学过程，一个严密而又准确的教学语言设计。同时，还要求注意培养学生的科学态度以及对数学的热爱。

例如，在“不等式的性质”（七年级下册第九章）和“一元二次方程的解法”（九年级上册第二十二章）的教学片段中：

片段一（准确性）：不等式的性质有三个。一、不等式两边同时加上（或减去）同一个数，不等号方向不变；二、不等式两边同时乘以（或除以）同一个正数，不等号方向不变；三、不等式两边同时乘以（或除以）同一个负数，不等号方向改变。在讲解时，对于哪些改变哪些不改变一定要强调清楚。

片段二（科学性）：对于方程 $mx^2+4mx+1=0$，若其有实根，求 m 的值。此题如果直接运用判别式，由 $\Delta=16m^2-4m\geqslant0$，得 $m\geqslant\frac{1}{4}$，或 $m\leqslant0$。这样的推理过程显然违反了科学性，因为只有当 $m\neq0$ 的情况下，才可以考虑 Δ 的情况，而当 $m=0$ 时，Δ 就不存在了。于是必须去掉 $m=0$ 这一点。正确结论应该是 $m\geqslant\frac{1}{4}$ 或 $m<0$。

在数学教学过程中，数学语言的准确性体现得尤为重要。在片段一不等式的讲解中，许多同学会在定义上出错，所以教师此时一定要多加强调。片段二中教师的推理过程显然违反了科学性原则，容易让学生形成错误的解题思路。教师表达的准确度会直接影响学生对学习的态度。

三、主体性与启发性原则

新课标的素质教育强调学习过程中学生的主体性和启发性，通过提示、发问等方式引导、启发学生去自己思考并归纳总结出来。课堂教学过程，特别是对数学这门联系性很强的学科，教师在讲解过程中要注意启发引导学生的学习动机，激发学生的思维活动，启迪学生根据讲解的线索进行独立思考。教师永远不能对学生说“这道题就是这样做的”，而要鼓励他们大胆地展开思维的翅膀，养成多想多问的良好习惯。

例如，在“圆的内接四边形”（九年级上册第二十四章）和“三角形内角和”（七年级下册第七章）的教学片段中：

片段一（主体性）师：在⊙O上，任意取三个点A、B、C，然后顺次连接，得到的是什么图形？

生：三角形。

师：那这个图形与⊙O有什么关系？

生：是圆的内接三角形。

师：由圆内接三角形的概念，能否得出什么叫圆的内接四边形呢（类比）？（此时教师展示一个圆，让学生通过大胆猜测得到圆的内接四边形）

师：根据我们已知的圆的内接三角形的概念，我么能不能总结出什么叫圆的内接四边形？

生：在⊙O上，任意取四个点A、B、C、D，然后顺次连接所得到的图形。

片段二（启发性）师：我们都知道正方形和长方形的四个角都是直角，那它们的内角和是多少度？

生：$360°$。（把学生的注意力集中到内角和上）

师：直角三角形有三个内角，且其中两个是未知的，怎么得到它们的内角和呢？

生：……

这两个例子，教师都没有马上告诉学生结果，而是让学生由已知入手，引导学生回答，让学生自行得出答案，这样不仅可以加深学生的印象，还能提高学生对课堂的参与度，锻炼学生的思维。

四、生动性和艺术性原则

教育家苏霍姆林斯基指出：“教师高度的语言修养是合理地利用时间的重要条件，并在极大程度上决定着学生在课堂上的脑力劳动的效率。”教师语言的生动性，直接影响着教学的效果。如果教师上课念讲义，以书面语言代替课堂教学用语，措辞含糊，语病迭出，将失去课堂教学的审美感染作用。反之，简洁、形象、生动的语言，不仅能给学生以美感，还能激起学生强烈的审美情感体验，从而带动学生学习的积极性。

例如，在“投影”（九年级下册第二十九章）的教学片段中：

……

师（创设情景时，教师先让同学们观看一段手影戏）：手影呢，就是一种利用光和影的表演艺术，现在就先让我们来走进手影的世界。（播放手影视频）（与视频内容一致的解说：云微天淡，清风鸣蝉，鸟儿觅食，鸣声啾啾，憨态可人。白鹿畅饮，神态悠悠，安享恩泽，青蛇灵动。眨眼间，天河幻化，银波万顷，娇鹅嬉戏，呼朋引伴，悠然自得。弹指云烟，万物新生，广被四方。人影幢幢，几度春秋。叹谁之墨笔，渲染指间，霎时，奇珍之物，变化无穷。马踏而过，嫩芽新长，花枝渐成，上通九天，下流八荒。繁花似锦，轻摇临风。苍穹之间，乌鹊枝眠，鸣声啾啾。这一曲一手构成的幻化世界，同学们觉得这种艺术神奇吗？大家感受到它的魅力所在吗）

生：好神奇，好美哦！

师：这种神奇的艺术表现形式，在数学上，我们给它取个名字，叫作投影。（板书）

……

这一段引入，教师通过视频以及生动形象的语言让同学们进入了手影的世界，让数学与艺术相结合。与此同时，学生的好奇心驱使他们想往下探索这个神奇的世界，教师适时地引出今天的主题，成功吸引了学生的注意。

第二节　数学教学讲解技能的类型与基本方法

讲解技能是指教师利用口头语言对知识进行剖析和揭示，帮助学生理解、掌握知识的课堂教学行为方式。我们知道，单纯的讲解有本身的局限性，它的目的范围也是有限制的。只有讲解与问答、讨论、板书、练习等不同教学技能相结合时，讲解的目的才能进一步扩大和发挥。例如，单纯讲解获取反馈是比较困难的，若讲解与提问、练习相结合就不难解决反馈问题了。

讲解技能的类型可依据不同的标准进行划分，根据学生的接受方式可分为理解型讲解、释疑型讲解和探索性讲解，根据知识类型划分，一般可分为如下几类：定义式讲解、描述式讲解、解释式讲解、探究式讲解、类比推理式讲解。

一、定义式讲解

定义在数学课堂教学中本身就会比较枯燥乏味，很难引起学生的兴趣。在学生进行回忆或观察的过程中，教师要启发他们认识各种事物或事实所具有的基本属性或特征，在感知的基础上，引导他们进行分析、比较，排除次要因素，抓住主要因素，对一系列事物的共性进行综合概括，明确它们的基本属性和本质特征。定义式讲解是通过揭示事物的本质属性，利用已有的知识、思维等建构由表象到内化的认知的一种讲解技能。

定义式讲解技能的特点：

1. 运用丰富实例，使学生充分感知

在进行概念教学时，应使学生从各种情境中接触概念，以使其便于接受和理解。例如，在导入一个新概念时，最好使用实物、事实和事例等，并作必要的说明，使得有关事物连续出现，相同的刺激重复出现，让学生易于区分哪些是重要的属性，哪些是次要的属性。概念教学的理想方式是先教给学生一些典型的问题，识别出哪些是概念的主要属性，然后再教一般事物，最后识别特殊事物。

2. 用“变式”引导学生理解概念的本质

在学生初步掌握了概念以后，可以变换概念的叙述方法，让学生从各个侧面来理解概念。概念的表述可以是多种多样的。如质数，可以说是“一个自然数除了 1 和它本身，不再有别的约数，这个数叫质数”，有时也说成“仅仅能被 1 和它本身整除的数叫质数”。学生对各种不同的叙述都能理解，就说明他们对概念的理解是透彻的、灵活的。

3. 联系已学知识，加深理解

当学生学习一个新概念时，要尽可能地与以前学过的知识联系起来。这样不仅为学习新的概念奠定了基础，也有利于对概念进行分化，较深入地理解新概念，从而使所学的知识系统化。

例如，在“中心对称图形”（七年级下册第九章第八节）的教学片段中，在对中心对称图形的定义教学之后，就必须与“轴对称图形”（八年级上册第十二章第一节）的定义进行对比讲解（如表 8－1 所示），找出区别与联系，这样才能让学生在已知的学习中巩固新学习的定义知识，形成一个扎实的知识框架。

表 8－1　中心对称与轴对称的对比

	中心对称	轴对称
不同点	有一个对称中心点：图形绕中心旋转 180°	有一条对称轴：直线图形沿轴对折，即翻转 180°
相同点	旋转后与另一图形重合	对折后与另一图形重合

4. 显示相反事例，及时巩固应用

在显示概念所包含的各种事例，从中分析抽象出概念的特征的时候，不能仅仅显示与概念特征相一致的事例，也应显示与其特征相反的事例，尤其是一般容易弄错或搞混的事例，以利于明确概念的内涵和外延。

例如，在“一元二次方程”（九年级上册第二十三章第一节）的教学片段中：

师：同学们，我们已经学习了什么是一元二次方程，那接下来就判断一下下面式子中哪些是一元二次方程，哪些不是一元二次方程。

（1）$5x^2=12-6x$

（2）$3x+7y=9$

（3）$(x+4)^2+(x+2)^2=10$

（4）$ax^2+bx+c=0$（a，b，c 为常数）

（5）$7x^2+8$

题目要求我们判断哪些是一元二次方程，那我们就要来复习一下一元二次方程的概念，找出关键点。我们说含有一个未知数，并且未知数的最高次数是 2 的等式就是一元二次方程。这句话看似简单，其实却告诉我们很多信息，未知数的个数、未知数的最高次数、等式，这些都是关键点……

对于“一元二次方程”定义的讲解，教学中利用几个例子，让学生从定义的几个关键词出发，通过正、反面的例子相结合，让他们更好地理解概念中的关键信息。

案例展示

正　弦

本节课是九年级下册第二十八章“锐角三角函数”第一节“正弦”的第一课时，是一节概念课，在此之前学生已经学习了相似三角形，以及利用相似三角形测算物体长度或高度的方法。通过本节课的学习，学生对锐角三角函数正弦的认识会更加完整。

教学目标分析：

知识与技能目标：在了解认识正弦（$\sin A$）的基础上，通过探究使学生知道当直角三角形的锐角固定时，它的对边与斜边的比值都固定（即正弦值不变）这一事实；能根据正弦概念正确进行计算。**过程与方法目标：**经历当直角三角形的锐角固定时，它的对边与斜边的比值是固定值这一事实，发展学生的形象思维，培养学生由特殊到一般的演绎推理能力。**情感态度和价值观目标：**使学生体验数学活动中充满着探索性与创造性，并使之能积极参与数学学习活动。

教学重、难点：

教学重点：正弦的意义，正弦值的大小判断，计算物体的高度等有关问题。**教学难点：**正弦的意义。**突破难点的关键：**通过分析、对比、讨论突破难点；理解倾斜角一定，它的对边与斜边的比也是一定的。

教学过程：

……

师：同学们，我们的妈妈平时最喜欢穿什么样的鞋呀？

生：（疑惑的表情）高跟鞋。

师：高跟鞋为许多女性所钟爱，经调查研究发现，当高跟鞋的鞋面与地面的夹角为15°时，人的脚才会感觉舒服。那么同学们想不想知道设计师是怎么依据不同女性的脚长（大部分女性的脚长在22～26厘米之间）设计高跟鞋呢？

生：（兴奋地说）想。

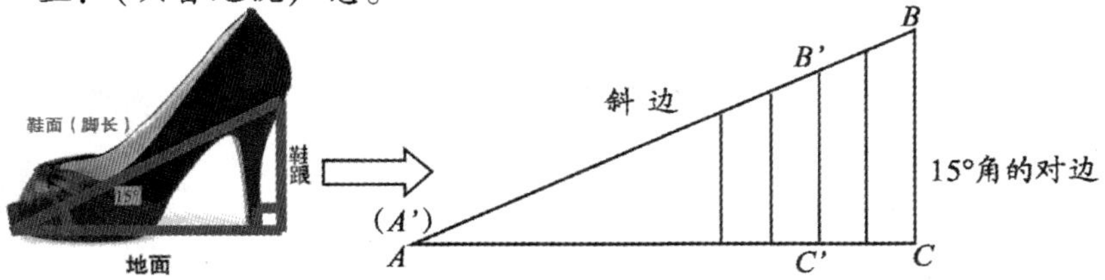

图8－1

师：好的，老师来告诉大家，设计师们将高跟鞋的鞋面、鞋跟、地面抽象成一个直角三角形（如图 8－1 所示），在保证鞋面与地面夹角 15°不变的前提下，取不同女性的脚长，则会对应一组鞋跟的长度。如表 8－2 所示。

表 8－2

脚长（cm）	22	23	24	25	26
鞋跟（cm）	$\frac{22(\sqrt{6}-\sqrt{2})}{4}$	$\frac{23(\sqrt{6}-\sqrt{2})}{4}$	$\frac{24(\sqrt{6}-\sqrt{2})}{4}$	$\frac{25(\sqrt{6}-\sqrt{2})}{4}$	$\frac{26(\sqrt{6}-\sqrt{2})}{4}$

师：我们可以从这个表中得到什么结论？哪个同学可以回答下？

生：鞋跟与脚长的比值等于$\frac{\sqrt{6}-\sqrt{2}}{4}$，是个固定值。

师：想一想，为什么会有这样的结论？

生：可能是 15°不变这个前提导致的结果。

师：嗯，同学们认为鞋跟与脚长的比值是个固定值，是因为 15°角不变的结果。那好，下面让我们用上个单元学习的相似图形知识来更严格地证明这个结论。同学们请看图 8－1，你们发现有哪些相似图形？

生：这两个三角形相似。

师：依据的判定定理是什么？

生：三个角相等。

师：嗯，那我们可以得到$\triangle ABC \backsim \triangle A'B'C'$，则其对应边成比例，即$\frac{AB}{A'B'}=\frac{BC}{B'C'}=\frac{AC}{A'C'}$。那我们可以得到一个什么数学结论呢？

生：在直角三角形中，一个锐角保持不变时，不管其三角形大小如何，这个角的对边与斜边的比值是固定值。

师：非常好，在数学上我们把锐角 A 的对边与斜边的比叫作角 A 的正弦。这就是我们这节课要学习的锐角三角函数：正弦。（板书：28.1 锐角三角函数：正弦）

……

教学赏析：教学片段选自九年级下册第二十八章第一节第一课时。九年级的学生已经掌握了直角三角形各边与各角的关系，并且能灵活运用相似三角形的性质及其判定定理解决实际问题。从学生的心理特征来看，九年级学生的抽象逻辑思维比之形象思维有了一定优势，接受能力强，具备了一定的数学活动经验及应用数学的意识。因此，在教学过程中，教师通过引用生活中的实际例子（设计高跟鞋的问题）引发新的认知冲突，由此抽象出其所针对的数学图形，进而分析、观察总结出三角形中角与边的关系，教学过程遵循学生的知识结构特征，也符合学生的认知特征。

二、对比解释式讲解

对比解释式讲解是指教师用简洁严谨的语言具体讲解事物、事理的含义、原因等，利用已有的类似知识迁移，形成对比，进而用简洁的语言解释说明，突出教学重点的一种讲解方式。

对比解释式讲解技能的特点：

（1）讲解不同于讲授，重在“解”，通过前后知识的联系和区别形成对比，发展学生的转换思维。运用解释说明方式，使学生认识事物的现象、发展变化、本质特征和内在联系，更深刻地理解教学内容。

例如，在“用拆添项法分解因式”（八年级上册第十五章）的教学片段中：

教师首先提出如何分解 x^6-1 的因式分解问题，此时学生会出现两种结果：

结果一：

$$x^6-1=(x^3)^2-1=(x^3+1)(x^3-1)$$
$$=(x+1)(x^2-x+1)(x-1)(x^2+x+1)$$

结果二：

$$x^6-1=(x^2)^3-1=(x^2-1)(x^4+x^2+1)$$
$$=(x+1)(x-1)(x^4+x^2+1)$$

此时学生就会猜想：到底哪一种结果是对的呢？教师进而引导学生观察两个结果中相同的项和不同的项。即 $(x^2+x+1)(x^2-x+1)$ 与 x^4+x^2+1 二者有什么关系。然后探索出它们其实是相等的，引导学生掌握这种因式分解的方法。

（2）讲解不是照本宣科，而是对教学内容的知识迁移、对比，解释说明其区别和联系，发散思维，引导学生更深刻地认识。例如在“随机事件”（九年级上册第二十五章第一节）的讲解中，可以通过许多生活中的例子让学生判断。这样不仅能让学生从生活实际出发学习数学，而且还能激发学生的想象力。但教师也要注意不要任由学生天马行空地想象，脱离了课堂本身。

案例展示

二次三项式的因式分解

本节课是八年级上册第十四章“整式的乘法与因式分解”第三节“因式分解”的内容，学习二次三项式在实数范围内的因式分解。在此之前，学生已经学习了用公式法和提公因式法进行因式分解。通过本节课的学习，学生对二次三项式的因式分解的认识会更加完整。

教学目标分析：

知识与技能目标：会通过求一元二次方程的根，在实数范围内将二次三项式因式分解。**过程与方法目标：**使学生掌握多项式因式分解，领会整体代换、字母表示式和化归等数学方法。通过动手操作和问题设计，培养学生观察、分析、抽象、概括的逻辑思维能力；训练学生思维的灵活性、层次性，逐步提高学生运用整体代换思想和化归思想解决问题的能力。**情感态度和价值观目标：**经历归纳二次三项式在实数范围内分解因式方法的过程，培养学生的逆向思维和分析、归纳的能力。

教学重、难点：

教学重点：会通过求一元二次方程的根，在实数范围内将二次三项式分解因式。**教学难点：**关于两个字母的二次齐次式在实数范围内分解因式的方法。**突破难点的关键：**引导学生在观察、猜想、归纳总结的基础上，论证得出二次三项式在实数范围内的因式分解的公式。

教学过程：

……

师：同学们，观察这个式子，对这个二次三项式 $x^2+(p+q)x+pq$ 进行因式分解。我们回忆一下，完全平方公式和平方差公式，其因式分解的形式是怎么来给出的？

生：割补实验田。

师：是的，通过割补实验田，从面积入手写出其因式分解形式。那么我们可否用同样的方法，将 $x^2+(p+q)x+pq$ 进行因式分解呢？（停顿，给学生足够的思考时间）

师：现在我们将其展开成四项，观察式中的每一项，我们用面积来代替因式：x^2 项，可以看成是边长为 x 的正方形的面积；同样其他三项也可以用矩形的面积表示。（如图 8－2 所示）再观察式子，是四项相加，也就是将这四个面积拼接成一个整体，那么我们怎么来拼接呢？一起来看大屏幕上的演示。那么拼接出来是什么图形呢？

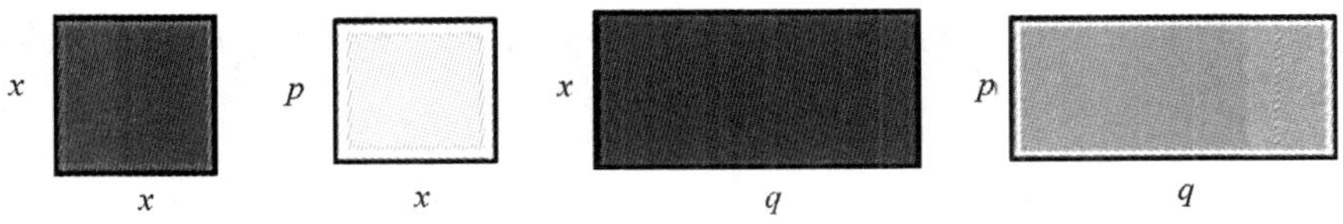

图 8－2

生：长是 $x+q$，宽是 $x+p$ 的长方形。（如图 8－3 所示）

师：那由图形拼接的理论，我们可以知道什么？

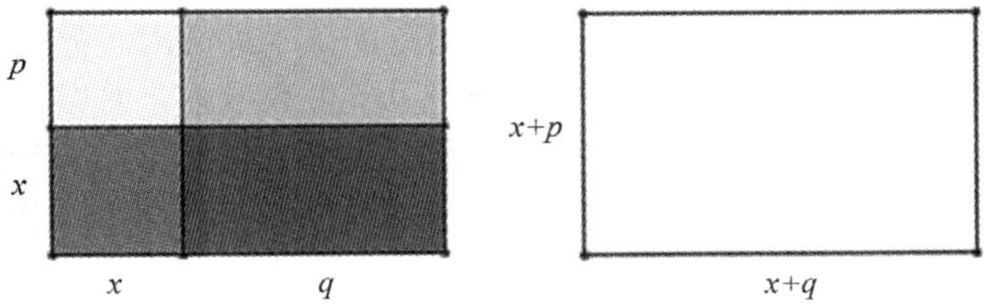

图 8－3

生：$x^2+(p+q)x+pq=(x+p)(x+q)$.

师：好的，我们就将二次三项式进行了因式分解。但是我们还要证明这个等式的正确性，可用到我们前面学习过的什么知识呀？

生：多项式相乘。

师：（板书）右边 $=(x+p)(x+q)=x^2+px+qx+pq$，我们可以合并同类项，就得到 $(x+p)(x+q)$（板书）刚好等于左边。接下来，证明左边等于右边，也就要证明其因式分解是成立的。那应该用什么方法呢？

生：提公因式法。

师：要用提公因式法，我们就必须找到公因式，先将其左边展开，就得到（板书）$x^2+px+qx+pq$。观察这四项，是否有公因式？

生：（疑惑）没有。

师：（引导）这样我们先看前两项，公因式是 x，提取就得到 $x(x+p)$，再看后两项，公因式是 q，同样就提取得到 $q(x+p)$。分解到这里，正好还有公因式 $(x+p)$，我们就得到等式等于右边。（停顿）

师：这样我们就证明了等式成立。对于任意 p，q，x 都可以写成这样的因式的分解。那么具有什么特点的二次三项式进行这样的因式分解呢？我们发现一次项系数可折成 $(p+q)$ 的形式，常数项为 pq 的形式就可以了。

……

教学赏析：教学片段选自八年级上册第十四章第三节“因式分解”的内容。从已有的知识结构来看，学生已经学习并掌握了因式分解的一般方法：提公因式法和公式法，以及了解了完全平方公式和平方差公式是由“割补实验田”的形式进行因式分解的。从认知角度上来看，该学段的学生具备一定的观察、类比、迁移能力。因此，在教学过程中，教师引导学生观察多项式中的每一项，从图形面积的角度入手进行因式分解，再利用因式分解的一般方法证明等式，进而培养了学生数形结合的思想和推理能力。另外，这种思维形式对后续求解一元二次方程提供了理论指导。

三、描述式讲解

描述式讲解是教师用简洁严谨的语言对事物的外观进行描述，利用已有的类似知识迁移，抽象数学图像或数学问题等，进而用简洁的语言描述讲解，突出教学重点的一种讲解方式。

描述式讲解技能的特点：

（1）讲解不同于讲授，重在对事物特点的直观描述，通过抽象出数学问题，如数学模型、数学图像、数学图表等，发展学生们的转换思维，运用直观的描述，使学生认识事物本质特征和内在联系，更深刻地理解教学内容。

例如：著名的哥尼斯堡“七桥问题”，欧拉在解决时就把陆地用一个抽象的点来代替，桥用抽象的线段来代替，从而得到一个对应的抽象数学模型，其实就是把“七桥问题”转换为平面几何图形问题。

（2）讲解不是照本宣科不脱离教材，讲解是对内容的知识迁移，描述事物内在的特点，从而揭露数学本质。

案例展示

实际问题与二次函数

本节课是九年级上册第二十六章“二次函数”第三节“实际问题与二次函数”第一课时。在此之前，学生已经学习了二次函数及其图像和性质，对二次函数的性质有了一定的认识，通过本节课的学习，学生对利用二次函数知识求一些简单实际问题最大（小）值的方法了解会更加完整。

教学目标分析：

知识与技能目标：通过探究实际问题与二次函数关系，让学生掌握利用顶点坐标解决最大（小）值问题的方法。**过程与方法目标：**通过学习和探究“矩形面积”、“销售利润”问题，渗透转化及分类的数学思想方法；通过研究生活中的实际问题，体会数学知识的现实意义，进一步认识如何利用二次函数的有关知识解决实际问题。**情感态度和价值观目标：**通过将“二次函数的最大值”的知识灵活用于实际，让学生亲自体会到学习数学的价值，从而提高学生学习数学的兴趣。

教学重、难点：

教学重点：探究利用二次函数的最大（小）值解决实际问题的方法。**教学难点：**如何将实际问题转化为二次函数的问题。**突破难点的关键：**创设情景，教师提出矩形面积问题，引导学生思考，培养学生的求知欲；利用二次函数的顶点坐标解决生活中的最大（小）值问题是一种常用的方法。

教学过程：

……

师：今天我们学习的是“实际问题与二次函数”中的探索 3，请大家看下面一道题（指 PPT），这是一个抛物线形拱桥的截面图，题目中告诉我们是抛物线形拱桥，当水面在 l 时，拱顶水面 2m，水面宽 4m，水面下降 1m，这时水面宽度为 d 线段标识的宽度，问水面宽度增加多少？（如图 8－4 所示）这也就是要我们求什么呢？

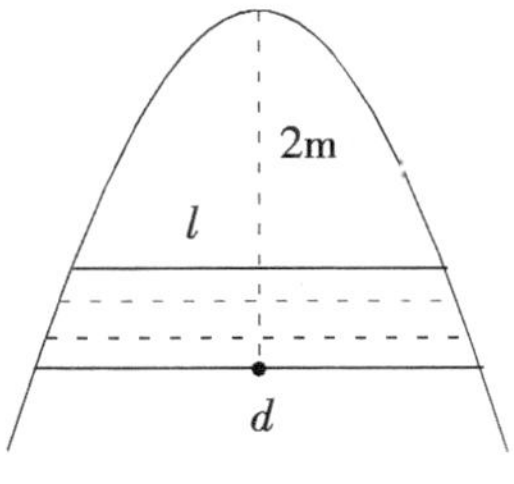

图 8－4

生：线段 d 与 4m 的差。

师：那我们该怎么来解决这个问题呢？通过分析观察这个抛物线形拱桥的截面图，就可以得到一条抛物线，我们之前学习过什么样的函数图像是抛物线呢？

生：二次函数。

师：对了，我们学习了二次函数的图像是抛物线。那我们应该选择怎样的抛物线呢？

生：$y = ax^2$。

师：嗯，我们有了函数图像的解析式，那么我们需要建立合适的坐标系来表示这个解析式。我们之前学习了 $y = ax^2$ 的图像，那么这个图像有什么特点呢？

生：顶点是原点，图像关于 y 轴对称。

师：那么我们将该抛物线形拱桥的什么作为坐标原点呢？

生：拱顶。

师：拱顶为坐标原点标 O，将该抛物线的对称轴作为 y 轴，那就很自然的得到 x 轴了。根据题目意思，我们取 1m 作为单位长度，把相应的长度标上去，这样就把二次函数图像的坐标系建立好了。根据我们建立的坐标系，假设该抛物线的二次函数图像为 $y = ax^2$. 刚刚我们分析过了，要求出该解析式，找到一个非原点的点代入就可以把选定系数 a 求出。那图示标出的黑色点的坐标是多少呢？

生：（回答不上）

师：（分析题意）根据题目中给出的已知条件，以及图像的对称性，我们可以知道黑色点对应的水面宽度是 4m，这时距离拱顶有 2m，那该点的坐标是？

生：（齐答）（2，－2）。（如图 8－5 所示）

师：那么我们把抛物线经过点（2，－2）代入，得：$-2 = a \times 2^2$，解得：$a = -\dfrac{1}{2}$，故抛物线的解析式为 $y = -\dfrac{1}{2}x^2$，那么我们就把该图像的解析式具体地表示出来了。回到题目，之前分析了要求水面下降 1m 的

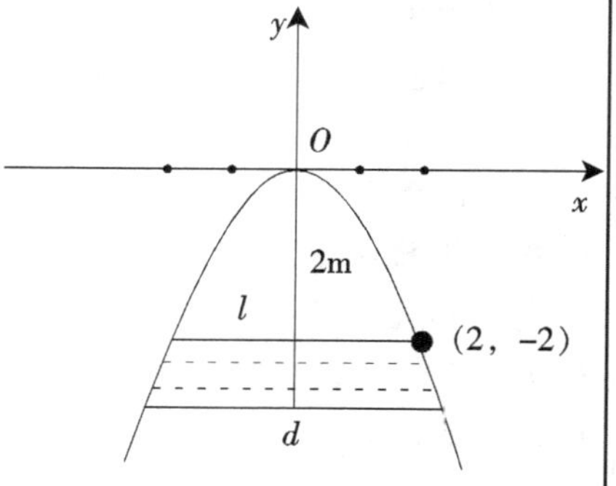

图 8－5

宽度，当水面下降1m，这时对应的$y=-3$。就把$y=-3$代入解析式$y=\frac{1}{2}x^2$，可以求得x等于什么？

生：$x=\pm\sqrt{6}$.

师：线段d长为多少？

生：$2\sqrt{6}$m。

师：题目要求的是水面宽度增加多少？

生：$(2\sqrt{6}-4)$ m。

师：这道题我们就解决了。

……

教学赏析：教学片段选自九年级上册第二十六章第三节第一课时。在此之前，学生已经学习了二次函数及其图像和性质，对二次函数的性质已经有了一定的认识，而且该学段学生的认知发展水平较高，形成了一定的独立性与批判性。随着学生认知水平的提高，他们对学习的目的、意义会有越来越深刻的认识，表现为学习自觉性、主动性的增强，能有效地调节自己的学习活动，其自我监控和元认知水平有了明显的提高。因此，在教学过程中，教师通过对抛物线形拱桥的直观描述，从实际问题中抽象出数学问题，进而引导学生利用二次函数图像的特点，建立合适的坐标系构成数学模型，让学生充分感受数学在实际生活中的应用价值，培养学生的数形结合与逻辑推理能力。

四、探究式讲解

探究式讲解，又称发现法、研究法讲解，是指在学生学习概念和原理时，教师只是给他们一些事例和问题，让学生自己通过阅读、观察、实验、思考、讨论、听讲等途径去独立探究，自行发现并掌握相应的原理和结论的一种教学方法。该讲解技能以学生为主体，让学生自觉地、主动地探索，掌握认识和解决问题的方法和步骤，研究客观事物的属性，发现事物发展的起因和事物内部的联系，从中找出规律，形成自己的概念。

探究式讲解技能的特点：

1. 创设情境，激发自主探究欲望

“良好的开端是成功的一半。”探究式教学的载体与核心是问题，学习活动是围绕问题展开的。探究式讲解是设定需要解答的问题，这是进一步探究的起点。

例如，在“不等式的性质”（七年级下册第九章）的教学片段中：

师：小明今年 10 岁，哥哥今年 14 岁。同学们想想看是小明大呢？还是哥哥比较大？

生：哥哥。

师：当然是哥哥比较大。有一天，小明他对哥哥说：再过五年，我就可以比哥哥大了！同学们说，再过五年小明会不会比哥哥大呢？

2. 开放课堂，发掘自主探究潜能

教师是一个组织者的角色，指导、规范学生的探索过程。这个过程可以由单个学生自己完成，也可以由教师将学生分组来完成，培养学生寻求合作的团队精神。经过探究过程，学生要把自己的实验过程或者查阅的资料进行总结梳理，得出自己的结论和解释，并将自己的结论清楚地表达出来，与大家共同探讨。

例如，在“圆的周长”（六年级上册第四单元）的教学片段中：

首先，让学生动手操作测量圆的周长（让他们在操作过程中，以猜想—验证—结论的顺序进行），然后归纳出圆周率的概念，接着学生经过亲自动手测量、亲身体验、激烈争论，共同探索出圆的周长与直径的内在联系，从而得出圆周率的概念与取值，引出圆的周长计算公式。最后利用圆的周长计算公式，解决生活中遇到的简单的实际问题。

（整堂课学生在主动参与猜想—验证—设疑—解疑的活动中，明白了数学知识可以先依据旧知识进行猜想，再对猜想进行验证，然后在验证中不断发现新问题、解决新问题直至获取真知）

3. 适时点拨，诱导探究的方向

教师为了达到让学生自主学习的目的，应引导学生自己去发现问题，学生不明白时教师可适当点拨，诱导探究的方向。

4. 课堂上合作探究，训练自主学习的能力

在探究教学中，教师是引导者，基本任务是启发诱导；学生是探究

者，其主要任务是通过自己的探究，发现新事物。因此，必须正确处理教师的“引”和学生的“探”的关系，做到既不放任自流，让学生漫无边际地探究，也不过多牵引。

例如在“椭圆的定义与方程”（高中数学选修2－1）的教学片段中：

在“椭圆的定义与方程”一课中，学生对于为什么椭圆的方程为$\frac{x^2}{a^2}+\frac{y^2}{b^2}=1$这一内容比较难理解，如果在讲椭圆之前先让学生学会怎样画椭圆，引导学生在感性认识的基础上抽象出椭圆轨迹的定义：到两定点的轨迹之和为定值的点的轨迹，再由已知的条件出发探究出方程$\frac{x^2}{a^2}+\frac{y^2}{b^2}=1$为椭圆的方程，这样从感性认识上升到理性认识，学生就更容易理解了。

案例展示

三角形全等的条件

本节课是八年级上册第十一章“全等三角形”第二节“三角形全等的条件”的第一课时。在此之前，学生已经学习了三角形的有关要素和性质、全等图形的特征，对全等已经有了一定的认识，通过本节课的学习，学生对三角形全等的条件的认识会更加完整。

教学目标分析：

知识与技能目标：掌握三角形全等的边边边（SSS）判定定理，了解三角形的稳定性；能说明两个三角形全等以及在日常生活中的简单运用，发展学生有条理的数学语言的表达能力。**过程与方法目标：**通过学生动手操作、观察实验、探索交流、分析归纳等活动，体会数学结论的获得过程，积累数学活动的经验；体会分类讨论的数学思想和由特殊到一般的思维方法在数学中的应用。**情感态度和价值观目标：**使学生在自主探索三角形全等的过程中，经历画图、观察、比较、推理、交流等环节，从而获得正确的学习方式和良好的情感体验；通过实际生活中的有关三角形稳定性和全等的应用，让学生体验数学来源于生活，服务于生活的辩证思想，感受数学美。

教学重、难点：

教学重点：掌握三角形全等的条件“SSS”，并能利用它判定两三角形是否全等。**教学难点：**探索思路的选择和探索三角形全等的“SSS”条件的过程。**突破难点的关键：**掌握图形特征，寻找适合条件的两个三角形。

教学过程：

……

师：同学们看大屏幕上这个情境。在学校的花架上有一块三角形的玻璃，这时，小明不小心将足球踢过来，“啪”地一声，三角形玻璃碎了。小明很是着急，必须配置一个与之前一模一样的三角形玻璃，他该怎么来完成呢？而且小明还遇到一个问题：他没有量角器，只有尺子。有没有我们学习过的什么知识可以帮助他呢？

生：三角形全等。

师：那同学们回忆一下，全等三角形具备什么性质？

生：全等三角形对应边、对应角相等。

师：那大家想想，是否一定要满足这六个条件，才能说三角形全等呢？这些条件能否尽可能少呢？满足其中几个条件又可否找到全等三角形呢？这道题中，有一个限制条件“小明只有尺子，没有量角器”，那这六个条件中就不能考虑角了，我们只能从边入手了。这又可以分为几种情况来讨论，我们该怎么解决？

生1：我们可以分情况讨论，满足一条边对应相等，满足两条边对应相等和满足三条边对应相等。

师：回答得非常好，那我们就逐个情况分析。先给出一条边对应相等。我们给出一条边对应相等，可以画出两个三角形全等吗？（学生动手操作）

生：（齐声）不能。

师：我们取一条边对应相等，可以画出许多不一样大小的三角形，那我们可以得出什么结论呢？

生：一条边对应相等，不能得到三角形全等。

师：那我们就排除第一种情况，再来看第二种情况：两条边对应相等。现在同学们拿出笔和纸，画边长分别为6cm、8cm的三角形，然后剪下，与同桌相比，看下是否可以重合。

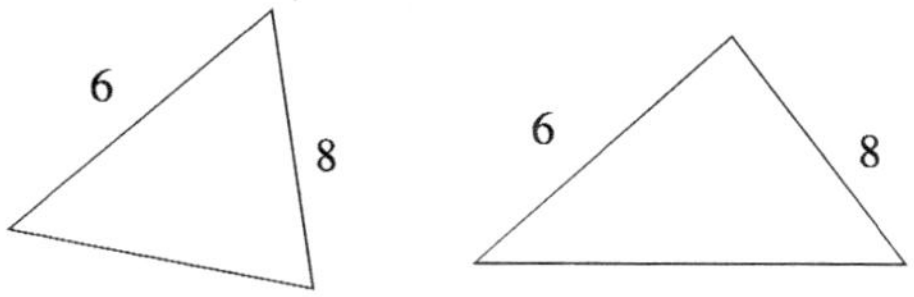

图 8－6

生 2：（举手回答）这是我画的，这个是同桌画的（如图 8－6 所示），两个不能重合，所以不是全等的。

师：是什么原因造成的呢？

生：是这两条边所夹的角度不一样。

师：那通过前两种的分析，我们可以得出什么结论呢？

生：给出一组对应边相等或两组对应边相等，不能得出三角形全等。

师：那我们再分析三条边对应相等的情况。同学们动手画边长分别为 3cm、4cm、5cm 的三角形，将你们画好的三角形剪下与附近的同学比较，看下能否重合。（操作大约几分钟）

生：可以重合。

师：那么任意画一个三角形 $\triangle ABC$，使其三边对应相等画 $\triangle A'B'C'$，画出的三角形全等吗？（学生动手）（进一步引导）可先画线段 $BC = B'C'$，然后分别以 B'、C' 为圆心，以 AB、AC 为半径画弧，交点是 A'，是否与 A 是相对应的呢？

生：是。

师：我们再将其重合，我们可以发现什么？

生：这两个三角形全等。

师：我们可以得出什么结论？

生：三边对应相等的两个三角形全等。（师板书）

师：我们将这个结论简写为“边边边”或 SSS。回到开始的问题，小明要配置一个一模一样的玻璃，那小明需量出什么数据？

生：三边的长度。

师：依据是什么？

生：三边对应相等的两个三角形全等。

……

教学赏析：教学片段选自八年级上册第十一章第二节第一课时。八年级的学生已经掌握了全等三角形对应边、对应角的关系，并具备了利用已知条件拼出三角形的能力。从认知角度来看，八年级学生缺乏思维的严谨性，不能很好地对问题作出全面、正确的分析和对各种可能情况进行讨论。因此，在教学过程中，教师通过情境导入，在对三角形全等的条件探索中渗透分类讨论的思想，培养学生严谨的思维，提高他们全面、正确分析问题的能力，培养他们思维的主动性和广阔性，使学生在学习中得到乐趣，同时也让学生领悟到生活处处皆数学的道理。

五、类比推理式讲解

类比推理式讲解是教师利用学生已掌握的知识、材料，运用富于逻辑性的语言，根据教材中提供的已知材料讲道理、论是非、做推理，从简单到一般，类比推导出新知识，引导学生们通过观察简单地得出一般规律的一种讲解方式。

类比推理式讲解的特点：

（1）运用分析、类比说明、归纳推理等方式讲解，使学生认识事物的现象、发展变化、本质特征和内在联系，感受由特殊到一般解决问题的思考方法。

（2）教师用生动、富有启发性的语言激发学生的思维活动，引导他们想象，利用类比推理等方法，发展学生的一般数学推理能力。

案例展示

多边形内角和

本节课是七年级下册第七章“多边形的内角和”第三节第一课时，是一节概念课。在此之前，学生已经学习了三角形的内角和和四边形的内角和，对多边形的内角和已经有了一定的认识，通过本节课的学习，学生对多边形的内角和的认识会更加完整。

教学目标分析：

知识与技能目标：知道四边形、多边形、正多边形的定义，能够在图形中识别它们的有关概念；解释并会验证四边形内角和、n 边形的内角和，会应用它进行简单的计算和说理。**过程与方法目标：**通过多边形定义及内角和学习，增强类化推理和发散思维能力；通过将多边形问题转化为三角形问题，使学生体会化归思想的应用方法，从而提高分析问题和解决问题的能力。**情感态度和价值观目标：**通过三角形和多边形之间的联系与区别的分析研究，培养学生的辩证唯物主义立场，激发学生学习几何的兴趣。

教学重、难点：

教学重点：多边形内角和与外角和。**教学难点**：探索多边形内角和时，如何把多边形转化成三角形。**突破难点的关键**：引导学生利用几何画板自主探究，在尝试困难的同时寻求解决问题的策略；通过把多边形分割成三角形，利用已有的三角形内角和的知识去解决。

教学过程：

……

师：同学们，今天我们来学习第七章第三节多边形内角和（板书：7.3　多边形内角和）。之前我们学习了三角形的内角和，你们还记得三角形的内角和是多少吗？

生：180°.

师：那你们知道特殊的四边形——长方形的内角和是多少？

生：360°.

师：那么对于任意的一个四边形，它的内角和又是多少呢？（停顿）我们知道对于任意的三角形其内角和是180°，是个定值，那么我们可否将四边形转化为三角形来求呢？如果我连接四边形的不相连的两个顶点，那么我们可以得到几条对角线？（如图8－7所示）

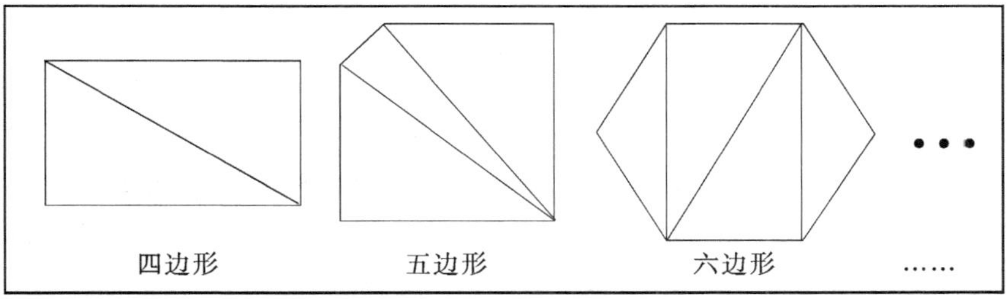

图8－7

生：1条。

师：这条对角线把该四边形分成几个三角形？

生：2个。

师：那么四边形的内角和也就是两个三角形内角和，也就是多少？

生：2×180°.

师：对于四边形我们知道了，那么对于五边形、六边形的内角和又怎么来求呢？（停顿）这里有一个五边形，回忆一下，刚刚的四边形，我们是通过构成对角线，转化为三角形问题来解决。那么，同样对于五边形我们是否可以用这种转化的思想来解决呢？我从五边形的一个顶点出发，连接与之不相邻的两个顶点，我们可以得到几条对角线？（如图8－7所示）

生：2条。

师：那么这2条对角线把这个五边形分为几个三角形？

生：3个。

师：也就是说五边形的内角和可以看成是3个三角形的内角和，也就是？

生：$3\times180°$.

师：这是五边形的，那我们是否可以用这种转化的思想来处理六边形呢？如果我从六边形的一个顶点出发，连接与之不相邻的顶点，我们可以构成几条对角线？（如图8－7所示）

生：3条。

师：那么这2条对角线把这个六边形分为几个三角形？

生：4个。

师：也就是说六边形的内角和可以看成是4个三角形的内角和，也就是？

生：$4\times180°$.

师：同样，我们可以求出七边形、八边形，甚至是十边形的内角和。那么对于一个n边形，它的内角和又是多少呢？（板书：n边形）刚刚我们求四边形、五边形、六边形是通过作对角线来转化为三角形的，那么对于一个n边形，从它的一个顶点出发，连接与之不相邻的顶点，我们可以得到几个三角形呢？（板书：对角线条数）

生：$n-2$.

师：因此，对于一个n边形，我们可以看成是$n-2$个三角形的内角和。所以我们很快可以得出，n边形的内角和是多少？（板书：n边形的内角和）

生：$180°\times(n-2)$.

……

教学赏析：教学片段选自七年级下册第七章第三节的第一课时。从知识结构上来看，推导任意多边形内角和是在探索四边形、五边形、六边形的内角和基础上进行的，七年级学生的知识迁移能力不强，因此，在教学过程中，教师首先从学生已有关于三角形的内角和的知识出发，探索出多边形中简单图形四边形的内角和，从中发现转化的思想方法；接着，通过增加图形的复杂性，探索五边形、六边形的内角和，从中发展学生的类比推理能力，并加深对转化思想方法的理解；进而通过归纳不同边数多边形内角和与边数关系的公式，体会数形之间的联系，将任意多边形转化为三角形问题，发展学生们的空间想象力，感受由特殊到一般的数学思考方法。

讲解技能是课堂教学的必备技能，每个数学内容讲解都有其适合的类型，但讲解的实质在于剖析知识体系的结构，教学内容的特点和板书形式的特点一致。教师根据教学内容、教学目标的不同，选择适当的讲解方式，讲清数学问题的来龙去脉。不同的讲解方式有各自的优势，教师在教学中要钻研教材，选取最能反映教学内容的讲解方式，使学生理清上课的思路，把握知识内容。

第四节　数学教学讲解技能的应用策略与实训

一、优化数学教学讲解技能的策略

1. *语言表达清晰，速度适当，抑扬顿挫*

讲解是以语言为基础的，教师的讲解，首先要声音洪亮，吐字清晰，以学生听清为宜，语速快慢适当，感情充沛感人，在课堂教学中给人一种自信、稳重的感觉；声调抑扬顿挫、富于变化，但不要大起大落，应能够准确生动地表达自己的思想和情感。

2. *言简意赅，语言准确、生动、流畅*

讲解的语言与日常说话不同，要经过精心地组织策划。真正有效的讲解应该是语言精练、感情充沛、生动活泼、一气呵成的如行云流水般的表述，讲清所讲的内容与前后知识及相关学科的内在联系，传授数学思想方法。

例如，在“整式的乘法”（八年级上册第十五章）的教学片段中：

在讲同底数幂的乘法、幂的乘方、积的乘方三个知识点时，为了强调三者的不同，防止学生混淆，方便学生记忆，可以设计一个口诀：同底数幂相乘，底数不变，指数相加；幂的乘方，底数不变，指数相乘；积的乘方等于乘方的积。

3. 面向全体，教态自如

俗话说："自然的才是美的。"稳重、端庄、大方的教态会给学生一个庄重、严肃、认真的感觉；面向全体学生，让学生与老师有眼神的交流，能够让学生体会到轻松的环境、活跃的氛围，调节精神状态，形成良好的形象，从而对学生的学习态度及学习方法产生很大的影响。

4. 内容正确，论述充分，方法得当

科学地传授数学知识是课堂教学中教师的第一要务，讲解的内容一定要准确无误。教师的讲解不仅是传授知识，还要教会学生数学方法，剖析知识体系的结构，从而形成数学思维。

5. 条理性好，逻辑性强，重点突出

一般在课堂上，学生大多比较喜欢语言丰富、感情充沛、幽默机智的教师。尤其是数学课堂上，数学知识环环相扣、天衣无缝，同时又要求条理清晰、重点突出。因此，讲解时就要求教师有很强的逻辑性，主次分明，突出重、难点。

6. 与板书技能、提问技能配合使用

如前所述，就单独讲解而言，会比较枯燥，很难达到讲解所应有的效果，但有经验的教师在数学课堂上，能巧妙地利用讲解技能与其他技能有效配合，充分发挥各个技能的优势。

例如，在"对数"（高一上册）的与板书技能配合的讲解教学片段中：

对于指数与对数概念间的关系，在讲解时学生会比较容易混淆，可以配合下表来讲解：

表 8－3

式子	名称		
	a	b	N
指数式 $a^b=N$	指数的底数	指数	幂值
对数式 $\log_a N=b$	对数的底数	对数	真数

7. 注重启发、反馈与沟通

课堂中师生之间的交流是最重要的环节，关注学生与否成为教师课堂教学成败的关键。由于教师的讲解更多地关照学生的接受程度，所以在讲解过程中与学生的沟通交流成为人们关注的焦点。

二、数学教学讲解技能的实训

仅仅掌握大量的理论知识，缺少实践的训练，则一切都只是漂亮的空壳。接下来将从实训目标、实训设计、微格训练（作为训练教学技能的一种有效手段，具有便于示范、培训目的明确、易于评价、便于提高等优点）、实训后评价和实训后反思这五个方面展开对数学课堂提问技能的微格实训探讨。

1. 实训目标

（1）了解数学讲解技能的概念、作用和应用要求。

（2）对讲解技能的基本方式和常用方法运用自如。

（3）发展思维能力，用好专业术语，学会变换语言，做到“六个无”：无拖泥带水、华而不实的废话；无文白夹杂、故作艰深的玄话；无颠三倒四、文理不通的胡话；无违背科学、产生歧义的浑话；无平板枯燥、让人欲睡的梦话；无庸俗低级、不干不净的粗话。

2. 实训设计

首先，受训者必须对教学技能中的讲解技能的理论知识进行了解，学习讲解理论知识，掌握其真正含义。在此基础上，根据实训的目标和要求，选择适合练习的数学内容，确定讲解的基本方法，再应用数学课堂中讲解技能的原则、优化策略以及评价表进行教学设计（即微格教案）。微格的时间限制为5~10分钟。

3. 微格训练

根据教学设计的内容，受训者一定要先熟悉教案的内容。在进行微格技能训练中，受训者先要简要概述训练的讲解技能类型或方法，以及教学内容的出处，之后进行微格教学，最后进行归纳总结。

4. 实训后评价

讲解的评价是教学评价的一部分，通过微格实况分析反馈的信息，总结优点和经验，寻找缺点及原因，明确今后努力的方向及具体措施。

数学课堂讲解技能的评价，可采用等级评价法，如表8-4所示。

表 8-4　讲解技能的等级评价表

讲课人		评课人		成绩			
课题				评价等级			
评价指标			权重	优	良	中	差
1. 讲解目的明确具体，结构框架合理			0.20				
2. 数学语言科学规范，思维连贯，表达清晰			0.20				
3. 结果具有启发性，能恰当停顿和概括			0.15				
4. 讲解内容重点突出，能突破难点			0.15				
5. 善于利用学生的反馈信息，调控得当			0.1				
6. 讲解方法多样，能巧妙地与其他技能配合			0.1				
7. 语言简练准确，主次分明，不多重复			0.05				
8. 教态自然，讲解具有艺术性			0.05				
特色、创新点：							

注：其中优为 90~100 分，良为 75~89 分，中为 60~74 分，差为 59 分以下。

5. 实训后反思

实训后反思是受训者自己对教育教学活动的反思，对自己所作出的工作行为、决策及产生的结果进行审视和分析。通过课堂上教学效果的反馈信息、自我感觉，自发进行思考，以促进受训者及时总结实训中的经验教训，从而更有效地处理和运用教材，逐步掌握教学规律，以提高自身教学水平。

实训实例展示

1. 实训目标

（1）了解讲解技能的概念、作用和应用要求；

（2）对讲解技能的基本方式和常用方法的运用；

（3）发展思维能力，用好专业术语，学会变换语言。

2. 实训设计

首先，在微格之前，先学习微格讲解技能的相关理论知识，掌握其真正含义，根据微格实训的目标和要求，选择义务教育课程标准实验教科书七年级上册“1.2.2　数轴”的内容，结合讲解技能的目的和原则，根据描述式讲解的特点设计以下微格教学设计表（如表8－5所示）。微格时间为10分钟。

表8－5　微格教学设计表

教学课题	1.2.2　数轴			
教学目标	1. 掌握数轴概念，能根据数轴三要素画出数轴； 2. 学会将已知点在数轴上表示出来； 3. 探索有理数与数轴上的点的对应关系。			
技能目标	描述式讲解技能			
时间分配	教师授课行为	教学技能要素	学生学习行为	教学设备与媒体
3分钟	引导学生思考：能不能在一条直线上表示正数、负数和零？能否从温度计上得到启发？怎样在直线上表示出点？能否在直线上表示有理数？并引出所学习的内容——数轴	导入技能 讲解技能	观察温度计，并从温度计得到启发，即在一条线上表示出正数、负数和零，再尝试在直线上表示有理数，知道每一个有理数都能在直线上表示	黑板 PPT演示
5分钟	类比温度计，在这条直线上的点表示正数、负数和零，任取一个点为原点，这个点表示为O，直线从原点向右为正方向，选取单位长度，得到一个数轴	讲解技能 板书技能 强化技能	认真思考，并从教师的引导中得到数轴的三要素，观察教师的画法，学会画数轴	黑板 直尺 PPT演示

（续上表）

时间分配	教师授课行为	教学技能要素	学生学习行为	教学设备与媒体
2分钟	总结数轴的三要素，强调数轴上的点与已学过的有理数之间的对应关系	讲解技能 结束技能	认真听讲，记录笔记	黑板

3. 微格实训

4. 实训后评价

通过观摩微格视频，评价结论为：此讲解技能训练设计能体现本节课的教学目标，突出重、难点，讲解规范；同时配以适当的板书以及恰当地结合多媒体PPT，使整节课思路清晰，效果良好。但是本次微格实训的重点是描述式讲解，描述式讲解最大的特点是利用语言对外观进行描述，再通过已有的知识、概念抽象出数学问题或者数学图像，利用直观的描述突出重点。而这节课的重点是让学生通过学习知道数轴的三要素，并会把有理数在数轴上用点表示出来，因此本节课的直观描述不够突出，在发展学生思维上需要加强，所以不符合讲解技能的等级评价表（如表8－4所示）中“讲解内容重点突出，能突破难点”，故通过修改，讲解设计如下（表8－6所示）。

表8－6　微格教学设计表（修正版）

教学课题	1.2.2　数轴
教学目标	1. 掌握数轴概念，能根据数轴三要素画出数轴； 2. 学会将已知点在数轴上表示出来； 3. 探索有理数与数轴上的点的对应关系。
技能目标	描述式讲解技能

（续上表）

时间分配	教师授课行为	教学技能要素	学生学习行为	教学设备与媒体
4分钟	展示温度计的度数，描述马路上各个地方的位置，尝试将他们在一条线上表示，思考怎样在直线上表示出点，如：0，2，－1，3这些数，这些点能否为有理数？引出所学习的内容——数轴	导入技能 讲解技能	观察教师展示出的温度计，以及所描述的马路上的场景，讨论并从中得到启发，即在一条线上表示出正数、负数和零，再尝试在直线上表示有理数，知道每一个有理数都能在直线上表示	黑板 PPT演示
4分钟	类比温度计，引导学生思考：怎样才能得到一个数轴？需要哪些要素？然后确定数轴的画法，教会学生如何在数轴上表示有理数。同时再强调数轴的三要素：原点、正方向、单位长度	讲解技能 板书技能 强化技能	通过教师的演示，从温度计以及马路的例子中得到启发，认真思考，并从中总结得到数轴的三要素，同时观察教师的画法，学会画数轴，最后知道如何将点在数轴上表示出来	黑板 直尺 PPT演示
2分钟	总结数轴的三要素，强调数轴上的点与已学过的有理数之间的对应关系	讲解技能 结束技能	认真听讲，记录笔记	黑板

5. 实训后反思

通过整个微格实训后，从教学内容上来看，采用讲解技能进行教学，结合其他技能，让学生在描述式讲解中自行总结出数轴的三要素，并通过教师的引导学会将点在数轴上表示出来，基本上达到教学要求。从修改后的讲解过程来看，更能突出描述式讲解的特点，充分利用已有知识的迁移，抽象数学模型，学生也能从这一过程中认识事物之间的内在联系，更深刻地理解教学内容，发展他们的转换思维。所以在今后的实训中要针对本节课的重点，用简洁的语言进行描述，抽象数学模型，实现知识迁移，突破教学的重、难点。

实践与思考

1. 谈谈数学课堂讲解技能在课堂教学中的作用。

2. 自选观看一段数学课堂教学讲解技能的录像，说出在这段教学过程中，执教者是如何运用讲解技能的。

3. 自选一个教学片段，进行讲解技能实训，并说明：

(1) 教学目的是什么？

(2) 为什么选用这种类型的讲解技能？

(3) 请结合讲解的原则和注意事项，进行自我总结。

4. 学习本章你有哪些心得体会？试着与你的同行交流你的想法。

第九章
数学说课技能

说课，最早是由河南省新乡市红旗区教研室于1987年提出来的。当时教研室的教研员到一个偏僻的山区学校听课，因车辆故障耽误了时间，到学校时学生已经放学了，只能叫原来的上课老师把所上的课“说”给大家听，这就是最早的“说课”。后来，随着教育教学改革的深入，说课慢慢地演变为一种教研活动，受到各级教育行政部门、教研部门、中小学校以及高等师范院校的青睐。实践证明，说课活动有效地调动了教师投身教学改革、学习教育理论、钻研课堂教学的积极性，是提高教师素质，培养研究型、学者型教师的最好途径之一。

第一节 说课的含义

一、什么是说课

关于说课，目前缺乏统一、权威的界定。但综合起来，有以下共识：说课是指教师以教育教学理论为指导，在认真备课的基础上，面对同行、教研人员或专家，采用有关教辅手段，系统地解说自己对某节内容的理解和教学设计观点，并阐述准备采用的教学方法、策略，特别是突出重点、克服难点的总体设想及其理论依据，然后由听者评析，达到互相交流、共同提高的目的。说得简单点，说课其实就是说说你是怎么教的，你为什么要这样教。

可以这么认为，说课是介于备课和上课之间的一种教学研究活动，对于备课是一种深化和检验，能使备课理性化；对于上课是一种更为严密的科学准备。

由于目的不同，说课可以是课前说，也可以是课后说。前者主要关注教学设计中的思想方法、策略手段，后者主要关注教学设计所引起的教学效果，并对其原因加以探讨和反思。应聘面试说课以及师范生说课比赛主要以前者为主。

二、说课的特点

1. 从说课目的来看，说课融交流与研究于一身

说课是一种集思广益的活动，无论是说课者还是听说者，都会对相关的说课内容深入思考，切磋教学技艺，交流教学经验，从而提高课堂教学效率，促进教学研究。

2. 从组成上来看，说课由解说与评述两部分组成

其中解说是重点，主要阐明执教者教什么、怎么教、为什么这样教以及这样教的理论依据等问题。评述则是针对解说而进行的评议、交流和研讨，当然，在一些说课比赛中，评述更多地表现为答辩的形式。

3. 从教学设计来看，要做到实践与理论相结合

说课不但要展示教学设计，并且要依据教育教学理论表明设计意图；不但要阐述采用了什么教学方法，还要深入分析学生以及教学内容，依据学生年龄、心理特征和教学实际说明为什么采用这种教学方法，等等。

4. 从操作方面来看，说课过程简易，操作性强

上课、听课等教学教研活动都要受时间和场地等限制，说课则不同，不受时间、地点、人数和教学进度的限制。另外，说课内容及其要求明确、具体、规范而可操作。说课在教学中最能体现教师对教学理论的应用，是一种简单易懂、具有普遍意义的教研活动。说课时间一般是 10 ~ 20 分钟。

5. 从表达形式来看，以口头语言为主，其他手段为辅

说课就是教师针对某一具体课题，口头表述其教学设想及理论依据，因此主要以口头语言为主。当然，为使说课更有效果，除口头表达外，还需要其他如实物展示、计算机等辅助手段。

三、说课的意义

1. 说课有利于提高教研活动的实效

以往的教研活动一般都停留在上几节课，再请几个人评评课的层面，

上课的老师处在一种完全被动的地位，听课的老师也不一定能理解授课教师的意图，导致教研实效低下。通过说课，让授课教师说说自己教学的意图，说说自己处理教材的方法和目的，让听课教师更加明白应该怎样去教、为什么要这样教，可使教研的主题更明确、重点更突出，提高教研活动的实效。

2. 说课有利于提高教师备课的质量

为提高教学效果，教师必须认真备课。但是有调查表明，许多老师都只是简单地备怎样教，很少有人会去想为什么要这样备，备课缺乏理论依据，导致备课质量不高。而通过说课活动，可以引导教师去思考为什么要这样教学，这就能从根本上提高教师备课的质量。

3. 说课有利于提高课堂教学的效率

完整的说课，不但要求教师深入钻研教材和课程标准，分析学生的基本学情，还要求教师综合考虑教材、学情、课标去设计教学重点、难点及教学各个环节，并要求说清楚各个教学环节设计的意图。所以，教师通过说课，可以让自己的教学更具有系统性、科学性、针对性，从而克服传统教学的随意性、经验性，提高课堂教学的效率。

4. 说课有利于提高教师的自身素质

一方面，说课要求教师具备一定的理论素养，这就促使教师不断地去学习教育教学理论，提高自己的理论水平；另一方面，说课要求教师用语言把自己的教学思路及设想表达出来，这就在无形中提高了教师的组织能力和表达能力，提高了自身的素质。

由于说课特有的积极意义，说课越来越得到中小学校、地方教育部门以及高等师范院校的重视，说课成了教研活动、教师资格证考试和教师招聘考试中重要的环节。

第二节 说课的内容

一般来说，说课主要包括说教材、说学生、说教法、说教学过程四个方面。

一、说教材

说教材，就是说课者在认真研读课程标准和教材的基础上，简析说课的课题，系统地阐述课题的教学内容、教学内容在教学单元乃至整个教材中的地位和作用；围绕课程标准对课题内容的要求，将三维目标化解到具体的教学环节；确定教学的重点、难点、关键点以及课时的安排等。

1. 简析说课课题

主要是简要说明本说课的内容来自哪一个学科、哪一册、哪一章、哪一节等，这有助于同行或专家快速了解相关内容。

以下是关于“平方差公式”、“同角三角函数的基本关系式”说课的课题简析：

【案例1】平方差公式

我说课的内容是平方差公式的教学，是人教版全日制九年义务教育教科书八年级上册第十五章“整式的乘除与因式分解”（§15.2.1的平方差公式，P151～153），该课时主要学习平方差公式，并用平方差公式解决一些简单的运算。

【案例2】同角三角函数的基本关系式

我说课的内容是同角三角函数的基本关系式的教学，是人教版全日制普通高中课程标准试验教科书必修4的第一章“三角函数”（§1.2.2的同角三角函数的基本关系式，P18～20），该课时主要学习三个同角三角函数基本关系式及恒等变形，并利用其求值。

2. 剖析教材的地位和作用

任何一门课程的教材，从其知识内容到编排形式，都会构成一个系统。要说出对教材的整体把握，就需要明确本课题或章节内容在整个学段和年级的教材系统中所处的位置及其作用。只有明确了这一点，才能在教学中重视前后知识的内在联系，准确地认定教材的重点和难点，从而提高课堂教学效率。因此，教师应根据课程标准的要求，在认真阅读、钻研教材及充分备课的基础上，说出教学课题所涉及的数学知识的特点、地位及其作用。

以下是关于“平方差公式”、“同角三角函数的基本关系式”说课的教材地位和作用的分析：

【案例 1】平方差公式

平方差公式是多项式乘以多项式内容的一种升华，是从一般到特殊的认知规律的典型范例。平方差公式是初中阶段的第一个公式，在因式分解、分式、二次根式的运算、一元二次方程的解法及其他代数式的变形中起着十分重要的作用，同时也为完全平方公式的学习提供了方法。

【案例 2】同角三角函数的基本关系式

从教学内容角度来看：承上启下，是三角函数的核心知识；是求值、化简、证明等三角变换问题的基础知识；又是培养学生观察、归纳、发现及逻辑思维能力和探索、创新与批判精神的良好素材。

从教材编写角度来看：公式由“八个”减为“三个”（减负），与旧教材相比，新教材内容大变革。

从美学欣赏角度来看：三个代表，一首绝唱。

3. 说教学目标

教学目标体现着教学的方向，预示着教学应达到的目的。教学目标主要体现在三个维度，也称“三维教学目标”，分别是“知识与技能”、“过程与方法”、“情感态度与价值观”。确定教学目标的依据，一是课程标准的规定，二是单元章节的要求，三是课时教学的任务，四是教学对象的实际。要把这四点结合在一起通盘考虑，来确定教学的起点和终点。

一般地，三维目标的描述，要力求准确、具体、可观察、可操作、可评价。为此，需要注意以下要求：

（1）知识与技能目标要具体详细。对于知识掌握层次，主要分为“了解、识记、理解、掌握、应用”五个层次。譬如，概念、原理的理解，不能只空洞地写理解什么概念，而要写出理解的具体内容。对于技能的运用，需要按照运用的层次来写，如一般练习、熟练操作、灵活运用等；在写数学能力时，要具体说明发展了什么数学能力，如逻辑推理能力、空间想象能力、计算能力、创新能力等。

（2）过程与方法目标要抓六方面。传统教学是“重操作，轻理解；重知识，轻思想；重结论，轻过程”，而数学新课标则十分强调过程教学。过程与方法目标反映了过程教学的理念，强调要从数学思想、数学能力、数学思维、数学意识、问题解决、活动经验这六个方面的具体内容去考虑书写，要写出具体的什么思想，这一思想的内容是什么，什么能力，什么样的思维内容，什么样的意识，问题解决中的什么内容，以及什么过程。

（3）情感态度与价值观目标要抓小放大。情感态度与价值观的目标促使学生形成良好的价值观与良好的个性，具体着重考虑的是学习兴趣、学习情感、学习体验等。情感态度与价值观属于内隐的心理结构，不是明确知识，无法通过传授而直接获得，必须通过学生的学习过程间接获得。在教学设计时，要以知识技能为基础，以过程方法为途径，在引导学生学习数学的过程中，形成良好的情感态度与价值观。在写情感态度与价值观目标时，要多写当期的、微观的具体内容的感受、体会、喜好，少写远期的、宏观的信念、价值观。

以下是关于“平方差公式”、“同角三角函数的基本关系式”说课的教学目标分析：

【案例1】平方差公式

（一）知识与技能

1. 通过经历探索平方差公式的过程学会推导平方差公式。

2. 通过基础题和变式题的计算，达到能运用公式进行简单运算。

（二）过程与方法

1. 在探索平方差公式的过程中，感受从特殊到一般的数学思想方法，培养符号感和推理能力。

2. 通过对图形面积的计算，了解平方差公式的几何意义，渗透数形结合的数学思想方法。

3. 通过平方差公式的推导和运用，培养学生观察、归纳、概括的能力。

（三）情感与态度

1. 在计算过程中发现规律，并能用符号表示，从而体会数学的简洁美。

2. 在探索过程中树立积极探索的意识，体验成功探索的乐趣。

【案例2】同角三角函数的基本关系式

（一）知识与技能

1. 掌握同角三角函数基本关系式及恒等变形，并利用其求值。

2. 掌握特殊与一般、函数与方程、分类与整合及化归与转化的数学思想 。

（二）过程与方法

1. 让学生体验通过观察、探究、发现、分析、归纳得出数学规律的学习过程，向学生渗透认识是一种由具体到抽象的辩证唯物主义思想。

2. 引发学生学习数学的兴趣，发展学生的表达、交流等数学能力，优化学生的思维品质。

（三）情感与态度

1. 培养学生乐于探索、勇于发现、敢于创新的科学精神。

2. 创造鲜活的数学，享受数学的快乐，以美启真。

4. 说教学重、难点

确立教学重、难点成为教学设计的一个关键，也是说课活动必须阐述的一个内容。要确定重、难点，就必须搞清什么知识是重点，分析学习难点是如何形成的。

教学重点是指有共性、有重要价值（包括认知价值、迁移价值和情意价值）的内容，在教材中贯穿全局，带动全面，起核心作用的点，教学重点由教材本身所处的地位和作用来决定。从数学学科来看，教学重点知识，主要包含核心知识（基本概念、基本原理）、核心能力（抽象思维能力、逻辑推理与判断能力、空间想象能力、数学建模能力、数学运算能力、数据处理与数值计算能力、数学语言与符号表达能力等）、核心数学思想（数形结合思想、方程与函数思想、建模思想、分类讨论思想和化归与转化思想等）。这些内容的学习不仅有利于知识本身的系统化，而且还有利于学生能力水平的提升。

教学难点就是学生难于理解和掌握的内容。学习难点如何形成？一般说来，主要有以下几个方面：①学生没有知识基础或者知识基础很薄弱；②学生原有的经验是错误的；③内容学习需要转换思维视角；④内容抽象、过程复杂、综合性强。具有上述一个或多个特点的内容，都可能成为教学的难点。在寻找教学难点时，要统筹考虑知识本身以及学生的实际情况。

值得注意的是，在说教学重和难点时，需要指出突破难点的关键。所谓关键，就是理解、掌握某一部分知识或解决某一个问题的突破口，它是攻克重点、突破难点之所在，往往起转折点的作用。

以下是关于“平方差公式”、“同角三角函数的基本关系式”说课的教学重、难点以及关键的分析：

【案例1】平方差公式

重点：平方差公式的推导和应用。

难点：理解平方差公式的结构特征，灵活运用平方差公式。

关键：运用从一般到特殊，再从特殊到一般的思想方法探究平方差公式，通过正例强化、反例体验、直观解释，引导学生抓住公式的结构特征。然后通过对公式的运用，体会运用公式的优越性。

【案例2】同角三角函数的基本关系式

教学重点：公式探究、发现、构建、证明及运用。

教学难点：公式的建立与灵活运用；分类与整合。

关键：凡是学生想得到、说得出、需要动手实践的就让学生去想、去说、去实践；题组训练，交流讨论，促成“顿悟”。

二、说学生

学生是教学活动的主体。教学的本质和根本目的是实现学生的健全发展。美国著名认知教育心理学家奥苏伯尔在其名著《教育心理学》的扉页写道：“如果我不得不将教育心理学还原为一条原理的话，我将会说，影响学习的最重要的因素是学生已经知道了什么，我们应当根据学生原有的知识状况去进行教学。”教师对学生的认识和对学生具体情况的把握，是搞好教学的重要前提。对学生分析得越准确、越透彻、越具体，教学活动安排得就越恰当，课堂教学的气氛就越好，教学的效益就越高。这就要求教师在说课时必须说清楚学生的基本学情，具体要求有：

1. 说学生的知识与技能

知识、技能是指学生对学习新内容所具有的基本的、前提性的知识与技能，这是学生进入新的学习的基础，是教学活动的基本立足点。教师应在深入分析教材的基础上，力求准确把握学生已储备的相关知识和能力，这样才能有的放矢地设计出有效的教学方案。

2. 说学生的能力

学生的能力主要包括观察判断能力、思维能力、知识迁移能力、知识运用能力、实践能力等。对学生能力的培养是教学的重要目标，同时，学生的能力也是教学活动得以开展的重要因素与资源。正确、准确地分析学生的能力，既是正确、准确地设计教学目标的前提，也是设计好教学活动的前提。

3. 说学生的学习态度与学习风格

学生的心理、身体和智力上的差异以及由此形成的学习态度和学习风格等，对教学效果有着重要影响。说课时，应交代所教班级学生的实际情况（包括学生的心理特征、情感、态度和价值观等），以及准备采取哪些措施有针对性地指导不同学习风格的学生学习。

以下是关于“平方差公式”、“同角三角函数的基本关系式”说课的学情分析：

【案例 1】平方差公式

已有的知识：学生已熟练掌握了幂的运算和多项式相乘。

存在的问题：在进行多项式乘法运算时，学生常常会弄错某些项的符号及漏项等。困难在于对公式的结构特征以及公式中字母的广泛含义的理解。因此，教学中应引导学生分析公式的结构特征，并运用变式训练揭示公式的本质特征，以加深学生对公式的理解。

【案例 2】同角三角函数的基本关系式

知识上：刚学了任意角的三角函数，掌握较扎实。

方法上：研究过指数、对数、数列等公式的构建，适应以探究为主导策略的教学模式。

思维上：较活跃，善于经验型—理论型抽象思维。

能力上：发现、创新、概括、数学交流能力较强。

情感上：大部分学生好奇，爱表现，乐于探究。

三、说教法

“学”是“教”的起点和终点，“教”是为“学”服务的，因此，“教法”应包括“教”的方法和“学”的方法，二者相辅相成、互相促进。在说教法时，要说清楚准备选用什么教学方法，采取什么指导学习方法，以及采用这些教学方法与学习方法的理论依据。具体来看，需要说清楚以下几个方面：

1. 说教学方法

说教法可以理解为说教学方法，或者教学方法中某个具体的教学方式和手段的选择及应用。例如，为完成教学任务所采用的课堂教学模式及其理论依据，为突出重点和突破难点所采用的手段与理由，为处理某个习题所采用的策略和措施等。选择何种教学方法，关键在于教师对教材特点和学生认知规律的把握，但无论采用什么样的方法，都要始终贯彻“具有启发性”、“突出主体性”、“注重思维品质”的原则。另外，教师为上课制作的教具、多媒体课件等辅助手段，在说课过程中，可以向大家简明扼要地说清它们的使用目的和作用。

2. 说学习方法

学法是指学生学习知识、掌握知识的方法和途径。要说好学法，首先必须深入研究学生，处理好课堂教学中的师生关系，重新摆好师生的位置。要改变教师在讲台上滔滔不绝、“我讲你听”，学生在下面目不斜视、“你问我答”的陈旧的教学模式。其次，要注重对某方法指导过程的阐述，如说明教师是通过怎样的情景设计，学生在怎样的活动中，养成哪些良好的学习习惯，领悟出何种科学的学习方法等。

以下是关于“平方差公式”、“同角三角函数的基本关系式”说课的教法、学法分析：

【案例 1】平方差公式

教法选择：采用问题驱动，引导探究的教学方法。

指导学法：学生通过积极参与、大胆猜想、自主探索和合作交流，体悟到学习公式的一些方法——熟悉公式的结构特征；明确公式中字母的含义；弄清公式的多种变异形态。

【案例 2】同角三角函数的基本关系式

教学方法：激趣式发现、互动式探索、启发式讨论、反馈式评价。

指导学法：实验猜想、归纳类比、合作探索、交流互补。

教学手段：多媒体辅助教学。

四、说教学过程

教学过程的基本内涵是课堂结构，从教师的整个说课过程来讲，应该是精华、高潮所在，因为通过这一过程的分析才能看到说课者独具匠心的教学安排，才能反映出教师的数学观、数学教学观以及教学的个性与风格，也只有通过对教学过程设计的阐述，才能看到其教学安排是否合理、科学，是否具有艺术性。一般地，说教学过程时，应重点说清楚以下几方面：

1. 说设计思路

说设计思路就是概括教学流程的主要环节，有助于听者更清晰地了解和把握说课者关于教学活动的整体安排。设计思路主要隐含在教学流程中，而教学流程的具体环节取决于所使用的教学模式。使用频率最高的讲练结合教学模式的教学流程包含课题导入、讲解新课、巩固与应用、课堂小结、课后作业等基本环节。以下是关于“同角三角函数的基本关系式”说课的教学流程图：

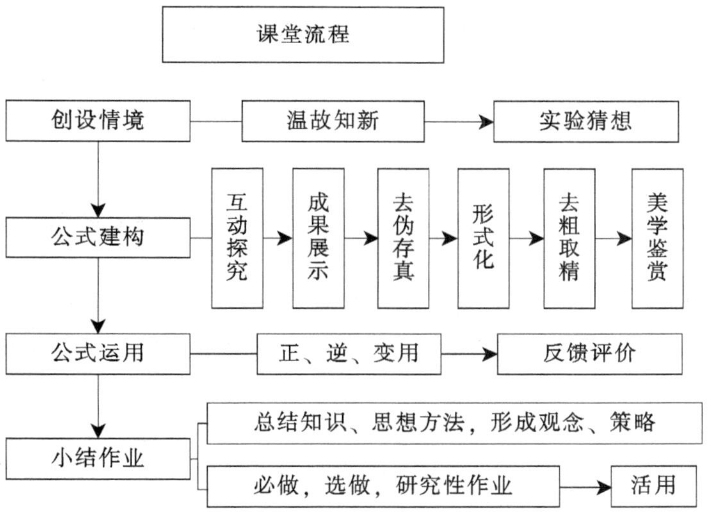

2. 说教学流程

说教学流程，就是围绕设计思路，把具体的教与学的双边活动安排以及这样安排的理论依据说清楚。需要注意的是，说教学流程并不是要将备课教案像给学生上课一样诵讲一遍，而是要把自己对数学内容的理解和处理，结合学生的实际情况，把采取哪些教学措施来组织教学的基本想法说清楚，一些具体内容只需要概括介绍，使听评者能听明白教的是什么、怎样教的、学生要参与哪些重要的数学活动等内容就可以了。注意力求做到重点内容重点说、难点内容突破详细说、理论依据简单说。

3. 说教学过程中一些细节的处理

说教学过程还应关注一些具体细节的处理，诸如问题情境活动的创设，反馈调控的策略，师生问答及学生讨论的安排，数学实验操作或演示活动的设计，使用多媒体的时机、方式和注意点，抓住重点、突破难点的方法，课堂练习、作业、板书等的设计及其设计意图等等。

值得注意的是，由于教学是围绕着教学重点来开展的，而教学的关键又在于突破难点，因此在阐述教学流程时，必须就如何突出重点和如何突破难点多做文章。此外，学习者学习热情和兴趣制约着学习活动的开展和学习效果的高低，所以，教学设计的阐述也要体现如何激发学生的学习热情和兴趣等内容。

第二节 说课的原则

一、区别性原则

说课与上课密切相连，两者都围绕同一个教学课题，从中都可以展示教师的课堂教学艺术，都能反映教师语言、教态、板书等教学基本功。一般来说，从教师说课的表现可以预见教师上课的情景。从说课的成功，可以预见其上课的成功。但说课与上课各有特点，二者不能混为一谈。

（1）要求不同：上课主要解决教什么、怎么教的问题；说课则不仅解决教什么、怎么教的问题，而且还要解决“为什么这样教”的问题。

（2）对象不同：上课是课堂上教师与学生间的双边教学活动；说课是课堂外教师同行间的教研活动。上课的对象是学生，说课的对象是具有一定教学研究水平的领导和同行。

（3）评价标准不同：上课的评价标准虽也看重教师对课堂教学方案的实施能力，但更看重课堂教学的效果，看重学生实际接受新知、发展智能的情况；说课重在评价教师掌握教材、设计教学方案、应用教学理论以及展示教学基本功等方面。

因此，只有明确说课与上课的区别，才能使说课更加规范、有的放矢。

二、理论性原则

说课的核心在于说理，在于说清“为什么这样教”。这就要求在各个教学环节、教学活动的设计中，说课者需要阐述设计意图，让听评者不但知道你“教什么”，更知道你“为什么这么教”。而那些没有理论指导的教学，只知道做什么，不了解为什么这样做，永远是经验型的，只能是高耗低效的。因此，说课者必须认真学习教育教学理论，主动接受教育教学改革的新信息、新成果，并运用到说课之中。

但是，说课的内容必须客观真实、科学合理，不能故弄玄虚，生搬硬套一些教育教学理论的专业术语。要真实地反映自己是怎样做的、为什么这样做。哪怕是并非科学的、完整的做法和想法，也要如实地说出来，以引起听者的思考，通过相互切磋形成共识，进而完善说者的教学设计。

三、准确性原则

准确性原则是说课应遵循的基本原则，是说课质量的基础。首先，说课应做到说课内容完整、系统、正确，说教材、目标、教法、教学过程等必要环节一般不能缺失。其次，教材分析要求准确透彻，重、难点正确无误，教学目标明确、准确，教法安排合理，述说教学过程不能出现数学知识性错误。

四、辅助性原则

有的教师在说课过程中，既无说课文稿，也没有运用任何辅助手段。而由于说课是有一定的时间要求的，所以只见讲者心急如焚“超速行驶”，不停地说，而听者云里雾里跟不上。这样的说课，难以达到预期的效果和目的。更有甚者，明明说自己动脑筋设计了多媒体课件来辅助教学，但在说课过程中，始终不见“庐山真面目”，使大家不禁怀疑其真实性。所以，说课教师需要运用一定的辅助手段，如多媒体课件的制作、实物投影仪、说课文字稿等，在有限的时间里向同行及评委们说清楚、讲明白。

五、表达性原则

口头表达是说课的主要表达方式，说课时间短、内容多，如何在有限的时间内有效、完整地完成说课，语言表达能力尤其重要。第一，说课时应注意沉稳冷静，精神饱满，举止大方得体；第二，吐字清晰，语气平和，语速适中；第三，注意声调抑扬顿挫，有声有色，灵活多变；第四，表达简练干脆，详略得当，要做到说主不说次、说大不说小、说精不说粗、说难不说易，要坚持有话则长、无话则短；第五，注意无声语言的恰当运用，教态要标准，肢体语言要恰当，面带微笑，眼神应不时和听评者交流。

总之，在说课的十几分钟内，教师应调动一切可以调动的因素，包括自己的体势、手势、表情、眼神、语调等，这样说课才能生动活泼、风趣幽默，富有感染力，才能引起听评者的共鸣。

六、准备性原则

说课的效果，直接反映着说课者对教材的理解程度，对教材理解越深刻，说课内容将越充实、全面，反之就只能是蜻蜓点水、触及皮毛。因此，在说课前，应精心查阅、搜集、选用相关说课教学资源并深入研究。一般地，数学课程标准的教学要求、教参对教学内容的分析、知识背景材料、数学问题、教具模型、多媒体课件等，都是必备的案头资料。

在全面分析、吸收、消化所搜集到的资料后，编写说课稿就成为关键的准备工作。为提高说课稿的编写效率与效果，以下提供一个数学说课稿模板：

数学说课稿样例

各位老师，大家好！

今天我说课的课题是____________________。下面我将从以下几个方面进行阐述：

首先，我对本节教材进行简要分析。

1. 说教材

本节内容是______________出版社出版的__________________数学课程标准实验教学书《数学》第______册第______章第______课时，属于（数与代数、空间与图形、统计与概率、时间与综合应用）领域的知识。在此之前，学生已经学习了____________________________，这为过渡到本节的学习起着铺垫作用。本节内容是学生学过的____________________________________的延续和拓展，又是后续研究____________________的基础。它是整个____________________中起承上启下作用的核心内容之一。因此，在____________________中，占据____________________的地位。

本节课中____________________是重点，____________________是难点，____________________________是关键，其理论依据是____________________。

2. 说目标

知识与技能：______________；过程与方法：______________；情感态度与价值观：____________________。

为突出重点、突破难点、抓住关键，使学生能达到本节设定的教学目标，我再从教法和学法上谈谈设计思路。

3. 说教学方法

教法选择与教学手段：基于本节课的特点______，应着重采用______的教学方法与手段，即______，其理论依据是______。

学法指导：______，其理论依据是______。

最后，我来具体谈一谈本节课的教学过程。

4. 说教学过程

在分析教材、确定教学目标、合理选择教法与学法的基础上，我预设的教学过程是______。

……

各位老师，以上所说只是我预设的一种方案，但课堂是千变万化的，是会随着学生和老师的灵性发挥而随机生成的。预设效果如何，最终还有待于课堂教学实践的检验。

本节课一定存在诸多不足，恳请各位老师提出宝贵意见。谢谢！

七、针对性原则

针对性原则是指说课应按照说课的评价表各项展开。说课作为一种教研活动，主要以《数学课程标准》为基本依据，重在对“教什么”、“怎么教”、“为什么这样教”进行科学评价，评价细则反映在数学说课评价标准（详见表9－1）中。说课者只有理解并按评价标准的要求说课，才能有的放矢，从而达到良好的效果。

表9－1　数学说课评价标准

评价项目	评价标准	评价等级				评分
		A	B	C	D	
说教材（15）	课题简要分析	5	4	3	2	
	教学内容的地位与作用	5	4	3	2	
	教学重点、难点、关键确定及依据	5	4	3	2	

（续上表）

评价项目	评价标准	评价等级				评分
		A	B	C	D	
说目标（10）	阐述通过教学使学生在知识与技能、过程与方法、情感态度与价值观等方面的发展，并说明依据	5	4	3	2	
	教学目标明确、具体、无歧义，符合课标要求和学生实际	5	4	3	2	
说教学方法（20）	从教材、学情出发，选择灵活多样、有启发性的教法和教具	5	4	3	2	
	教学手段或多媒体的利用，对达到教学目标最优化的思考与分析	5	4	3	2	
	具体说出学法指导内容，教给学生合适的学习方法，恰当运用学习方法，培养数学能力	5	4	3	2	
	学法指导的理论依据正确，学生能获得一定的终身学习能力	5	4	3	2	
说教学过程（40）	教学主次分明、层次清晰，各环节安排周密、连贯紧凑、过渡自然	10	8	6	4	
	有驾驭教材的能力，抓住教学重点，难点突破合理	10	8	6	4	
	教学有特色，体现教法、学法在教学中的运用	10	8	6	4	
	各环节教学设计的理论依据科学、合理	10	8	6	4	
教师基本功（15）	讲解准确，重点突破，时间分配合理	5	4	3	2	
	板书正确、工整、美观，布局合理，设计醒目	5	4	3	2	
	教态自然大方、和蔼亲切、富有激情与活力，语言简练、流畅，普通话规范，富有感染力	5	4	3	2	
总评		总分				
		等级				

注：90分以上为优，70～89分为良，60～69分为中，60分以下为差。

八、创新性原则

说课重在互相交流，共同提高。尽管说课有一定方法可循，但不能囿于成规，应防止出现教条式的倾向。说课者要注意突出自己的教学个性和创新精神，不能生搬硬套，克隆别人的说课方法和内容。当然，也不能一味强调创新，全盘否定一些已被实践证明的颇有生命力的思想方法。要在借鉴已有优秀成果的基础上，结合教学内容、学生、教学环境等要素的实际情况，开拓创新，才能有特色、高质量地完成说课。对于严重缺乏教学经验的师范生而言，借鉴并创新应用已有的优秀成果显得尤为重要。

为学习方便，下面提供一份详细的说课稿：

课题一：指数函数

尊敬的各位评委，大家好！我是×号选手×××，来自×××系。今天我说课的内容选自人教版高中数学高一上册第二章第一节“指数函数”。

基于理论学习和实习体验，我有一种教育理想：数学课堂应该是绿色、自然和生态的，应该是学生生活经历和生命体悟的气场。

（在这个气场中，学生不仅仅是掌握数学基本知识和基本技能，更重要的是经历丰富的数学活动，感受到理智挑战和内心震撼，收获感动和鼓舞，丰富情感和体悟，领会数学思想和方法，体悟数学的真、善、美）

基于这种理念，下面我试图从说学情、说教材、说目标、说教法、说学法过程六个方面说出我对本节课的设计。

一、说学情

首先让我来说说学情。

教育心理学家奥苏贝尔说过，“如果我不得不把教育心理学还原为一条原理的话，那我说影响学习最重要的因素是学习者已经知道了什么”。这道出了说清学情的价值与意义。摸清学情主要是找准新知识学习的经验起点（生长点或增长点）。

假设我所教的班级是高一年级中等偏上的程度，我觉得高一学生在情感上对数学学习是比较积极的，思维上主要是经验偏理性。通过上一节课的学习，他们已经有了研究函数及其性质的经验，曾有过折纸的经验，感受过分类讨论、数形结合等数学思想方法的价值。

二、说教材

基于这种学情，接着让我来说说如何用活教材，以进一步找准新知识的逻辑起点、重点和难点。

本节课是在将幂指数从整数扩充到实数范围的后续内容，是高中函数的一个基本函数，因此函数概念和幂指数的结合是本节课的逻辑起点。

本节课蕴含了分类讨论、数形结合、归纳类比等数学思想与方法，学生通过学习可以进一步理解函数，同时为研究其他类型函数打下基础。因此，本节课的学习对函数类型的学习起到了承上启下的关键作用。

根据学情和教材分析，我将本节课的重、难点确定如下：

重点：掌握指数函数的图像和性质。

难点：弄清楚底数 a 对函数图像的影响。

三、说目标

接下来，说说目标。布鲁姆说："我们无法预料教学所产生的成果的全部范围。没有预料不到的成果，教学也就不成为一种艺术了。"因此，把握目标，明确终点，能让教学更加有的放矢。

根据学情、教材分析和课程标准的要求，我认为学习本节课应该达到如下主要的三维目标：

知识与技能：理解指数函数的概念，掌握指数函数的图像和性质。

过程与方法：经历"建模—释模—用模—拓模"的认知过程，通过自主探索、合作交流中，历经观察、分析定义、分类讨论 a 的取值、归纳函数性质等过程，进一步领悟特殊到一般、数形结合、分类讨论、归纳类比等数学思想方法。

情感态度与价值观：在自主学习和合作交流中，感受数学模型的价值，增进学习数学的兴趣与信心，体悟数学思想与方法，感受数学的统一美。

四、说教法和说学法

摸清了起点，明确了重点，找到了难点，接下来，我就如何引导学生从起点走向终点作出说明，即说教法和学法。

为了突出重点和突破难点，我设想采用问题驱动、引导发现、合作探究相结合的教学方法展开教学。

在教学过程中有意识地渗透学习方法的引导，培养学生良好习惯和有效的学习方法，比如让学生自主阅读课本、反思小结和提炼数学思想方法。

五、说过程

前面"四说"，主要是一种应然的思考，下面我试图说说过程，说说如何将这些理念落实到实际教学中。为了引导学生从起点走向终点，我设计了包括如下"五个环节"的教学主线（当然，这是主要环节，在教学过程中，我会根据学生的生成和教学设计，灵活处理细节）：

（一）创设情境，建构原始模型

（二）数形结合，深入理解模型

（三）例题学习，初步应用模型

（四）小结归纳，优化完善认知

（五）布置作业，拓展应用模型

具体过程如下：

表9-2 教学过程设计稿

教学内容提要	教学操作流程		设计意图
	学生学习事项 ——学生用什么教学组织形式	教师教导、调控方式 ——需要教师做什么以支持学生学习（讲授、提问、举例、演示、布置、板书……） ——怎样检测学生学习效果	
环节一：创设情境，建构原始模型	环节一 1. 比较各组中两个数值的大小	1. 问题情境（展示幻灯片） 比较各组中两数值大小： ①$2^2$，$2^3$②$(\frac{1}{2})^2$，$(\frac{1}{2})^3$ ③$1.7^{0.3}$，$1.7^{3.1}$ ④$0.8^{-0.1}$，$0.8^{-0.2}$	问题驱动
	2. 动手折纸，并分析情境	2. 创设情境（引导学生进行动手折纸） 得出折一次为2层纸，折两次为2^2层纸，……	激发兴趣
	3. 归纳、推理……	思考1：观察分析情境 问题1：得出对折次数x与所得纸的层数y的关系并写出关系式 师生互动得到：$y=2^x$ $(x\in \mathbf{N}^*)$	
	4. 对比分析、发现特征	问题2：比较一次函数、二次函数，$y=2^x$这个函数有什么不同 教师在学生归纳的基础上点拨得出特征是：底数是常数，自变量x在指数位置	
	5. 自主思考、同桌交流	问题3：能否用一个统一的式子表示上面的函数？$y=a^x$ （渗透由“特殊到一般”的思想方法） 引出本节课的课题（板书）：指数函数	

（续上表）

环节二：数形结合，深入理解模型	环节二 1. 全体学生自主阅读课本，先自己去尝试理解定义 2. 静静沉思，记下所思所想 学生活动预设 预设1：学生提出如何理解“a的取值范围”这一问题 （理解了的同学帮忙解答疑惑或互相补充；不理解的同学认真做笔记及思考） 3. 先个人思考，再小组合作交流，动口、动脑、动手 ①分小组运用“描点法”画图 ②观察老师展出的图片并进行对比，纠正	1. 从解析式的角度，理解函数模型 引导学生先自学 问题4：如何科学定义指数函数 问题5：本定义中要注意哪些要点 问题6：同学们在学习本定义时还有哪些疑惑 教师活动预设（鼓励学生大胆发言，敢于质疑） 预设1：鼓励表扬发现问题的学生，并请理解了定义的学生来帮忙解答和互相补充 预设2：学生帮忙解答后，有些学生还是无法理解，则教师点拨学生用“反证法”对a的范围进行“分类讨论” 预设3：学生没提出这一难点，教师提问学生“如何理解a的范围” 2. 从图像的角度，理解函数模型 问题7：指数函数的图像是怎样的呢 （展示幻灯片，交代合作交流内容） 第一组：画出 $y=2^x$，$y=\left(\frac{1}{2}\right)^x$ 的图像 第二组：画出 $y=3^x$，$y=\left(\frac{1}{3}\right)^x$ 的图像 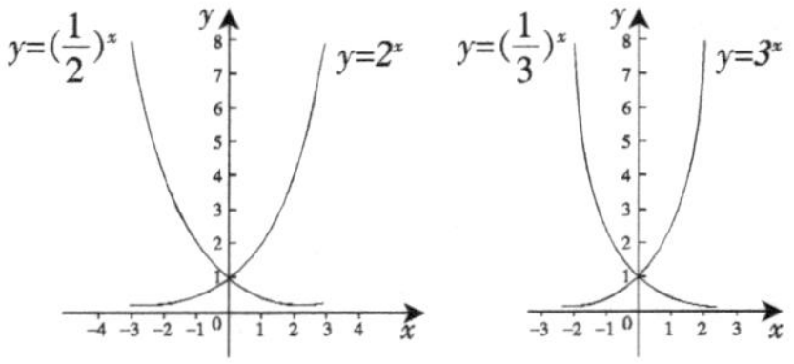 （教师在小组画完图后，展示图片）	培养学生良好学习习惯，促进学生认知情感投入、行为参与 互动交流 加深记忆

（续上表）

<table>
<tr>
<td></td>
<td>③观察图像特征，动脑观察、分析、归纳、猜想

动脑、填写表格、个人思考、小组讨论</td>
<td>问题8：对于一般的指数函数，它的图像具有什么样的性质

展示几何画板的动态演示，展示一般形式的指数函数图像

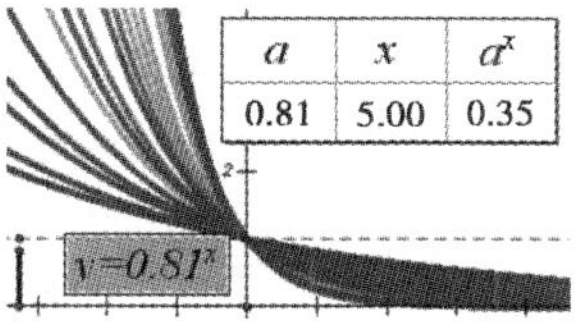

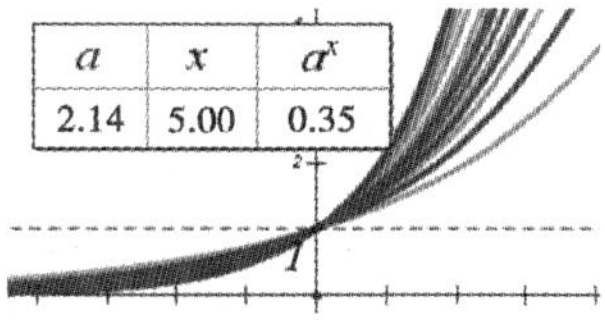

引导学生归纳并互动填写表格：
<table>
<tr><td></td><td>$a>1$</td><td>$0<a<1$</td></tr>
<tr><td>图像</td><td>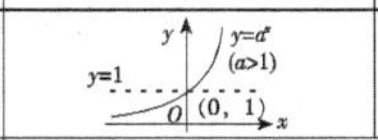
</td><td>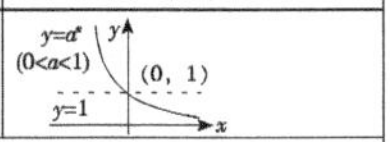
</td></tr>
<tr><td rowspan="4">性质</td><td colspan="2">(1) 定义域：R</td></tr>
<tr><td colspan="2">(2) 值域：$(0，+\infty)$</td></tr>
<tr><td colspan="2">(3) 过点$(0，1)$，即$x=0$时，$y=1$</td></tr>
<tr><td>(4) 在R上是增函数</td><td>(4) 在R上是减函数</td></tr>
</table>
（PPT展示：指数函数性质的表格，课本P71）</td>
<td>渗透数形结合思想

优化完善认知

降低认知负荷</td>
</tr>
<tr>
<td>环节三：例题学习，初步应用模型</td>
<td></td>
<td>1. 比较下列各题中两个值的大小：
①$1.7^{0.3}$，$1.7^{3.1}$②$0.8^{-0.1}$，$0.8^{-0.2}$
教师引导学生回答、点评</td>
<td>学以致用，体验图像法、代数法、数形结合法的价值</td>
</tr>
</table>

（续上表）

		2. 比较 $1.7^{0.3}$，$0.9^{3.1}$ 的大小（此题为例题①的变式） 3. 合同问题：A 先生从今天开始每天给你 10 万元，而你承担如下任务：第一天给 A 先生 1 元，第二天给 A 先生 2 元，第三天给 A 先生 4 元，第四天给 A 先生 8 元，依次下去，……A 先生要和你签订 15 天的合同，你同意吗？又 A 先生要和你签订 30 天的合同，你能签这个合同吗	变式例题，达到巩固应用与延伸 知识生活化，培养应用意识，提高学习数学的兴趣
环节四：小结归纳，优化完善认知	静心　沉思 回忆　冥想 谈谈收获 提出疑惑 互相补充、评价	1. 知识上的收获 2. 技能上的收获：两数的比较大小 3. 方法上的收获：图像法、图表法、对比分析 4. 思想上的收获：分类讨论、数形结合、归纳推理 5. 学法上的收获：阅读课本、归纳与概括、总结与反思	完善知识体系，培养学生总结、反思的习惯
环节五：布置作业，拓展应用模型	自主完成 合作完成	必做题：课本第 73 页习题 2.6 第 2、3 题 选做题：①比较 5^{2x^2+1} 与 5^{x^2+2} 的大小 ②比较 a^{2x^2+1} 与 a^{x^2+2} 的大小	各有侧重，照顾到不同层次的学生

教学过程说课稿

具体过程如下：

（一）创设情境，建构原始模型

我采用问题驱动的教学方法，设计两数值大小比较的问题情境，那么学生根据现有的知识还无法解决这个问题，由此激发学生探索新知的欲望。接着参与动手操作折纸实验，熟悉情境，便于建立指数模型，同时让学生感受到数学源自生活、高于生活、用于生活。

紧接着引导学生比较一次函数、二次函数、$y=2^x$ 这个函数有什么不同，通过对比分析，引导点拨学生去发现这个函数的特征。再点拨学生结合这个特征，用一个统一的式子表示这个函数，经历“由特殊到一般”的思维过程，初步建立指数函数模型。

（二）数形结合，深入理解模型

模型建立后，我引导学生从数与形的角度来深入理解模型，在这一个过程中渗透数形结合的思想。

首先从解析式的角度，我让学生自主阅读课本，找到指数的定义，并引起学生注意其中要注意的点，在有效的交代下，让学生进行一个深度的思考，并理出理解定义的疑惑和障碍。那么这个时候如果学生说没发现关键的地方，或者说没什么疑惑，那怎么办？那么教师再加以引导，让学生去关注，特别是“a 的取值范围”。

在这里教师在学法指导的基础上，引导学生用反证法对底数进行分类讨论，全面解剖函数模型成立的条件。同时为后面研究函数的图像和性质埋下了伏笔。

那么指数函数的图像又是怎样的呢？把这一个问题抛给学生，组织学生进行分组合作交流，用描点法分别画出两组简单的函数图像，并和教师展出的函数图形进行比较，以此发现两组图像的特征，再引导学生经历“由特殊到一般”的思想，去探讨猜想底数 a 与函数图像之间的关系。

结合几何画板的动态演示，展示一般形式的指数函数图像，感受和归纳出底数 a 的取值与函数图像的关系，通过分类讨论以及用表格，让学习内容系统化和清晰化。

（三）例题学习，初步应用模型

在用模阶段，用简单例题说明模型的应用策略与方法，考察用指数函数的图像与性质解决同底指数比较的问题；在学法上，教会学生学以致用，体验图像法、代数法、数形结合法的价值与意义。

变式 1 是不同底的两指数进行比较大小，继续考察指数函数的图像和性质的掌握，达到巩固和突破难点的目的。

（四）小结归纳，优化完善认知

最后是小结归纳过程，这里的设计也是我本节课的一大亮点。

（续上表）

有别于传统课堂的一个简单的知识罗列过程。在这里，我先让学生进行深思和冥想，再分别从知识、技能、方法、思想以及学法上来进行一个总结，引导学生谈谈收获，并提出自己尚存在的疑惑，教师再加以点拨来达到优化学生的认知结构和完善知识体系的一个再学习和重组的过程。 （五）布置作业，拓展应用模型 作业环节，我设计思考题和必做题，其中思考题是探究合同问题，是把本节课知识生活化的一个设计，既能达到复习巩固效果，又能起到发展、应用于生活的作用，培养学生学习数学的兴趣。必做题和选做题，各有侧重，照顾到了不同层次的学生，再一次达到学以致用、巩固提高的目的。

一节好的数学课新在理念、巧在设计、赢在实践、成在后续，因此在教学实践后，我将通过问课（问同学、问自己）深刻反思、发现问题，进一步改善教学。

最后，我试图用“123”对本节课进行粗略评价：

一是指围绕“一个中心”：以学生健康发展、绿色成长为中心教育；

二是指凸显“两条线索”：明线鲜明、暗线不虚；

三是指打造“三个亮点”：问题驱动真给力，学习方式有多样，技术应用破难点。

感谢各位专家评委的批评指正！

实践与思考

1. 体味并说明数学说课与备课、上课的异同。

2. 请结合课题“勾股定理”谈谈数学说课的基本内容、基本方法或原则。

3. 就课题“完全平方公式”、“函数单调性”各编写一份完整的数学说课稿。

参考文献

［1］教育部．全日制义务教育数学课程标准（实验稿）［M］．北京：北京师范大学出版社，2001.

［2］教育部．普通高中数学课程标准（实验）［M］．北京：人民教育出版社，2003.

［3］付道春．新课程中教学技能的变化［M］．北京：首都师范大学出版社，2003.

［4］孙连众．中学数学微格教学教程［M］．北京：科学出版社，1999.

［5］孟宪恺．微格教学基本教程［M］．北京：北京师范大学出版社，1992.

［6］奚定华主编．数学教学设计［M］．上海：华东师范大学出版社，2001.

［7］孙立仁．微格教学理论与实践研究［M］．北京：科学出版社，1997.

［8］张奠宙，宋乃庆．数学教育概论［M］．北京：高等教育出版社，2004.

［9］王尚志．数学教学研究与案例［M］．北京：高等教育出版社，2006.

［10］［美］德瓦爱特·爱伦，王维平．微格教学［M］．北京：新华出版社，1995.

［11］［美］克里克山克，贝勒尔，梅特卡夫．教学行为指导［M］．时绮等译．北京：中国轻工业出版社，2003.

［12］邵利，罗世敏．中学数学课堂教学技能实训教程［M］．北京：科学出版社，2011.

[13] 奚根荣. 初中数学有效教学实用课堂教学艺术 [M]. 北京：世界图书出版公司，2009.

[14] 王晓军. 数学课堂教学技能与微格训练 [M]. 杭州：浙江大学出版社，2011.

[15] 叶雪梅. 数学微格教学 [M]. 厦门：厦门大学出版社，2010.

[16] 范建中，高惠仙. 微格教学教程 [M]. 北京：北京师范大学出版社，2010.

[17] 杨国全. 课堂教学技能训练指导 [M]. 北京：中国林业出版社，2001.

[18] 朱家生，施珏. 中学数学课堂教学技能训练 [M]. 长春：东北师范大学出版社，2002.

[19] 王秋海. 数学课堂教学技能训练 [M]. 上海：华东师范大学出版社，2008.

[20] 胡淑珍. 教学技能 [M]. 长沙：湖南师范大学出版社，2000.

[21] 陈晓慧. 教学设计 [M]. 北京：电子工业出版社，2005.

[22] 涂荣豹，王光明，宁连华. 新编数学教学论 [M]. 上海：华东师范大学出版社，2006.

[23] 何小亚，姚静. 中学数学教学设计 [M]. 北京：科学出版社，2012.

[24] 罗新兵，王光生. 中学数学教材研究与教学设计 [M]. 西安：陕西师范大学出版社，2010.

[25] 陈正顺. 数学问题解决的思维过程 [J]. 教育教学论坛，2010 (19).